The Piano Shop on the Left Bank

T.E.Carhart

パリ左岸のピアノ工房

T.E.カーハート
村松潔 訳

CREST BOOKS
Shinchosha

シーモへ

THE PIANO SHOP ON THE LEFT BANK :

The Hidden World of a Paris Atelier

by

T. E. Carhart

First Japanese edition published in 2001 by Shinchosha Company
Japanese translation rights arranged with
Westwood Creative Artists Ltd., Toronto
through Tuttle-Mori Agency, Inc., Tokyo

Illustration by Ayako Taniyama
Design by Shinchosha Book Design Division

パリ左岸のピアノ工房　目次

1 リュック……8
2 自分のピアノに巡り合う……28
3 シュティングルがやってくる……44
4 マダム・ガイヤール……55
5 ぴったり収まるもの……62
6 ミス・ペンバートン……73
7 ジョス……80
8 仕組み……91
9 鍵盤のふた……103
10 世界が騒がしくなる……114
11 レッスン……132
12 カフェ・アトリエ……143
13 親善試合……153
14 調律……167

15 その場にふさわしい言い方……184
16 スコラ・カントルム……196
17 まだ煙の出ている拳銃……209
18 取引……222
19 ベートーヴェンのピアノ……230
20 マスター・クラス……239
21 あそびは機械の魂……258
22 ファツィオーリ……269
23 マティルド……288
24 もう一台の夢のピアノ……306

謝辞 310
参考資料 313
訳者あとがき 316

パリ左岸のピアノ工房

I

リュック

　わたしが住んでいるパリの近所の狭い通りに、ウィンドにただ〈デフォルジュ・ピアノ――工具と部品〉と書いてあるだけの小さな店がある。ウィンドのなかには赤いフェルトで覆われた小さい棚があって、ピアノの修理に使う工具や部品がならんでいる。チューニング・ハンマー、ピアノの弦、調律ピン、フェルトの材料見本、ピアノの内部のさまざまな部品類。棚の背後には白い分厚い紗のカーテンがかかっていて店の内部は見えないが、窓枠と狭いドアは濃い緑色で、おっとりした十九世紀的な雰囲気をただよわせている。

　そんなに何年も前のことではないが、子供たちがまだ幼稚園に通っていたころ、この店は幼稚園への道筋にあたったので、わたしが送り迎えする番の日には日に何度かこの店の前を通っていた。朝、子供たちを送っていくときは足をとめる余裕はなかったが、幼稚園からもどってくるときは別だった。ほかの親と二言三言言葉を交わして引き返してくるとき、わたしはしばしば十分ほどよけいに時間をかけて、その時間のパリをつつむ一日への期待感や朝の静けさをじっくり味わったものだった。静かな通りで、繁華街からは離れていたし道幅もかなり狭かったから、すでにアスファルト舗装されているこの町の大通りとはちがって、まだ石畳が剝《む》きだしになっていた。朝の早い時間には側溝にきれいな水が勢いよく流れている。晴雨をとわず、毎日、道路掃除人が水を流すのだ。歩道の縁石に組みこまれた特殊な蛇口をあけて、カーペットの切れ端を巻いたようなもので片側を堰《せ》き止《と》め、水の流れに沿って緑色のプラスティックの箒《ほうき》でシャーッシャーッと掃いていく。角を曲がると、いつも〈街角《ブーランジュリー・》のパン屋《デュ・コワン》〉という名前のパン屋からプーンと香ばしいかおりがただよってきた。焼きたてのパンのかおりは新しい一日への意欲と期待をかきたてる。わたしはたいてい昼食用のバゲットを一本買い、仕事にとりかかる前にもう十分時間がとれるときには、ピアノ・ショップの向かい側のカフェでその日二杯目のコーヒーを楽しんだ。

そういうとき、わたしはよくこの不思議な店の前で足をとめ、ウィンドにいいかげんにならべてあるオブジェを眺めた。こんな静かな地区《カルチエ》にこういう専門的な店があるのはなんだか場違いだという気がした。ここは音楽学校《コンセルヴァトワール》やコンサート・ホールや音楽関係の店がある地区からは遠く離れている。こんなところでピアノの部品や修理工具の販売などという商売が成り立つのだろうか？　ときどき小型トラックが店の前に停まって、ピアノを積みこんだり手押し車で店のなかに運びこんだりしていたが、ピアノを修理するためにいちいち店に運んでくる必要があるのだろうか？　わたしが知っているかぎり、ピアノの修理はいつもその場で行なわれるものだった。ピアノを運搬するのはとても面倒だし、大変な費用がかかるはずで、だいいち何台ものピアノを置いておく場所に困るだろう。

なんだか謎めいていると思いはじめると、静かな朝、ひとりでそこを通りすぎる数分のあいだ、わたしはいつもこの店のことを考えるようになった。よくよく考えてみれば、この店も専門店や洗練された店で知られるこの町の、高度に専門的な店のひとつにすぎないのかもしれない。ひょっとするとパリには、部品の販売が商売として成り立つくらいの台数のピアノがあるのかもしれない。疑問と好奇心が入り交じって、わたしは想像を逞《たくま》しくせずにはいられなかった。この店のドアをあけると、なにか新しい思いがけないものが見つかるのではないか。密輸団の一味がひそんでいたり、風変わりな音楽教室がひらかれていたりするのではないか。そんなことを考えていると、わたしは自分の目でそれを確かめたくてたまらなくなった。

わたしが何週間もその店に入るのをためらっていたのは、ピアノをもっていないという単純な理由からだった。修理してもらう楽器もないのに、ピアノの部品を売る店に入るどんな口実がありうるだろう？　むかしからピアノが好きだったことを打ち明けて、長年あちこち渡り歩く生活をしていたので、ピアノを所有することは大型犬や蘭のコレクションをもつのと同じくらい非実際的なことだったが、最近またピアノを弾きたいと思っている、とでも説明すればいいのだろうか？　しかし、ともかく、どこかに取っかかりがあるとすれば、そこだった。いまは生活が比較的落ち着いており、じつは、しばらく前からピアノを買おうかという考えを弄《もてあそ》んでいた。どこに行けば良質の中古ピアノが見つかるかということになれば、近所のこの埃《ほこり》っぽいピアノ部品店以上に適切な情報源はないだろうし、少なくとも、店に入るためのもっともらしい理由にはなるのではないか。

というわけで、四月末のあるうららかな朝、子供たちを通りの先の幼稚園へ送ったあと、わたしは

〈デフォルジュ〉の店の前に立ち止まった。ドアをノックしてちょっと待ったが、しばらくして古い木製のハンドルをまわしてみると鍵はかかっていなかった。ドアを押すと、上の方に付いていた小さな鐘《ベル》が揺れた。後ろ手に閉めた拍子に、その繊細な音が不規則にひびいて、内部の静寂をやぶった。幅の狭い細長い部屋で、片側にはカウンター、その向かい側の壁には棚がならび、灰色がかった白や緋色のフェルトの巻物が詰めこまれていた。カウンターと棚のあいだの細長い通路が窓のない薄暗がりのなかに伸び、奥に小さなガラス製のドアがある。そのガラス越しに入ってくる光が店のなかをぼんやり照らし出していた。鐘の音がやみ、薄暗さに目をならそうとしてまばたきしているとき、奥のドアが細くあいて男が姿を現わした。ドアの隙間から横向きに体を滑り出させ、背後の部屋のなかを見せまいとしているかのようだった。

「どうぞ、どうぞ、ムッシュー！」と、男はまるでわたしが来るのを待っていたかのように大声で言うと、わたしを頭から足先までじろじろ見ながらゆっくりと近づいてきた。頑健そうな体つきの年配の男で、おそらく六十代だろう。額はひろく、顎のがっしりした顔に大きな笑みを貼りつけていた。しかし、目は口とはちがってまったく笑っておらず、好奇心にみちた、強烈な、感情を抑えた目つきだった。もっとも、一瞬笑っているように見えた口元も、よく見れば単に顔の筋肉をゆるめていただけで、半開きの口元には喜びや愛想のかけらもなく、ちょっと不気味なほどだった。ワイシャツとネクタイの上に長袖の黒いスモックといういでたちで、膝まである仕事着をボタンをかけずに着ているのがフォーマルでありながら小粋だった。さしずめ休暇中の葬儀屋といったところだろうか。この国では職人や肉体労働者はかならずと言っていいほど紺の木綿のスモックを着ているが、それよりは落ち着いた感じで、これが店の主人《パトロン》にちがいなかった。

わたしたちは握手を交わした。フランスで他の人間と関わりをもとうとするとき、けっして欠かせない前置きである。男がどんなお役に立てるのかと訊いたので、わたしは中古ピアノを探しているのだが、そういうものが入ってくることがあるのかどうか訊いてみた。男は額にしわを寄せて、わたしの質問に驚いた顔をしてみせた。相変わらず笑みみたいなものを浮かべてはいたが、一瞬、目がきらりと光った。いや、残念だが、そういうことは人が想像するほどよくあることではない。もちろん、ごくまれにはないこともないので、あらためて出直していただければ、運よくたまたま中古ピアノを売りたいお客が見つからないともかぎらないが、ということだった。がっかりすると同時に困惑して、わたしは話の接ぎ穂を見つけられなかった。仕方なく、ていねいな応対に礼を言い、最後にもう一度カウンターの背後の木製のダボやレンチやピアノの弦が詰めこまれた天井までの棚を一瞥《いちべつ》して、退散することにした。外に出てドアを閉めようとしたとき、男がきびすを返して奥の部屋にもどっていくのが見えた。

それから一月のあいだに二度か三度店をのぞいてみたが、答えはいつも同じだった。主人は中古ピアノを見つけるのが仕事だと思われることに困惑した顔をしながらも、そのあとでつぶやくように、もしもなにか出てきたら、喜んで教えてくれると請け合った。フランス人がこういう言い方で話を締めくくるのはよくあることで、それが体《てい》のいい拒否を意味するのを知らないわけではなかった。にもかかわらず、二、三週間ごとに何度も顔を出しつづけたのは、ひとえにわたしの強情さと好奇心のためだった。それにしても、もういいかげんにあきらめようかと思っていたとき、ある出来事が起こって方程式が微妙に変化した。

そのときも、わたしが店に入っていくと、いつものように小さな鐘が鳴り、しばらくすると店の奥のドアがひらいた。ただ、今回現われたのは黒いスモック姿の主人ではなく、ジーンズに汗の染みたTシャツという格好の若い男だった。たぶん三十代後半だろう。あけっ広げな笑みを浮かべ、ちょっぴりむさ苦しいあごひげをたくわえたところは、むしろフランス人の建築家みたいだった。しかし、わたしが驚いたのはその顔より、彼が奥の部屋へ通じるドアをあけっ放しにしたことだった。こちらへ歩いてくる男の肩越しに、ずっと興味津々だった奥の部屋の様子がちらりと見えた。

奥の部屋は表の店よりずっと奥行きがあり、幅も広く、ガラスの天井から降りそそぐ光があふれていた。外側より内側のほうが広いという一風変わった不思議な感じがすることがあるが、まさにそういう部屋だった。こういう十九世紀の典型的なアトリエがまだパリの至るところに残っており、切石造りのきわめてブルジョワ的な建物の背後にさえ隠されている。建物の裏側が増築されて、中庭にガラス天井に覆われた巨大な温室のようなスペースができているのである。わたしは一目でそれに気づき、男がカウンター沿いに近づいてくる数秒のあいだに、そのアトリエがピアノやその部品で埋め尽くされているのを見てとった。アップライトやスピネット、あらゆるサイズのグランド・ピアノ。磨き上げられた黒やマホガニー、明るい色の素材でできた象嵌《ぞうがん》細工を施したもの、じつにさまざまな色合いのピアノが大量に立ちならんでいた。

男は汚れた両手を見せて、すまないという身振りをすると、手が濡れていたり汚れているときフランス人がよくやるように、右の前腕を突きだした。わたしがそれをぎこちなくつかむと、彼は握手をするみたいにその腕を振った。じつはすでに何度か立ち寄ったことがあるのだが、良質の中古ピアノを探しているのだ、とわたしが説明すると、彼はそれでわかったと言いたげに満面に笑みを浮かべた。「それじゃ、あんたなんだね、子供がこの先の幼稚園に通っているアメリカ人というのは」

わたしは泰然としてうなずき、どうして知っているのかと訊ねた。人間関係が緊密なこの界隈では、たとえ一度も顔を合わせたことがなくても、毎日店の前を通る外国人のことを知っていても驚くことではなかったけれど。

「同僚から聞いたんだよ。あんたが何度かこの店にピアノを探しにきたって」

「というより、どこを探したらいいのか教えてもらえないかと思ったんですよ。実際のところ、ここで見つかるとは思っていなかったから」

わたしは彼の肩越しにアトリエの金鉱に目をやらずにはいられなかった。彼の目はわたしの戸惑いに気づいていることを物語っていた。「もちろん、ここではほかの人のピアノの修理をしているだけなんだがね」と彼はどうにでも取れる言い方をした。それからちょっと間を置いて、かすかに首をかしげると、おもむろに天井を見上げて、思いもよらないほど奇抜な考えを思いついたような顔をした。そして、問題のある学生に事態をはっきり納得させられる言い方を探している気さくな校長みたいに、天井を見上げたままゆっくりと言葉を継いだ。「ところで、うちと取引したことのある人の紹介があれば、あんたが探しているピアノを見つけやすくなるかもしれない」そう言うと、彼は視線を下げて、わたしの目をまともに見つめた。

いったいどういうことなのかよく理解できなかったが、いまはそれを直接質問すべきときではないようだった。彼ははっきりは言えないということをできるだけはっきり言ったのだし、こういう遠回しで不可解なやり方でつづけるしかないと言っているのだから。

「この店と取引したことのある人……」とわたしは機械的に繰り返した。

「そのとおり。うちのお客のだれかということさ。この近所にはいくらでもいるよ」と彼は付け加えた。

それですべてが腑に落ちたかのような顔をして、わたしは彼の親切にお礼を言った。後ろを向いて出ていくとき、金色の光があふれるアトリエの魔法のようなイメージがまたちらりと目に入った。フェルトが積み上げられた閉ざされたかび臭い洞窟の奥に、蠱惑《こわく》的に光り輝く中古ピアノの黄金郷《エル・ドラード》があったのである。


自分が客になるには客を見つけなければならないと言われても、そんな奇妙な要求には戸惑うばかりで、実際のところどうすればいいのかわからなかった。ただ、繁華街から離れたこの店が、看板どおりの単なるピアノ部品屋でないのはもはやあきらかだったし、若い男の秘密めかした口ぶりがわたしの好奇心に油をそそいだ。自分がいつの間にか謎めいた人物や暗号による指示や不確かな報酬がつきものの、秘密の麻薬取引かわけのわからない探索に巻きこまれたかのような気分だった。

それからの数週間、近所の人と顔を合わせるたびに、わたしはできるだけさりげなくこの通りのピアノ修理屋の世話になったことがないか訊いてみた。だが、たいていの人は店の存在そのものに気づいていないか、たとえ気づいていても足を踏み入れたことがなかった。結局のところ、こういう閉ざされた世界では、わたしは永遠に門外漢にとどまるしかないのかもしれなかった。

そんなある日の午後、わたしは娘をクラスメートの家に迎えにいった。両親とは幼稚園の入口であわただしく言葉を交わしたことがあるだけだった。その家の見馴れないドアがあいたとき、内側の部屋のひとつから、たぶんパレストリーナのミサ曲だろう、古い典礼用合唱曲の豊かなポリフォニーが流れ出し、別の部屋からは遊んでいる少女たちの笑い声が聞こえた。

母親にお茶を勧められてサロンに通されると、わたしはすぐに美しいベビー・グランド・ピアノに注意をひかれた。豪華なウォールナットのケースがすっきりと流れるような曲線を描き、かろうじてアール・ヌーヴォーだとわかる程度の彫刻が施されている。木の透かし細工の譜面台に〈プレイエル〉という文字が巧みに織りこまれていた。女主人がティーポットを持ってキッチンからもどってくると、わたしは勢いこんで訊いた。「あなたはピアノを弾くんですか、ヴェロニック?」

「ほんとうはもっと弾きたいんですけどね。むかしからピアノはわたしの生活の一部でしたから」

「この美しい楽器もむかしからあなたの生活の一部だったんですか?」

「いいえ。じつはもうずいぶんむかしのことだけど、マルクとわたしが初めてこのカルチエに越してきたときに買ったんです。あなたの家の近くにこういうすてきな楽器をたくさん置いているすばらしいお店があるのよ。デフォルジュという」

わたしは興奮して顔を上げ、あやうくカップのお茶をこぼしそうになった。わたしが満面に笑みを浮かべていたので、ヴェロニックは不思議そうな顔をした。「とてもすてきなピアノでしょう? フランス製なのよ」

「いや、じつにすばらしい楽器です」とわたしは言った。それから、先月その店に入っていって体よく追い払われたことや、店の奥の部屋を見たくて仕方がないが、どうすればいいのかわからないことを打ち明けた。

「もちろん紹介が必要なのよ。ほかのお客に紹介されないかぎり、あなたがどんな人か全然わからないわけだから」

「でも、だからどうだっていうんだろう？」わたしは依然として納得できなかったが、ヴェロニックはそれはごく当たり前なことだという調子で話をつづけた。

「もちろん、あそこでは中古ピアノを売っているわ。たくさん売っているんです。それで有名な店なんだから。でも、あの店の本業は部品の販売とピアノの再生で、しかも、デフォルジュさんは紹介状のないお客にピアノを売りたがらないのよ。面倒が増えるだけだし、それでなくてもピアノを欲しがるお客はいくらでもいるんだからと言って」

理解できる気もしたが、それでもやはり納得できなかった。それでは商売というより趣味ではないか。ごく限られた客にしか売らないなんて。そういう商売の仕組みは相変わらず理解できなかったが、少なくとも肝心なことは発見できたのだし、わたしは依然としてピアノが欲しかった。「ヴェロニック、この次あの店に行くとき、あなたの紹介だと言ってもいいですか？」

「もちろん、けっこうよ。わたしの名前はよく知っているはずです」

翌日、子供たちを幼稚園に送り届けてしまうと、狭い通りを歩きながらぼんやり夢見ることもせず、ぶらぶら家路をたどることもせずに、わたしは急ぎ足で店に向かった。お伽噺《とぎばなし》のなかで難題を片付けて、褒美をもらいに城にもどっていく登場人物みたいな気分だった。わたしは古い緑色のドアの前で足をとめた。今度はヴェロニックの紹介がある。内側の聖域に喜んで迎え入れられるだろうと思うと胸がわくわくした。

いつものように、奥の小さいガラスのドアがゆっくりとひらいた。だが、ドアは大きくはひらかれず、主人の体が通る幅だけあくと、すぐにしっかりと閉じられた。わたしは落胆を顔に出さないように努力しながら挨拶すると、この店のお客から紹介されてきたのだが、わたしはいまでも中古ピアノに興味があると説明した。パトロンはいつものとおり笑みらしきものを貼りつけたまま、迷惑な勘違いをしている悪童、というよりは頭の鈍い子供に忍耐強く諭すような口調で言った。「ムッシューはまだ中古ピアノを探しておられるのかな?」

「ええ。なにか見つかったんじゃないかと期待していたんですが」

「残念ながら、そういう幸運には巡り合っておりませんな、ムッシュー」これまでにも来るたびに言われたことだが、そういうものはめったに出てこないのだという。しかし、そのうち運良く売れるものが見つかった場合には、あなたのことを考えに入れておきましょう、と主人は言った。

それを聞くと、わたしはわけがわからないという顔をして、じつはあなたの同僚の話では、店のお客からの紹介があれば、なんとかなるかもしれないということだったと食い下がった。彼は表情こそ変えなかったが、思いきり眉を吊り上げて、わたしの目をまともにのぞきこみ、ちょっとお待ちねがいたいと言うと奥の部屋に姿を消した。パトロンの姿はガラスを通して輪郭が見えるだけだったが、ドアの背後で「リュック!」と鋭い声でどなるのが聞こえた。

それからふたりの男のあいだで激しいやりとりがあり、ふたつのシルエットがさかんに頭を振る奇妙な影絵芝居がつづいた。パトロンのライオンみたいな頭が若いアシスタントの上に覆い被さり、若いほうはなにごとか抗弁しながら激しく両腕を振りまわしていた。なにか言い争っているのはあきらかで、何と言っているのかまでは聞こえなかったが、わたしが問題になっているのは間違いなかった。それが二、三分つづいたかと思うと、アシスタントが叫んだ。「もうたくさんだ！　この件に関してはわたしを信用してほしい！」ふたつの影は黙って身じろぎもせず、しばらくにらみあっていた。それから、しゃがれ声でなにごとかつぶやきながら、パトロンの巨大な頭がゆっくり遠ざかっていった。そのあとまた少し間があった。今度は前ほど長くはつづかなかったが、そのあいだ、あとに残された人影が両手を上げてあごひげをしごき、もじゃもじゃの髪を撫でつけながら、口をあけて深いため息をついた。一瞬後、ドアが大きくひらいて、若い男がわたしを手招きした。「どうぞ、ムッシュー、入ってください」

わたしは半信半疑で、店の暗がりのなかを光あふれる奥の部屋へ向かった。その禁じられた領域に足を踏み入れていいものかどうかまだ確信をもてなかった。だが、若いアシスタントが狭いドアからなかへ入れと身振りで促してくれた。アトリエに入ると、目の前には四十台、いや五十台もの、ありとあらゆるメーカーとモデルの、解体のさまざまな段階にあるピアノがならんでいた。左手には脚のないグランド・ピアノが少なくとも十五台、平らな側を下にしてならんでおり、そのケースの波形の曲線が沖に引いていく幾重もの波のようだった。アトリエの反対側にはアップライト・ピアノがひとまとめにされ、広大な屋根裏部屋に二十棹《さお》以上もタンスを詰めこんだかのように、ぎっしり隙間なくならんでいた。正面の奥には何台か非常に古い楽器が置かれていた――ケースに精巧な象嵌細工を施した、繊細な、小型の、十九世紀のスクエア・ピアノだった。すぐそばの整理された作業台の上には、何台分かの楽器の部品――取り外された鍵盤やハンマーやダンパーやペダルの駆動機構がのっていた。

部屋の端にはぐるりと――ピアノの後ろやまわりや下に――ピアノから取り外された大小さまざまな部品が置いてあった。グランド・ピアノの脚がきちんと揃えてならべられ、いろいろな様式の部品類が高々と積み上げてあった。譜面台、ペダルのケース、鍵盤のふた。じつにさまざまな時代やスタイルのものが別々にまとめてある。グランド・ピアノの大屋根がすぐそばの壁にいくつもあやうげに立てかけてあり、希少な木材の官能的な曲線が連なって、いわば二次元的な丘の風景みたいだった。二個一組の枝付き燭台が片隅に山積みになり、その真鍮や銀がきらきら光っていた。アトリエの天井近くには幅の狭い回廊のようなものがあって、そこにもさらにいろんな部品がのせられていた。繊細な渦巻き模様に〈ガヴォー〉という名前が織りこまれた譜面台、ピアノ用の長椅子やストゥール、調律ピンや弦。古いメトロノームさえ山積みにされ、木製の石筍《せきじゅん》を積み重ねた無愛想な小型ピラミッドとでも言うべきものができていた。こういう乱雑な部屋の中央に、わたしからは一部しか見えなかったが、森のなかの秘密の空き地みたいな場所があり、三台のピアノがほぼ円形にならべられていた。完全に組み立てられ、磨き上げられて、すぐ弾けるように鍵盤のふたがあけられ、椅子が引き寄せられている。

沈黙をやぶったのはアシスタントのリュックだった。彼はいまや自己紹介して名を名乗り、自由に見てまわるようにと言った。わたしはヴェロニックの友人だと説明すると、彼はわかったというようにうなずいた。それから、皮肉や困惑のかけらも見せずに、じつはここにあるピアノはすべて売り物だ、だから自由に見てまわって、なんでも質問してほしいと言った。わたしたちはいっしょに部屋のなかを歩きまわって六、七台のピアノを見た。リュックはときどきピアノのふたをあけて、ちょっと和音を弾いてみせた。グランド・ピアノは横向きに置かれていても存在感があった。けれども、そのままでは弾くことができず、その存在理由である重要な機能を一時的に失って、乾ドックに入れられた船みたいだった。スタインウェイが数台、プレイエルはかなりの台数、そのほか聞いたこともないメーカーのピアノがたくさんあって、堂々たるベヒシュタインのコンサート・グランドさえあった。その黒光りする巨大なケースは、すぐ横にならんでいるガヴォーのベビー・グランドのたっぷり二倍の長さがあった。

わたしたちはいっしょにアップライト・ピアノのあいだを歩きまわった。有名あるいは無名のヨーロッパのメーカー、アメリカや日本のピアノ、さらにはほとんど新品に近い中国製のものまであった。黒く塗装された表面が隅々までピカピカに光っているのが、まるで風変わりな中古車展示場に置かれた小型の霊柩車みたいでおかしかった。わたしはちょっと驚いたような顔をして、いったいどういうわけで中国製のピアノがこの店にあるのかとリュックに訊いた。

「引き取らざるをえなかったんだ。友達から頼まれて」と彼は言い、ちょっと間を置いてから、ほとんど弁解するように付け加えた。「実際のところ、なかなかよくできてはいるが、まあ、月並みなピアノだね」彼の言うことを聞いていると、ピアノを熱愛するこの男にとって、「よくできている」というのはほんのひとつの要素でしかないらしかった。しかし、ほかにどんな要素があるのだろう？　デザイン？　素材？　仕上げ？　評判？　あるピアノをすぐれたものにし、ほかのピアノを――たとえよくできていても――月並みなものにするのは何なのか？　単なる物理的特性ではないだろう。それだけは確かだった。ピアノにはそれぞれ独自の性格があって、それが人々を惹きつけるのだとリュックは言っているようだった。彼の態度のせいか、わたしはピアノを初めて見るような気持ちになっていた。

アップライトの列の端に、ほかよりかなり大きなピアノがあった。ちょっと不思議な明るい色で、木目を活かして仕上げられている。ケースに刻印されたメーカーの名前はキリル文字で、まるで五〇年代の車みたいな流線形のクローム色の字体だった。

「ロシア製かな？」とわたしは半信半疑で訊いた。

「もっと悪い。ウクライナ製だ」とリュックが悲しげに言った。「彼らはいわば技術の半分をドイツ人から学んで、残りは」――と架空の鍵盤でトリルをやる真似をして――「即興で間に合わせてしまったんだ」

部屋のなかを歩きまわっているあいだ、わたしはアトリエの奥に非常に古いピアノが何台か優雅にならべられているのに目をつけていた。ほっそりした脚に支えられ、ハーフサイズの鍵盤がはめこまれた不思議な箱。それで音楽が演奏できるのは、この優雅な家具にあとから付け足された思いつきでしかないように見える。そばに近づくと、わたしはそのケースをそっと撫でた。高価そうな木の肌には渦巻きや節のかたちをした木目が走り、黄ばんだ象牙《ぞうげ》の鍵盤は角がすり減って、かすかに不揃いになっていた。ふたにには金色の精巧なひげ文字で、〈パリ〉〈アムステルダム〉〈ウィーン〉などと記されていたが、どれも十九世紀のしっかりとしたみごとな手書き文字だった。

「じつにみごとなものですね」とわたしはリュックに言った。

「そうだ、非常に美しい。いちばん古いのは一八三七年製だ」と、彼はやさしさと軽蔑の入り交じった目でそれを眺めた。「しかし、こういう楽器にふさわしいのは博物館で、この店じゃない。これはすでに楽器の歴史の一部であり、ある意味では、もう死んでいる。わたしが興味をもっているのは生きているピアノなんだ」いつの間にか熱い口調になっていたことに気づいて、リュックは自分でも笑みを浮かべた。それから、身振りでわたしに合図すると、さっき通り抜けてきた迷路のまんなかにある小さな空間にもどっていった。「ところで、こっちのピアノはまさにまちがいなく生きている」リュックは大屋根のあいているスタインウェイの椅子に坐った。それから、ちょっとじっと考えていたかと思うと、おもむろに鍵盤に手を下ろした。バッハの三声のインヴェンションがアトリエの空間を満たし、繊細な旋律と対位法がガラス屋根の下の暖かい空気をつつんでふくらませていくようだった。しばらくして、トリルの最中にふいに演奏をやめたが、その音の残響がいつまでもあたりにただよっていた。静かなアトリエのなかに鋭いトリルの音がひびいたことで、静かな町の広場に突然教会の鐘が鳴りひびいたかのように、あたりの空気が一変した。たしかにこの楽器には生命力があり、その息吹が音楽になって、わたしたちを取り巻く空気をいつまでも震わせていた。

「これは二〇年代のハンブルク製だが、じつにすばらしい楽器だ。ある指揮者の持ち物で、彼がパリに来るとき持ってきたんだ」リュックは鍵盤の前から立ち上がって、側板の曲線をそっと撫でた。「わたしが完全に再生したんだが、こうなるともちろんだれにも引き渡したくない」

「もちろん、そうでしょう」とわたしはとっさに同意した。自分がピアノを探しに来たことなど、いつの間にか頭になかった。あまりにもたくさんのピアノを前にして、わたしはその美しさやそれが暗示するさまざまな物語にすっかり心を奪われていた。わたしは何度となく自分に、おまえはいま埃っぽいアトリエにいるんだぞと言い聞かさなければならなかった。

それにしてもリュックの態度にはどこか、これはほかのどんな商売とも違うと思わせるところがあった。彼は生きている演奏されるべきピアノと博物館行きのピアノのあいだにはっきりと線を引いていたが、両方の見本がならんでいるこのアトリエを見れば、それは即座に納得できることだった。彼は感傷的な人間ではなさそうだったが、いい状態にあるピアノが演奏されるとき創造されるものに魅せられるのと同じくらい、複雑で、不格好で、華麗だが、非実用的な楽器にも深い敬意を抱いているようだった。楽器屋のショールームで五十台の新品のピアノ――それがどんなにすばらしい高価なものだとしても――に囲まれているより、こういう魔術的な仕事が行なわれているアトリエにいるほうがずっとわくわくすることだった。このアトリエにいると、この百年ちかくのあいだにヨーロッパ大陸を移動した人々の栄枯盛衰を、パリを出発点、到達点、あるいは中継地点として、愛するピアノという厄介な荷物を引きずって移動していった人々の流れを目のあたりにしているようだった。

わたしは自分の小さなアパートの片隅にそっと置いておける小型のアップライト・ピアノを買うつもりだった。ほとんどのパリジャンと同じように、ある程度以上のサイズのものをわが家に入れるとなると、その〈設置面積〉が、必要な床のスペースが心配になったからである。わたしたちのアパートは古い作業場を改装したもので、パリの住宅の大半を占める十九世紀の建物ほどは薄暗くも狭苦しくもなかったが、それでもアメリカの標準的な家と比べれば、床面積ははるかに狭かった。わたしの計算では、ベビー・グランドでさえ四平方メートルは必要だったが、アップライトなら二平方メートル以下で済みそうだった。だが、このアトリエにある楽器のすばらしさを見てしまったあとでは、ピアノを目立たない片隅にそっと置いておこうという考えはどこかへ行ってしまった。ピアノはもっと目立つ、有用な、見た目も美しいものであるべきだし、毎日弾けるような場所に置きたかった。現実性とか穏当さなどというものはいつの間にか姿を消し、倹約の精神も忘れてしまった。

リュックがわたしの夢想をそっとさえぎった。ピアノについてどう思ったか、わたしの希望に合いそうなものが見つかったか、と彼は訊いた。ここにあるピアノが全部欲しくなってしまったとわたしが言うと、彼は茶化して「それじゃ、このアトリエごと買い取ってもらおうかな」と答えた。しかし、わたしが目の前にある楽器の値段を訊くと、彼の態度はふいに変わった。リュックは押しの強いセールスマンではなかったが、最初にそう見えたように、いつもにこにこしている修理工でもなく、営業面にも神経を使っているのはあきらかだった。彼はおもむろに個々のピアノの〈価値〉を説明して、最後に付け足すみたいに値段を言った。そうやって立ちならぶピアノについて自分がどんな感触をもっているかを教えてくれ、独自の、ときには奇妙に思える、しかし魅力的な評価をくだした。その朝、わたしは中古ピアノについて、パリの中古ピアノの相場について、そしてとりわけリュックその人について多くを学んだ。

車でもワインでも、衣類でも自転車でも、食べ物でも映画でも、フランス人はフランス製のものを好む。したがって、もちろん、ピアノでもそうなのだが、近年では、それがちょっと複雑になってきている。というのも、エラールやプレイエルといったかつてのフランスの代表的メーカーはもはや独立した会社ではなく、こういうメーカーの新製品は現在では最高だとは言えないからである。むしろ、新製品は同じメーカーのかつての製品に及ばないとみなされている。だから、新しいエラールやプレイエルは評価が低く、再生され磨き上げられた古いピアノがそれだけ垂涎《すいぜん》の的になり、値段も高くなっているのだという。

スタインウェイは非常にすぐれたピアノだとみなされてはいるが、フランスではかならずしもほかの国でのように崇められてはいない。古いスタインウェイは、その職人技の確かさと有名な歌うような音色ゆえに、探し求められている。高級楽器店で売られる新品のスタインウェイの最大のライバルは、少なくとも安物でない楽器を買おうとする財力をもつ人たちにとっては、二〇年代から三〇年代の〈黄金時代〉に製造されたスタインウェイの再生品なのだ、とリュックは言った。ドイツ製のベヒシュタインは、高音域の澄んだ鮮やかな音色のゆえに、彼の顧客の多くから少なくともスタインウェイと同じくらい敬意を払われており、ベーゼンドルファーは〈ピアノの貴族〉だと彼は言う。彼がそれを褒め言葉として使ったのかどうかははっきりしないが、ハプスブルク家やモーツァルトのウィーンを連想させるこの名前は、フランス人の耳には特別なひびきがあるようだった。フランスでは、長い伝統を受け継ぐすぐれた職人の技術にはいまでも特別な地位が与えられているからだろう。

この朝アトリエをざっと見せてもらって、わたしはじつに多くのことを学んだが、そのなかにひとつ、実際的なことで、わたしが想像もしていなかったことがあった。パリの大部分のアパートは比較的狭いため、グランドよりアップライトのほうがはるかに需要が多く、その結果、値段が割高になっているということである。わたしはそれを聞いて非常に驚いた。言い方を換えれば、中古のグランド・ピアノは——新品のベヒシュタインやスタインウェイに劣らないほど高価な最高級モデルは別として——アップライトのようにわれ先に買われていくわけではないらしい。したがって——というのは、多少論理に無理があるような気もするが——グランド・ピアノは買い得になっているという。これはわたしには新しい、誘惑的な考えだった。

わたしは自分がどんなピアノに興味をもっているのか、予算はどのくらいなのかを簡単に説明した。

わたしはしぶしぶ小さくて邪魔にならないアップライト・ピアノという考えにもどったが、じつのところわたしの目と心は、旅支度が整って床にならんでいる巨大なスーツケースみたいなピアノに絶えず惹きつけられていた。心の底に〈なぜだめなのか？〉というつぶやきが頭をもたげ、それとともに自分の欲求のかたちや生活のなかで音楽が占める位置がどんどん変わっていくのがわかった。わたしがまだ気づいていなかったのは、このアトリエがどんなに強烈にわたしを惹きつけているかということだった。そのときすでに、わたしはすっかり引きずりこまれていた。自分ではちょっと立ち寄って、信じがたいほどたくさんのいろいろな中古ピアノを見せてもらって喜んでいるだけだと思っていたが、じつは、わたしはじつに贅沢な夢の世界に——警戒心をいだく暇もなく——すでにどっぷりと漬かっていたのである。

2

自分のピアノに巡り合う

夏が早めにやってきて、このカルチエの歩道も夕方からにぎわうようになった。ほとんどの家にエアコンがないこの町では、夜になるとカフェやレストランのテラスがげんなりする暑さからの避難場所になる。六月七月には遅くまで空が明るいから、戸外のテーブルに群がる人たちは夜遅くまで立ち去ろうとせず、頭上ではツバメが鋭い鳴き声をあげながら空気を切り裂く。八月が来てちりぢりになるまで、だれもが暑さによって強《し》いられるゆったりしたペースを楽しんでいるようだった。

気候が暖かくなると、わたしは何度かリュックの店に立ち寄って、彼があらたに手に入れた宝物を見せてもらった。わたしはまだ仕事を変えたばかりだった。もとはといえば、わたしはある会社の社員として家族ともどもパリに転勤してきたのだが、その会社をやめて、フリーランスの物書きとして独立したのである。仕事をする時間の長さは変わらなかったが、スケジュールははるかに融通がきくようになり、それをいいことにして、わたしはしばしば彼の店に顔を出した。そうするうちに、これは毎日のリズムを変えるのにいいし、音楽の楽しみにふたたび自分をひらいていくのも悪くない、と徐々に思うようになっていった。

忙しくて話相手になれないときでさえ、リュックはいつもわたしを歓迎してくれ、奥の部屋の聖域をひとりでぶらつくのを許してくれた。仕事が比較的ひまなときには、彼は話し相手ができたことを喜んで、到着したばかりのピアノについてあれこれ説明してくれた。そうやって彼の話を聞いているうちに、わたしにも実際そうだと思えるようになったことがある。それは彼の基本的な信念のひとつだが、たとえ同じメーカーの同時代の製品でも、すべてのピアノにはそれぞれその一台だけの個性があるということである。

ときには、彼は入手したピアノについてあらゆることを知っていた。前の持ち主に会って、その楽器についてあれこれ聞きだし、それがどんなふうに扱われていたか知り尽くしていた。また、ときには、そこにある楽器の実際に見え、手でふれられ、耳で聞けること以上はなにも知らなかった。多くの場合、ピアノはオークションやチャリティ・セールから来ており、どんな来歴をもっているのか窺い知れなかった。だが、たとえそういうときでも、彼は古代の遺物の鑑定家みたいにじつに多くのことを読みとれるのだった。そのピアノがよく演奏されていたか。適当な湿り気のある場所に置かれていたか（彼にとって、これは非常に重要なポイントだった）。その家に子供がいたか。さらには最近船で輸送されたことがあるか（「ピアノにとってそれ以上悪いことは考えられない」と彼は一度ならず強調したものだった）。こういうとき、彼は探偵であり、考古学者であり、かつ評論家でもあった。

人々のピアノの扱い方に対するリュックの態度は、彼の人生哲学を反映しているようだった。子供たちが鍵盤や弦に傷をつけてしまったのは残念だが、それは許容できる。なぜなら、少なくともそのピアノは使われており、彼の言葉を借りれば「家族に囲まれて《オ・サン・ド・ラ・ファミーユ》」いたからだ。ピアノはふつうの家具とはちがうが、家具調度のひとつでもあり、飲み物がこぼれて塗装に染みがついたとしても、それは子供たちにピアノの楽しさを教えるための代価なのだ。ピアノは恭しく扱うのではなく、気軽に親しんでこそ楽しさがわかるのだから、と彼は言うのだった。

　ピアノを音楽という芸術を奉る祭壇として保存するだけの人々にはリュックは苛立《いらだ》ちを隠さなかったが、楽器を生計の手段として使うプロのミュージシャンには深い敬意をいだいていた。彼はあからさまには言わなかったが、滅多に演奏されることのない飾り物のピアノがかなりあるようだった。これは一種のブルジョワ感覚の名残で、いまのテレビやステレオみたいに、家族が集まる部屋にはピアノが欠かせなかったからだろう。彼はこれを悲劇だとみなしていたわけではなく、むしろきれいに磨かれた、あまり弾かれていないピアノがやってくるのをいつでも歓迎した。「さあ、これからは、これは置物であるのをやめて、生きはじめられるんだ」と彼は薄笑いを浮かべて言うのだった。そういうとき、彼はちょっと孤児院の院長——子供たちの里親が決まるのを待っているオプティミストの院長——を思わせた。

　リュックがいちばん軽蔑したのは、すぐれた楽器を自分の富や——こっちのほうがもっといやらしいが——音楽的な虚栄心を誇示する手段として使っている人たちだった。そういう楽器が彼のアトリエにたどり着くことはめったになかったけれど、彼はそういう状況に置かれたピアノをしばしば目にしていた。というのも、わたしはその後まもなく知ったのだが、彼はピアノ調律師としても評判が高かったからである。

「ああいう広大なサロンの片隅にはメルセデスでも停めておけばいいんだ」とあるとき彼は毒づいた。「音楽など少しもわかりゃしないんだから！　きょう、少なくとも百二十坪はあるアパートで、スタインウェイのコンサート・グランドを調律したんだ。もう何年も演奏されていないのは確かだね。オーナーは毎朝そこにピアノがあるのを見るだけで気分がいいと言うんだよ。大屋根をあけて、いまにもホロヴィッツが登場して弾きだしそうな感じで置いてあるんだ。眺めるだけなら、スイス銀行の小切手帳か株券でも眺めていればいいのに！」

彼の軽蔑には、これからも弾かれることのない運命にあるピアノに対する哀れみの気持ちが交じっていた。「それこそ話術の名人が独房に閉じこめられているようなものだ」とあるとき彼は言ったが、なるほど彼にしてみれば、たとえどこにも疵《きず》がなく、きちんと手入れされていても、ピアノが死んでいるとしか思えないことがあるにちがいなかった。

やがて、わたしは自分のピアノのことをもっと具体的に考えるようになった。最初の魔法にかけられたような気分はまだつづいていたが、それでも楽器を客観的に評価するようになり、細かい実際的なことを質問するようになった。

第一のハードルは値段だった。有名メーカーのものはいうまでもなく、多くのピアノがわたしの予算をはるかにオーバーしていた。それから、次に避けられないのがサイズの問題で、これもけっしてゆるがせにはできなかった。アップライトは割高になるとリュックから何度となく指摘されていたにもかかわらず、わたしは徐々にアップライトに甘んずるしかないのではないかと思いはじめていた。ケースはシンプルなものにしたかった。枝付き燭台やごてごてした彫刻の装飾がついているものは、わが家のモダンな家具のなかでは滑稽に見えるだけだろう。

アトリエの奥に深く埋もれているものはともかく、リュックはどんなアップライトでも弾かせてくれた。すべてが完璧に調律されていたわけではないが、いちおう演奏できる状態ではあった。わたしがピアノを多少なりとも定期的に練習していたのはすでに二十年以上も前のことだったから、いろんなピアノを試せることにわくわくすると同時に、自分の演奏のレベルをリュックに知られるのは恥ずかしかった。わたしがおずおず弾きだしたバッハの『平均律クラヴィア曲集』の前奏曲第一番は薄っぺらで味気ない演奏に聞こえたが、このアトリエの雰囲気も、ピアノの音質に関するリュックの話も、演奏者より楽器そのものに主眼が置かれていた。わたしはドイツのメーカー、ザウターのピアノを少し弾いてみた。とても澄んだ音色で、流れるような鍵盤のタッチはじつにすばらしかったが、とてもわたしが買える値段ではなかった。また、別のとき、リュックがガヴォーのベビー・グランドをアトリエのまんなかに据えて、わたしに試してみろと言った。鍵盤はちょっと堅めだったが、音は豊かでまろやかで、うっとりするような音質だった。

静かな部屋にわたしの弾いたモーツァルトのフレーズの残響がひろがると、彼は満足げにうなずいた。「美しいだろう? これが十九世紀末のフランスの音の魔術なんだ」それから、眉をひそめてつづけた。「しかし、この楽器を買うなら、いっしょに調律師を買い取ったほうがいいかもしれない」彼の説明によれば、調律ピンをしっかり保持するため、ドイツのメーカーが一体化した鋳鉄製フレームに移行したあとも、フランスのピアノは二十世紀の初めまで、部分的にしか金属で支えられていない木製のピン板——調律ピンがねじこまれている分厚い木の板——を使いつづけていた。これには美的な問題もあり、フランス人は塗装した金属板で覆うよりも木製の板が剝きだしになっているほうが美しいと考えていたからでもあるが、変化を妨げたのは他の何より伝統だった。それでも最終的には、実際的な考えが勝利を収めた。一体化した鋳鉄フレームを使ったピアノは調律がはるかに長持ちするが、木製のピン板を部分的に金属製の支柱で支えているだけだと、ピアノはハープシコードと同じくらい音が変わりやすく、それだけ手がかかるのだという。わたしは残念ながらガヴォーは忘れることにした。

一月後、たしか四回目か五回目に店に顔を出したときだったが、入口で挨拶したリュックが意味ありげな顔をした。「あんたにぴったりのピアノがちょうど来たところなんだ。ちょっと見てくれ」

ピアノの入手経路については、リュックはいつも曖昧な言い方をした。けっして「買い取った」とか「引き取った」とか「オークションで競り落とした」とは言わず、ピアノが「やってきた」とか「到着した」とか、まるで店の戸口に天使が現われたかのような言い方をした。もちろん、そうすれば取引の実態をあからさまにせずにすむし、楽器の由来を隠しておくのは彼にとっては重要なことらしかったが、それだけが理由ではなさそうだった。リュックのそういう言い方は、彼がどんなふうに感じているかを表わしていた。ここにやってくるたくさんのピアノは、彼にとっては妖精のようなもので、彼はしばらくその妖精たちといっしょに暮らして、ふたたびここを出ていくまで世話をするつもりだったのである。

ところで、わたしにぴったりのピアノが到着したと彼は言ったが、それはいったいどういう意味なのだろう。この数ヵ月、この店に立ち寄るたびに、気分よく冗談を言い合って、リュックとはしだいに親しくなっていたし、わたしがどんな楽器を探しているかを説明したときには、彼は注意深く耳を傾けてくれた。小さくて、安くて、そこそこいい状態にあり、わたしやふたりの幼い子供たちが弾くのにちょうどよさそうなピアノというのがわたしの希望だった。けれども、それまでは一度もなにかを買えと勧められたことはなかったし、もちろん、特定のピアノを勧められたこともなかった。

彼はわたしといっしょにピアノを見てから、その特徴を説明し、気にいったかどうか訊くだけだった。一度ならず、彼がアトリエでほかの客の相手をしているところを見かけたが、彼のやり方は同じだった。客が興味をもったピアノを見て、手でふれ、弾いてみるように勧めるだけで、あとは当人が自分で決めるのを待つだけだった。次の所有者がだれになるかは、ピアノ自身が決めてくれるとでもいうかのように。

彼のあとについて奥の部屋に入りながら、わたしはどんなピアノなのだろうと想像した。わたしの頭をかすめたのは小型のアップライトで、黒いラッカー塗装に多少の疵はあるものの、アクションは完璧で、奇跡的なくらい安いピアノのイメージだった。あとから悟ったのだが、これは子供のために良質な中古ピアノを探している親のだれもがいだく夢物語だった。けれども、リュックとしてはずいぶん大胆な宣言だったから、わたしはかなり興奮しており、急いでアトリエに入っていったとき、それがどんなに非現実的かとは思ってもみなかった。

彼はアップライトがならんでいる場所を通りすぎて、そのまま部屋の奥のグランド・ピアノが二十台ほど横向きに寝かしてある場所へ向かった。そのなかの二台の隙間に体をねじこみ、右手の一台のほうを向くと、彼は両腕を大きくひろげて、弦や響板《サウンドボード》が剝きだしになったそのピアノを示した。「これがあんたにぴったりのピアノになると思うんだ」

わたしは警戒の眼で彼を見た。からかわれているんじゃないかと思ったが、彼は真顔で熱心にうなずいた。わたしは埃だらけの黒いケースや、明るい色の木製のサウンドボード上に張られた銀色に光る弦をじっと見た。わたしの目には、これがそこにならんでいるほかのグランド・ピアノとどう違うのかわからなかった。ピアノはすべて屋根を外され、床に同じ向きにならべられていた。どうしてこれがわたしのピアノだということになるのだろう？　「でも、リュック、これはグランドじゃないか。わたしにはとても手が出ないに決まっているよ。それに、前にも言ったけれど、こういうサイズの楽器を置けるスペースはないんだ」

「これはベビー・グランドだ」と彼は訂正した。「あんたが考えているよりも、サイズも小さいし、値段も安い」それから、彼はそのピアノについて自分が知っていることを——というより、自分が知っていることのうちわたしに教えたいことを——説明した。この楽器はなかなか状態がいい。ウィーンのシュティングル社製だが、このメーカーはいまではもう存在しない。製造番号から三〇年代半ばに作られたことがわかるが、この時期は「オーストリアのピアノ製造史では非常にいい時代」だという。なかなか詩的な、と同時に疑問がなくもない言い方だったが、いずれにせよ、わたしの知識ではそれを肯定することも否定することもできなかった。この楽器は「長期間倉庫に保管されていたあと」彼のところにやって来たということだったが、このころまでには、それ以上詳しいことを詮索しても無駄なことはわたしにもよくわかっていた。

素人の目には、解体されたピアノはどれも同じにしか見えないから、自分が見ているのがどんな楽器なのかはなんとも言えない、とわたしは言った。それは確かにそのとおりだったが、じつはそんなふうに言って時間をかせぎ、そのあいだになんとか体よく断る方法を見つけよう、とわたしは思っていた。

思いがけない早さで事態が進行していることに気づいて、ふいに言質《げんち》を与えるのが不安になったのである。

「もちろん、こういう悲しい状態では、なんとも言えないだろう。二、三日したら、もう一度見にきてくれないか。それまでには脚をつけて、組み立てておく。そうすれば、弾いてみられるし、わたしの言っていることがわかるだろう」

「しかし、リュック、わざわざそんな手間をかけてもらっても困るんだ。わたしはグランド・ピアノについては少しも本気では考えていないんだから」

「いや、もちろん、それはわかっている。しかし、いずれにせよ、こいつは組み立てなければならないんだ。ともかくもう一度来て、弾いてみてほしい。あとの話はそれからだ」

わたしはあくまでも安いアップライトにするつもりだったが、こうまで言われて彼の申し出を断るほど無分別ではなかった。それに、自分の足下にある木材と金属と象牙の山が、それに脚やペダルをつけアクションを調整してきれいに磨くだけで、どんなものに変貌するのか見てみたいという好奇心もあった。

三日後、店に立ち寄ると、リュックが表に出てきて挨拶するなり、わざと心配そうなふりをして訊いた。「楽譜を持ってきただろうね?」

わたしは彼のあとから奥の部屋に入っていった。空いているスペースに四台のピアノがならべてあり、そのうちの一台がシュティングルだった。その二倍はありそうな巨大なベヒシュタインの横に置いてあった。リュックが徹底的に磨き上げたらしく、外側の塗装面から、ひらいてある鍵盤、内部の金属部分まで、すべてがぴかぴかに光っていた。それでも新品でないのはあきらかで、黒い塗装面の柔らかな艶は鏡面というよりはむしろ霧にかすんだ溜め池の水面にちかく、ところどころ仕上げ塗装がすり減って艶消しになっていた。鍵盤は本物の象牙で、これは一九八〇年代以降の新しいピアノには使用禁止になっているが、長年のうちに全体が黄ばんで、かなり黄色い鍵もある。弦は少しも錆《さ》びていなかったが、すり減った金属特有のスチールグレーの艶を帯び、赤いフェルトのダンパーは新しいピアノの鮮やかな深紅ではなくて、柔らかい紫がかった色だった。

二台のピアノがならんでいるのを見て、わたしが驚いたのはベビー・グランドが本格的なグランドよりどんなに小さいかということだった。それはまるでミニチュアみたいにかわいらしかったが、それでも玩具のピアノではないのはあきらかで、高さはベヒシュタインと同じだったし、鍵盤も同じくらい幅があった。ただ大きく違うのはケースのサイズと長さで、大きいピアノから放たれる音はそれだけ大音量になるのだろう。

そのかわいらしいサイズや美しい細部を見ているうちに、わたしの頭にひとつの言葉が浮かんだ。初めは否定してみたが、それでもしつこく頭から消えなかったのは〈けなげ〉という言葉だった。実際、このピアノは〈けなげ〉に、楽器のシンデレラみたいに見えた。意地悪な姉たちによってあらゆる権利を奪われていた負け犬が、最後には大きな勝利を得るというイメージが頭のなかをぐるぐるまわった。そんなふうに考えると、表玄関から舞踏会に招かれているベヒシュタインは尊大で味気なかった。ふと気づいてみると、わたしはこの小さなピアノがなぜか〈いいもの〉であり、わたしの家にぴったりだと考えだしていた。わたしのなかに芽吹きつつあった欲求をリュックはぴったり読みとっていたのだろうか？

シュティングルのケースはほとんど禁欲的と言えるくらいシンプルだった。脚はまっすぐで、装飾的な彫刻はまったくない。それでも、譜面台は微妙な曲線を描き、円で囲まれたダイアモンドのモチーフが彫り抜かれていた。それは簡素でありながら堂々としたチャールズ・レニー・マッキントッシュの家具を、その簡潔な直線と繊細な曲線を思わせた。そんな連想をしたことを悟ると、頭のなかに警戒警報が鳴りひびいたが、わたしはその奇妙な、心地よい目眩《めまい》に身をまかせかけていた。

わたしは椅子に腰をおろすと、リュックに笑いかけた。なんだかひどく緊張して、ほとんど魔法にかかったような気分だった。ふいに、この巨大な非実用的な廃船が、わたしがあまりにも長く留守にしていた領土への入口になるような気がした。鍵盤に指をふれさえしないうちに、なにかが〈これだ！〉と叫んだのだ。わたしはリュックを信頼していたが、自分でもこのピアノを愛して、生活のなかに音楽を取り戻したいと願っているのを悟った。わたしはまず何度か音階を、それから一連の和音を弾き、最後に、もう少し自信をもって、アルペジオを演奏した。音が鳴りひびいたとたんに、思いがけないことに、背筋がぞくぞくした。鍵盤のタッチはなめらかで、いい感触だったが、キーを動かすのにちょっと力が必要だった。スタインウェイの有名な絹のように柔らかいタッチや、ほかの有名なメーカーのビロードのようなタッチを思わせるところはなかった。むしろ、それはかなり腕力を要求する運動で、ほとんどスポーツに近いとさえ言えそうだった。そのくせ、そうやって生み出される音は非常に豊かで、柔らかかった。つまり、不思議な、驚くべきことだったが、逞しさと繊細さがひとつになっていたのである。

「すてきな楽器だろう？」わたしのあきらかに満足げな顔を見て、リュックは満面に笑みを浮かべた。

「すてきな楽器だ、ほんとうに！　ちょっと力がいるけれど、なんてきれいな音なんだ」
「あんたは体が大きいから、こういうピアノをちゃんと弾くことができる。だれもが弾けるわけじゃないんだ」お世辞なのか、それとも、わたしの能力を客観的に評価した言葉なのかわからなかった。おそらく、その両方が少しずつ入っているのだろう。

これはどこにでもある中古ピアノとはわけが違う、とリュックはわたしに請け合った。これは三〇年代にウィーンで製造されたものだが、この時代、ウィーンにはまだその名に値する職人の伝統が生き残っており（現在では唯一ベーゼンドルファーが残っているだけだ）、この澄んだ音色としっかりしたタッチがその伝統の確かさを物語っている。名前が二流でしかないのを気にすることはない。どこから見てもこれが掘り出し物なのは間違いないし、一見シンプルで頑丈なだけに見えるとしても、すぐれた楽器なのだから。これならば、わたし自身のそれは言うまでもなく、わが家の小さな子供たちの襲撃にも耐えられるかもしれない、とわたしは思った。

そんなふうに考えながら、わたしは内心笑わずにはいられなかった。自分の虚栄心と芸術への憧れ、じつに扱いにくいピアノという楽器の美しさ、そのすべてがいっしょになると、なんだか滑稽でどこか不条理な気がした。わたしは自分がショパンの『英雄ポロネーズ』変イ長調をこの気取らない楽器で完璧に演奏しているところを想像した。実際にはそんなことは不可能だったが、その空想はわたしの気にいった。それはピアノ曲のなかでもっともむずかしい曲のひとつで、けっしてわたしの手が届くようなものではなかったが、そういう空想に耽《ふけ》るのが不思議なくらい楽しかった。自分の個人的な楽しみを過去の伝統の確かさのなかから探し出すなんて、別の世紀の人間が見たらどう思うだろう？　そういう内心の皮肉な思いが顔に出たのだろう。なぜそんな戸惑ったような顔をしているのかとリュックが訊いた。

「どんなピアノを買うか考えるとき、自分という人間がどのくらいそのピアノに反映されるんだろうと考えていただけなんだ」

「ううむ。しかし、もちろん、それがピアノのいいところなのさ。ピアノはフルートやヴァイオリンみたいに押入にしまっておく楽器じゃない。あんたはピアノといっしょに暮らすことになるし、ピアノのほうもあんたといっしょに暮らすことになる。ピアノは大きいから、無視することはできない。家族の一員のようなものだ。だから、ふさわしいものでなければならないんだ！」

「このピアノが気にいった場合だけど、値段はどのくらいになるのかな？」

「一万五千フランだ」と彼はおもむろに答えた。「もちろん、輸送と調律込みの値段だけど」

もう一度アパートの広さを測って確かめる必要がある、とかなんとか言ったけれど、わたしはすでにそれを買う気になっており、わたしたちはふたりともそれを知っていた。というより、実際のところ、リュックはわたしよりずっと先にそうなることを知っていたのだろう。それにしても、何度か短時間会っただけだったのに、どうしてそんな判断をくだすことができたのか、わたしはいまでも不思議でならない。自分が夢中になったり憧れたりしている世界の話になると、人は自分が思っているよりずっと多くをさらけ出してしまうのは事実だけれど。

その二日後、アパートの広さを慎重に測りなおしてから、わたしはあらためて店に出向いた。

わたしの妻は、アップライトの利点としてわたしが掲げていたさまざまな理由――値段、サイズ、子供たち――がほとんど一夜にして消え失せたことに驚いていた。「小さいピアノという考えはどこへいったの？」

わたしは勢いこんでグランド・ピアノの長所を延々とならべたてた。

彼女は黙ってそれを聞きながら、懐疑と理解の入り交じった表情でわたしの顔をしげしげと見ていたが、やがてわたしの熱意に根負けして、実際的な問題を指摘した。「それじゃ、あなたの新しい赤ちゃんが住む場所を見つけてやらなくちゃならないわね」

ふたりでいっしょに検討した結果、窓と本棚が鋭角に交わるコーナーがいいということになった。わがアパートの居間のそこならば、シュティングルを押しこめられそうだった。それから、家計をやりくりして、なんとかリュックの言った金額を捻出した。フリーランスの物書きとして新規開店したばかりだったので、それはばかにならない金額だった。けれども、妻はわたしがあらたに発見した自由の感覚を存分に味わうように勧めてくれた。「自己表現への投資だと考えればいいわ」

このときは、わたしはアトリエに楽譜を持っていった。わたしが譜面台に楽譜をひろげるのを見て、リュックは満足そうにうなずいた。それまでは他人の前で気楽に演奏できたことは一度もなかったが、このときだけはそうではなかった。彼がそばにいることがかえって励みになって、ほかのたくさんのピアノに囲まれて、彼といっしょにこの楽器特有の音に耳を澄ました。たぶん十分ぐらいだったと思うが、自分がかなりよく知っている曲を、楽譜を見ていても音に耳を傾けられる曲を演奏した。ベートーヴェンのバガテルや、シューマンの子供のための小品、初期のモーツァルトの幻想曲などだった。わたしの期待は裏切られなかった。シュティングルの透明感のある、と同時に力強いひびきが部屋に満ちあふれた。この独特なピアノが自分のものになるのだと思うと、これを毎日眺め、演奏し、これといっしょに暮らすことになるのだと思うと、この上なく誇らしい気分だった。なんということだ、これではまるで恋をしているみたいじゃないか、とわたしは思った。恋しているみたいに、自分で好きかってに熱を上げて、愛する対象をどんどん増幅し強化していくようだった。

演奏を終えて、リュックを振り返ったとき、わたしはいかにもうれしそうな顔をしていたにちがいない。

「どうやら自分のピアノが見つかったようだね」みごとに役割を果たした老練な仲人みたいに、彼は目を輝かした。

「どうやらあんたの言うとおりらしい」とわたしは言った。

そのあと、リュックとわたしは、ピアノをアパートへ運んで組み立てさせるための実際的な手筈《てはず》について打ち合わせた。支払いの仕方を聞いたとき、わたしはちょっと面食らった。「配達人にはキャッシュで支払ってもらう必要があるが、その際、大きな札は使わないでほしい。合計金額を封筒に入れて、それを彼に渡してくれ。そして、それとは別に、チップとして三百フラン渡してやってほしい」

「よければ、あしたここにキャッシュを持ってくることもできるけれど」

「いや。配達人にはいま言ったかたちで払ってもらいたいんだ。それがわたしたちの商売のやり方だから」

これが初めてではなかったが、わたしはリュックの店の馴染みのない習慣に戸惑った。けれどもいまではそれ以上言い張ったり、いや、詮索したりさえしないほうがいいことを知っていた。初めのころの数週間、困惑と好奇心が入り交じるなかで奥の部屋へ入る方法を探したことを思い出した。いまや、わたしはそこにいて、全面的に信用するようになっただけでなく、感嘆の的でさえある男からピアノを買おうとしていたのである。「わかった、リュック。わたしはこの取引に非常に満足しているよ」わたしが手を差し出すと、彼はそれを温かくにぎりしめた。

「けっして失望はさせない。それだけは保証するよ」

3

シュティングルがやってくる

　一週間もしないうちに、約束の時間どおりドアをノックする音がひびいた。呼び鈴を押すのは面倒だといわんばかりの、大きくて執拗な音だった。ドアをあけると、背はわたしと同じくらいだが、胴回りはたっぷり二倍はありそうな年配の男が立っていた。上半身のサイズと形が大太鼓そっくりで、とにかく胸が巨大だった。その後ろに、巨漢のかげに隠れるように、細い口ひげをたくわえた神経質そうな顔立ちのほっそりした若者がひかえていた。巨漢のほうがどら声でわたしに言った。「ピアノの配達を待っているのはお宅だね」

「ええ、そうです」

「どこに置くつもりかね？」

「どうぞ入ってください。お見せしますから」

　わたしたちのアパートはフランスで言う〈一階《プルミエ・エタージュ》〉、つまり二階にあった。わが家の玄関のドアはたくさん植物がならんでいる小さな中庭に面していて、ドアを入るとすぐにまっすぐな階段があり、そのままアパートに上がれるようになっている。いっしょに階段をのぼりながら、彼はそれを見てとって、満足そうにつぶやいた。「螺旋《らせん》階段がないのはいい」

わたしはパリによくある、くねくねつづく狭い螺旋階段を思い浮かべ、そういう場合ピアノの配達にはどんな曲芸が必要になるのだろうと思った。わたしが居間のピアノを置きたいと思っている片隅を示すと、男はうなずいた。「内側のドアもないし、廊下もない。これは速いな」

「あなたやほかの仲間の方が組み立てるのにとくに必要とするものがなにかありますか?」ピアノを積んで表に停まっているトラックに、少なくともあと三、四人はいるにちがいない、とわたしは思っていた。

「ほかの仲間?」

「つまり……その、どうやってピアノをここまで運び上げるんです? 階段に道板《みちいた》を敷くとかするんですか?」

「いつもやっているやり方で運び上げるんだよ。任せておきなさい。いつもやっているんだから」

そう言うと、彼は痩《や》せた若者といっしょに階段を下り、玄関のドアを大きくあけたまま出ていった。それから二分もしないうちに、中庭からシュッシュッという音が聞こえた。わたしが窓からのぞいてみると、巨大な黒い塊——脚を取り外したわたしたちのピアノだ——が丸石の庭を横切ってくる。横にしたピアノをビヤ樽みたいな胸をした男が肩に担いでいるのだ。後ろからついてくるアシスタントが、ピアノのテールに手を添えているが、その膨大な重さを少しも分担していないのはあきらかだった。

彼らは玄関のドアのところで足をとめ、ピアノの先端をドアマットの上に降ろした。わたしは階段を駆け下りた。たったいま目にしたものに驚嘆し、彼らがどうやって階段をのぼるつもりかわからなかったからだ。わたしの目の前に立っている年配の男は、長年の汗で黒光りしている幅広い茶色い革のストラップで、ピアノを背中に括《くく》りつけていた。ストラップは対角線状に交差して両肩から腋の下を通ってピアノに巻きつけられており、ケースの側面のカーヴがちょうど右肩に引っかかって、丸いテールが地面についていた。彼はぜいぜい荒い息をしていた。

「まさかふたりだけじゃないんでしょう！　なにかお手伝いできることはありませんか？」

「ムッシュー」と男はひどくあえぎながら、たどたどしく言った。「どのお客さんにも同じことを言うんだがね。ただ邪魔にならないところに立って、われわれに仕事をやらせてくれればいいんだよ」

こんな恐ろしく重たいうえに嵩張るものをいったいどうやってふたりで運び上げるのだろうと思いながら、わたしは急いで階段を上がった。そのとたんに、下からしゃがれた掛け声が聞こえた。「アン、ドゥー、トロワ。それ《アレー》」

年配の男が前に体を傾けて、ぐっとストラップを引くと、ふたたびピアノの全重量――二百五十キロを超える――が背中にかかった。それから、男はゆっくりと、しかし確実に階段をのぼりはじめた。わたしは恐ろしさに震えながらも目を吸いつけられ、なす術《すべ》もなく見守っていた。ピアノの重みで男は低く腰をかがめ、ストラップが肩にくいこんで、シャツとその下の筋肉や骨に深い溝を穿《うが》っている。若い男もあとからついてくるが、ピアノのテールを支えて前に押しているだけで、旧式の飛行機の尾輪みたいに、ただ機体を安定させる役割を果たしているだけだった。

階段を三分の一くらいあがったところで、男は立ち止まって、かがめていた上体を少し起こした。巨大なピアノがかすかに揺れると、男の体もあぶなっかしくぐらつき、とっさにわが家の階段で奇怪な大惨事が発生する光景が目に浮かんだ。もしもピアノがひっくり返れば、男もいっしょにひっくり返ってしまうだろう。彼は文字どおりピアノに縛りつけられているのだから。

彼は渾身の力をふりしぼったあとの荷馬みたいにどっと息を吐いて、少しだけ背筋を伸ばした。それから、食いしばった歯のあいだからさっと息を吸いこむと、ふたたびストラップに体重をかけて、階段をのぼりだした。階段の上に着くまでにこの休憩がもう一度繰り返されたが、位置が高くなっていただけによけいに恐ろしかった。若い男の置かれた位置はほとんど漫画的と言っていいほど危険で、もしもピアノが滑り落ちたら、即座に押しつぶされてしまうにちがいなかった。

やがてついに頂上に達すると、ピアノのテールがもう一度床に降ろされた。わたしの目の前の男は真っ赤な顔をした塊に変貌して、静脈が浮き出した筋肉から汗が噴き出していた。あまり長く休むと力のもとになっている奇怪な魔法が解けてしまうとでも言いたげに、わずか数秒休んだだけで、男はふたたび巨大なケースを担ぎ上げ、そのまま部屋を横切りだした。彼が一歩進むたびにアパートが大きく震えた。そうやって、彼は部屋の隅にピアノを横向きに降ろした。と、ただちに、若者が剝きだしのピアノの底に二本の脚を取り付けた。それから、年配の男がピアノを水平に持ち上げると、若者がその下にもぐりこんで三本目の脚を取り付けた。

階段の下からそこに至るまでにかかった時間はたぶん三分ぐらいだったが、わたしは人生のきわめて重要な出来事をいっしょに経験したかのような気分になった。わが目で見たのでなければとても信じられない、とてつもない力持ちの離《はな》れ業《わざ》をたったいま目撃したのだから。

天空を支えるアトラスがふたたびふつうの人間にもどった。顔の赤みは消え、呼吸も平常どおりになったその男を、わたしはあらためてしげしげと観察した。たったいま目撃した離れ業を納得させてくれる、目に見えない筋肉や秘密の力がどこかに隠されているのではないかと思ったが、わたしの目の前に立っているのはリラックスした、ごくふつうの男だった。ほんの十分ほど前に戸口に現われた、あのピヤ樽の胸をした男となんの違いもなかった。「ピアノはこの場所でいいのかね?」

「ええ、そうです。これで完璧です」

「それじゃ、われわれはこれで引き取らせてもらうことになるが」と言いながら、彼はなにか期待するようにわたしの前に立っていた。

「では、料金をお払いします」わたしが小額の紙幣を詰めた封筒を渡すと、彼は中身を確かめもせずに受け取った。「それから、これはお手数をかけたお礼です」と言って、わたしは三百フラン――たったいま彼が成し遂げた偉業を考えれば、それはいまやばかばかしい額でしかないような気がしたが――手渡した。男は心からうれしそうに顔を輝かせた。

「いやあ、ムッシュー、こいつはじつにありがたい」

〈あんたの葬式代を出すよりずっとマシだからね〉と、握手を交わしながら、わたしは胸の内で考えていた。それから、ふたりを玄関まで見送り、背後からドアを閉めると、深いため息をついた。午前のなかばの静けさのなかで、わたしは精根を使い果たし、階段をもどるのにさえ気力を振り絞らなければならなかった。〈これからはこの階段をいままでと同じ目では見られないだろう〉とわたしは思った。〈ピアノを背負ってよろめき歩く男の影が永遠につきまとうにちがいない〉わたしは腰をおろして、深く息を吸った。それから、ふたたび顔を上げたとき初めて、運びこまれた物体がすっかり部屋を変えてしまったことに気づいた。

〈これでやっとふたりきりになれたね〉と、ハリウッド映画のロマンティックなシーンを茶化して、わたしは自分の胸のなかで言った。だが、じつは、わたしはそのピアノを初めて見たような気がしていた。望みのものが手に入る前にあわや大惨事になりかねなかったが、いまやその危険も脱して胸を撫で下ろし、心ゆくまでじっくり観察する贅沢を味わえる。これでようやくリラックスして、リュックの言い方を借りれば、「わたしの人生にやって来たもの」を観察することができるのだ。たしかに、このピアノはわたしが探し出したというよりは、わたしのところにやって来たものだった。

それにしても、なんとすばらしい楽器だろう。蜘蛛《くも》の脚みたいにほっそりとした脚に支えられた漆黒の巨体。大屋根の艶《なま》めかしい曲線は、閉じられているときには、繊細でありながらこのうえなく贅沢に見える。だが、大屋根をひらいて、金色と赤いフェルトと銀色の弦の宝石箱が現われたときの興奮。機械的なものと官能的なものがこんなふうにひとつに融合しているのはほとんど信じがたいことだった。細い棒で支えられた大屋根の四五度という角度が、すらりとした脚に支えられた巨大なケースがつくりだす緊張感に呼応している。優雅な支柱で支えられた重み。もしも重力に負けてしまえば大変なことになるというかすかな危うさの予感。それが――構造が確かなだけによけいに――人の目を惹きつける。大屋根が荒々しく閉じられることはないだろうし、特別なことがないかぎりピアノが崩れ落ちることもないだろうが、そのときどうなるかを想像せずにはいられないからである。

ケースの内側の木製のサウンドボードについているロゴマークは、ちょっと不思議なものだった。手のこんだ刺繍《ししゅう》のような縁取りがあり、その古めかしい複雑な装飾はいかにも十九世紀風なのだが、〈シュティングル兄　弟《ゲブリューダー》、ピアノ製造工房《クラヴィアファブリケン》〉という文字そのものは飾り気のないきりっとしたデザインで、妙にアール・デコ調なのである。そして、その下には〈ウィーン〉という呪文のような一語。それを見ただけで、音楽と切り離せないその町がありありと目に浮かび、たちまちモーツァルトからマーラーに至る音楽家の霊がよみがえってくる。そして、側板の裏には、金属製のフレームに浮き出すかたちで、パリに流れ着いたこのベビー・グランドにしてはかわいいともキッチュともいえる、じつに皮肉なモデル名が記されていた。〈かわいらしい《ミニョン》〉。たしかにかわいらしい子だったが、それでいて個性がないわけでもなかった。こういう内部の秘密のすべてが、傾斜した黒塗りの大屋根の内側にきれいに映っていた。

鍵盤のふたをあけるときには、もっと馴れ親しんだ喜びを感じた。無地の黒い水平な板をくるりと回転させると、白と黒の秩序正しいつらなりが現われる。規則正しいとはいっても、完全に対称なわけではなく、半音階の神秘を物語る2―3―2という黒鍵のパターンだ。ふたの中央にメーカーの名前があり、その下に小さい真鍮《しんちゅう》の象嵌文字で〈オリジナル〉と記されていた。ほかにもシュティングルというメーカーがあったのか？　贋物《にせもの》のシュティングルがあったのだろうか？

左側に、これも小さな真鍮の象嵌文字で、〈L・A〉と刻印されていた。だれかが気取って自分のイニシャルを入れさせたのだろうか？　自分の地位と権力を誇示するという低俗なわがままを通したのだろうか？　それとも、販売店が得意客を喜ばそうとして金線細工を施したのか？　それからというもの、その意味についてあれこれ想像することが、わが家のお気にいりのゲームになった。あるフランス人の友人は、エルザ・トリオレがルイ・アラゴンのためにこのピアノを買って、愛をこめてそのイニシャルを刻んだのではないかと言った。アメリカ人の友人は、ルイ・アームストロングがヨーロッパを巡演したとき、練習用に使ったピアノなのだと主張した。いちばん突拍子もないアイディアは、五〇年代に欧州ロケに来たアメリカの映画人たちが、ホームシックにかかって、撮影に使ったピアノにロサンジェルスの頭文字を刻みこませたというものだった。

鍵盤のふたの右端にも別の、かなりかすれた象嵌文字があったが、これは単なる業者の名前らしかった。〈タグリン＝アクセルラート社、ブライラ〉上から塗りつぶした跡があるのは、のちに買い取った人が鍵盤のふたを飾り気のないものにしたいと思ったか、業者の名前を隠そうとしたのだろう。わたしはヨーロッパの地図を持ち出して、〈ブライラ〉という地名を探した。ちょっと時間がかかったが、ルーマニアのドナウ川沿いにその名前が見つかった。黒海に近い、中規模の港町だった。この楽器の来歴にさらに一ページが加わった。このピアノは第二次大戦前にウィーンで製造され、ルーマニアの業者によって売られて、最後はパリに到着したことになる。貨物船の船倉に入れられて川をくだり、ボスポラス海峡を抜けて、地中海を横断するという、まさにリュックのいちばん怖れている船旅をしたのだろうか？　それとも、政治的混乱と戦争に追われてトラックでヨーロッパを転々として、かろうじて平静を保っていたパリにたどり着いたのか？　あるいは、置き去りにするのは忍びないと思った旅行者が、直接鉄道便でパリに送ったのだろうか。ほんとうのところがどうなのかは永久にわからないだろうが、あれこれ考えずにはいられなかった。いまやわたしの人生と絡み合うことになったこの生き物の生涯にどんな過去が刻まれているのか、わたしは想像してみずにはいられなかった。

約束どおり、ピアノが配達されたすぐあとにリュックが調律にやってきた。ピアノが新しい環境に適応する馴らしの期間が必要なのだ、と彼は説明した。アトリエとは異なるわが家の湿度や、引っ越しのショック――という言い方を彼はした――も考えに入れると、ピアノの音がかなり早く狂ってくるのは当然だという。

配達されたあとリュックが二度目にやってくるまで、わたしは日に何度かシュティングルを弾いた。ときには譜面台になにか楽譜を置いて――バッハでもバルトークでもなんでもよかった――やさしい曲をゆっくりと弾き、このアパートにあふれる驚くほど豊かな音に――とりわけ低音に――うっとり耳を澄ましたけれど、最初の二、三週間はともかく大屋根を大きくあけて、なんだろうとかまわずに――ジャズでもロックでもクラシックでも――思いつくままに弾いてみることのほうが多かった。その音量そのものがぞくぞくするほど気持ちよかった。まるで風の奔流を顔に受けながらオープンカーで走っているみたいだった。その瞬間のあふれんばかりの豊かさにほかのすべての感覚が掻き消され、わたしは甘美な音楽の流れに満たされた。妻や子供たちは、わたしの少年のような興奮を完全に理解してくれたとは言えないまでも、大目に見てくれてはいたので、人に聞かれることなしに演奏するには、家族みんながアパートを出ていくのを待たなければならないことに気づいたのはしばらくしてからだった。わが家はほとんど間仕切りのないオープン・スペースなので、だれかが家にいるときには、プライバシーを保てる望みはなかった。あるとき、七歳の娘のサラが、わたしが部屋の反対側のピアノを見ているのを目敏く見つけた。「あそこのあれはとってもすてきね、ダディ」と娘は言い、わたしがただぼんやりとうなずくと、「でも、もういい音じゃないわ」と言った。たしかに、その両方ともが正しかった。わが家の広い居間に置かれたシュティングルはじつにすばらしい眺めだったが、リュックの言う〈引っ越しのショック〉が現われはじめ、急速に音が狂いだしていた。なかにはぞっとするほど不協和な音の出る鍵もあって、ごく単純な和音が妙に歪《ゆが》んで聞こえるようになると、さすがにそれ以上は耐えがたくなった。リュックがやってきたとき、彼はちょっと変わった病棟の回診に来た医者——お気にいりの患者にすぐさま診断をくだし、その場で処方箋を書いてくれる医者——みたいだった。はち切れそうな黒革の医者の鞄みたいなものを持っていたが、なかには聴診器や体温計の代わりに、音叉やチューニング・ハンマーやそのほかの調律の道具が入っていた。わたしは心から歓迎して、彼を馴染みの患者のところへ案内した。考えてみると、シュティングルがわが家に来てからというもの、わたしはアトリエに顔を出していなかった。デフォルジュの店のいろんなピアノに惹きつけられていたわたしの関心が、それ以来、ひとつのピアノに集中していたからだ。

初め、リュックはピアノの置き場所について心配した。ピアノが置けるわが家の唯一のコーナーはラジエーターと窓のそばだった。「すきま風もよくないが、じかに熱が当たったらお終《しま》いだからな」と彼はむっつりした顔で言った。窓は永久的に鍵がかかっているし、ラジエーターも恒久的にスイッチを切ってある、とわたしは彼に請け合った。それを聞くと、彼はちょっとほっとしたようだったが、子を案ずる親のような、不安と期待が入り交じった顔に変わりはなかった。そして、ピアノの上に花瓶が置いてあるのを見つけると、わたしを詰《なじ》るような目で見た。わたしはそれがドライ・フラワーで、花瓶には水が入っていないのを見せた。すると、彼はようやくにっこり笑って、鞄を置いた。「いやあ、こいつらを手放すのはなかなか辛いものなんだ」

束の間沈黙が流れ、わたしたちはしばし感慨にふけった。大きな魂をもつ楽器とそれにある種の生命を吹きこむ男のあいだに存在する微妙な絆について考えた。

「そうだね。でも、このピアノのおかげでこの部屋が、この家全体が楽しくなったし、音楽があふれるようになったんだ」

「そうか。それじゃ、きっちり調律しておく必要があるな」

リュックは鞄をあけて、ピアノの調律にとりかかった。作業が終わると、彼は説明した。楽器が環境に適応し、いろんな木部と部品がいっしょに呼吸するようになるまでにはたぶん数カ月かかるだろう。ピアノは繊細なわけでも変わりやすいわけでもないが、非常に複雑な楽器であり、大きな変化があると、それぞれの部品がその変化に適応しなければならない。そうして一体になって動くようになって初めて、音楽という錬金術が可能になるのだと。

ドアのところで、彼はいくつかわたしに忠告した。もしも妙な音がしたり、鍵盤が引っかかったり、ピアノの音がひどく狂ったりしたときには、すぐに彼を呼ぶようにということだった。それだけ言うと、彼はすぐに帰ろうとした。

「家にピアノがあるからといって、アトリエに顔を出しちゃいけないってことはないんだよ」と、彼は軽く笑って付け加えた。「それから、忘れないでほしいのは、いまやあんたはわたしの客だってことだ。だから、信頼できる友人を紹介してくれてもいいいんだよ」

4

マダム・ガイヤール

わたしは定期的にアトリエに立ち寄るようになったが、じつは——考えてみると——これは子供のころからの夢が実現したようなものだった。むかしからわたしはピアノという楽器に魅せられていた。ピアノに関する最初の記憶はぼんやりとしているが、ひどく潤色されているような気もする。ほかのなにとも似ていない黒光りする巨大な家具という現実と自分の想像が妙にない交ぜになっているようだ。この奇怪な巨人の前に坐って指をあちこち動かすだけで、どうしてこんなにきれいな音が呼び出せるのだろう、とわたしは思っていた。ピアノは不可思議な仕掛けで音楽を噴き出させる巨大で不思議な箱だった。その黒鍵や白鍵を指で押したり、ときにはこぶしでたたいたりするのが、わたしにはひどく面白かった。そうすると、その〈内部〉でなにかが起こり、不思議な音が、鮮やかな、予想外の、ときには驚くほど大きな音が飛びだすのだった。ただ単に音を出すために、大人がこんな大げさな仕掛けを、こんなに巨大な堂々たるものを考えだすなんて信じられなかった。

パリで中古ピアノを買ったのは、ある意味では、一まわりしてもとの場所にもどったようなものだった。子供のとき初めてピアノの音が体内にこだまするのを感じたのは、わたしの家族がパリの南、フォンテーヌブローに住んでいるときだったからである。そこの連合軍司令部に父が参謀将校として勤務していたころのことだった。わたしは五人きょうだいの四番目だったが、両親はわたしたち全員をフランスの学校に通わせるという良識をもっていた。わたしが通うことになったのはジャンヌ・ダルク学院と呼ばれる古い学校だったが、わたしはそこで最初のピアノの先生に巡り合ったのである。

マダム・ガイヤールは年配の未亡人で、いつも不格好な黒いドレスを着て、どんな天気でも肩にショールをはおっていた。この人が毎週木曜日の午後、学校のサロンにあった古いプレイエルのアップライトでピアノを教えていた。そのピアノについてわたしが覚えているのは、鍵盤の上のパネルに真鍮の燭台がふたつ付いていたことだけである。台の部分にはいつも蠟《ろう》がこびりついていたが、実際にロウソクが立ててあるのを見たことはなかった。のちにリュックのアトリエで、このピアノの兄弟筋に当たるモデルをしばしば見かけたけれど。

サロンの前を通って丸石敷きの中庭に出る長い廊下を歩いていると、よくマダム・ガイヤールのレッスンが聞こえた。生徒はたいてい年長の少女たちだった。そのころでさえ、〈良家の〉娘は――馬に乗り刺繡をするのと同じように――ピアノをマスターするとまではいかなくても、ある程度弾けることを期待されていた。当時は土曜日の午前中は学校があったが、木曜日の午後は休みだった。だから、木曜日には自由や遊びを思わせるちょっと特別な雰囲気があった。廊下から中庭にまで音楽を鳴りひびかせるこの驚嘆すべき活動にわたしが初めて気づいたのは、まだ五歳のときだった。わたしはときおりサロンのドアの横に立ち止まって耳を澄ましていたが、ある日、そうしているところをマダム・ガイヤールに見つかってしまった。先生はサロンのなかにいると思っていたのに、そのときは生徒がひとりで練習していたのである。

「どう、すてきでしょう?」

わたしは驚きのあまり口がきけず、ただうなずいて、困惑の笑いを浮かべただけだった。

「よかったら、あと十五分くらいしたら、わたしのところにいらっしゃい」

わたしは罰を与えられるのだろう、少なくとも立ち聞きしていたことを叱られるのだろうと思ったが、それにしてはやさしい言い方だったので、どういうことになるのか確信がなかった。学校の鐘が三時を告げ、いまやしんと静まりかえったサロンのドアをノックすると、マダム・ガイヤールが大きな声で「はい《ウィ》、お入り《アントレ》」と言った。

そのあとどうなったのかはぼんやりとしか覚えていない。なんだか催眠術にかけられて、神秘的な美しい秘密の部屋——というより新しい世界——に誘いこまれたかのようだった。驚いたことに、わたしはドアの外で立ち聞きしていたのを叱られたりはしなかった。それどころか、マダム・ガイヤールはわたしを鍵盤の前のビロード張りのストゥールに坐らせて、音を出してみるように言った。それから、とてもやさしい口調で、わたしがピアノを習いたいのなら、両親の許可があれば、そうすることができると言ったのである。

その日から、毎週木曜日の午後三時に、マダム・ガイヤールから短いレッスンを受けることになった。最初は〈七つの音《レ・セット・ノート》〉という薄っぺらな本からはじめた。いろんな音の名前を覚えるのは、考古学者が古代北欧文字《ルーン》を解読するみたいに謎めいていて、わくわくした。彼女は楽譜の読み方を教えてくれ、当時フランスではまだ教えられていたソルフェージュ――音階や旋律を階名（ド、レ、ミ……）で歌う練習――の手ほどきをしてくれた。和音がひとつ弾けるようになり、速い指使いがマスターできると、そのたびににっこり笑ったり驚いた顔をして励ましてくれ、間違いにはあくまでも忍耐強く付き合ってくれた。

「こんなふうにやってみたらどうかしら？」演奏を細切れにして台無しにしてしまっても、マダム・ガイヤールは少しも咎《とが》め立てずに言った。そして、わたしに焦らずにゆっくりやることを教えてくれた。わたしが苛々してくると、「苛立ちは敵なのよ」と言って、もっとゆっくりしたテンポで、もう一度初めからやらせるのだった。

発表会やコンサートはなく、ただ毎週レッスンがあるだけで、わたしはいろんな記号や標識から成る音楽の言葉を楽しみながらゆっくり覚えていった。もちろん用語はすべてフランス語で、それ以来、わたしは音楽についてはフランス語で考えるようになった。四分音符は黒い音符という意味の〈ノワール〉、八分音符は鉤がひとつだから〈クローシュ〉、十六分音符は鉤ふたつを意味する〈ドゥーブル・クローシュ〉だった。音名もアルファベットの最初の七文字（A、B、C……）ではなく、音階のひとつひとつの音と同じ呼び方（ラ、シ、ド……）だった――『サウンド・オヴ・ミュージック』のなかでジュリー・アンドリュースが世界中の人たちに広めるはるか以前のことだったけれど。

このフランスでの初めてのピアノ・レッスンは、わが家にピアノがないのが弱点だった。初めのうちは、とくに練習する必要はなかったので、これは問題にはならなかった。マダム・ガイヤールの毎週のレッスンはそれだけで完結していた。短時間心地よい音楽の世界に浸って、幼いわたしの食欲はかきたてられたが、なんの努力も要求されなかった。だが、そのうち徐々に――楽しさは変わらなかったが――新しく教わることをその場では覚えきれなくなり、マダム・ガイヤールに音楽ノート《カイエ・ド・ミュジーク》を持ってくるように言われた。これは五線紙をらせん綴じにしたノートで、彼女はそこに音符や記号を書きこんだり、注意事項を書いたりしてくれた。そして、そろそろ習ったことを家でも練習したほうがいいと言われた。

わたしの家にはピアノがないと説明すると、彼女は両親に話をしてみようと言った。翌週、レッスンが終わってから、彼女はわたしの両親と話をした。わたしが覚えているのは、会話のなかに何度となく〈競売〉という言葉が出てきたことである。わたしたち一家はいつまでフランスにいるかわからなかったので、両親はあとに残していかざるをえなくなるピアノにお金を注ぎこみたくないと思っていた。当時はいまのような気密性の高いコンテナーはなかったので、船でピアノを輸送すると楽器がだめになる危険が大きかったのである。しかも、わたしはまだ五歳だったし、天才児ではなかった。フォンテーヌブローでは毎週有名なオークションがひらかれ、よく中古ピアノが出品されるので、そこで使えそうなピアノを探してはどうか、とマダム・ガイヤールが提案すると、わたしの両親は乗り気になった。

その二週間後、わたしの父はステーション・ワゴンの後部にアップライト・ピアノを積んで、オークション会場から帰ってきた。鍵盤の上のほうにマダム・ガイヤールのと同じような燭台がついている黒いピアノだった。わたしは有頂天だった。こんな暖炉みたいに巨大なものが、現実にわが家の居間に据えられるなんて考えてもいなかった。おそらくすでにその当時から、わたしはピアノのいくらでも好きなだけ音楽を吐き出せる能力にだけではなく、その大きさや一風変わった外観にも同じくらい惹かれていたのだと思う。

だが、蜜月はあまり長くはつづかなかった。初めは非常にめずらしかったから、きょうだいがこの新しい玩具で遊んでいるあいだ、わたしは自分の順番を待たなければならなかった。しかし、まもなくほかのきょうだいは興味を失い、わたしは長時間ピアノを独占できるようになった。だが二週間もすると、ひどく調子がおかしくなった。何を弾いても、どうしようもないほど音が狂っているようだった。父に確かめてもらうと、たしかに音が狂っていた。初めのうちあまり激しく弾きすぎたので、それに耐えられなかったのだろうということになり、調律師兼修理屋を呼んで、ピアノを調律してもらうことになった。調律師は〈新しい環境への適応〉について通り一遍の説明をして帰っていった。ところが、それから二週間もすると、また同じ状態になったのである。

幕切れはあっという間に容赦なくやってきた。ふたたび調律師がやってくると、今度は父がもっと詳しい説明を要求した。すると、「ムッシュー」と彼は言って、フランス人が他のどんな人たちよりも得意とするあの表情——非難と悔恨とあきらめをない交ぜにした表情——をしてみせた。「どうしよう《イル・ニ・ヤ・リ》もありません《アン・ナ・フエール》」五歳の子供にも、それが何を意味するかは理解できた。ピアノの先生の忠告に従って、両親はそのピアノを処分した。それからというもの、わたしの両親にとって〈ピアノ〉という言葉は〈面倒〉と同義になったが、だれがそれを責められるだろう？ まるで子供に子犬を与えたら、ジステンパーにかかっていることがわかってすぐ取り上げざるをえなかったようなものだったのだから。その後、両親はわたしが練習のために隣の家のピアノを使わせてもらえるように話をつけてくれた。それはすてきな小型のドイツ製アップライトで、わたしが三十分の練習のために行くと、持ち主の女性はいつもクッキーを出してくれたが、やはり自分の家のピアノと同じようにはいかなかった。わたしたちのように頻繁に引っ越しする一家にとって、ピアノは贅沢なものであり、おいそれとは手に入れられないものであることをわたしは学んだ。

マダム・ガイヤールのレッスンはわたしたち一家がフランスに住んでいた四年間つづき、学校のサロンで先生と過ごした時間は、音楽の神秘に親しんでいく喜びにみちた記憶として残っている。ピアノはいわば魔法の絨毯《じゅうたん》のようなもので、それがあれば、わたしはここことは別の場所に行けるのだった。サロンを出るとき、わたしはいつも半分感覚が痺《しび》れているような顔をしていた。新しい、快適な、完全に自分だけの世界を発見したとき、子供たちが見せるあの顔を。

5

ぴったり収まるもの

わたしたちのカルチエはパリ左岸の静かな場所にあり、近所の雰囲気はいろんな意味でパリのほかの地区より落ち着いている。セーヌ川はパリ市を南北にほぼ等しい面積に二分しており、東から西へ川を下るとき左手に当たる南側が左岸《リーヴ・ゴーシュ》と呼ばれている。パリの左岸にはまだ比較的静かな地区が残っていて、商業施設より住宅の多い細い通りや、たくさんの公園、パリ大学の市内に分散するキャンパスが目につく。大部分の地区がいまでは高級住宅街に生まれ変わり、貧乏学生の街だったのはプッチーニの『ラ・ボエーム』と同じくらいむかしの話だが、それでもまだ芸術家や職人や熟練工の残っている地区は少なくない。わたしたちがアパートに改装した建物は十九世紀には大工の作業所だったところで、天井が高く天窓がいくつもあるので、写真家の妻の仕事にはうってつけだった。リュックのアトリエは表通りからは見えないが、この近所をよく知るようになるにつれて、彼のような商売がこのカルチエに根付いているのもそんなに驚くことではないような気がしてきた。カフェのあるプラタナスの並木道はパりのほかの場所とたいして変わらないが、裏通りの中庭側にはほかの地区ではめったに見られない秘密が隠されている。

すぐにそうとは気づかなかったのだが、リュックから今後もアトリエに立ち寄るように誘われたことが、わたしの目に映る近所の景色を変えてしまった。わたしはいまや彼の〈客〉であり、店の奥でときおり顔を合わせる隣人や友人や客のグループの一員だった。それは民主主義とも有力者の影響力とも無縁なクラブ、リュックだけが入会を認める権限をもつ、ピアノをキー・ワードとするクラブに誘われたようなものだった。わたしたち一家はすでに三年ちかくそこに住んでおり、日々の暮らしのなかで隣人や商店の人たちと知り合いになってはいたが、ほんとうの〈カルチエの暮らし〉に内側から接したのはそれが初めてであり、そうやって知った人々の生活は想像していたよりはるかに豊かで変化に富むものだった。

初めのうちは、アトリエに立ち寄るにはなにか口実が必要だという気がしていた。ピアノの周囲の湿度について訊きたいとか、ケースの磨き方について気になることがあるとか。しかし、訪問の理由はしだいにあやふやになり、やがて、ある日、わたしの気後れを見てとったリュックが、挨拶のあとにこう言った。「いいかい、奥にどんな新しい楽器が来ているか見るためだけでも、いつでも寄っていいんだよ。あんたならいつでも歓迎するよ」

それでは仕事の邪魔になるのではないかと躊躇《ちゅうちょ》していると、彼は肩をすくめて否定した。「いや、じつに単純なことなんだが、わたしは水面に釣り糸を垂らしている漁師みたいなものだから、魚が食いつくまではいくらでも暇があるんだよ」

そう言われて、わたしはようやく納得した。気楽でありながら謎めいた雰囲気がただようこのアトリエに、わたしはほんとうに歓迎されているようだった。だからといって、かならずしも立ち寄る回数が増えたわけではなかったが、口実が不要になってからは、ずっと気楽に行けるようになった。リュックが電話に出ていたり、店に客がいることも多かったが、そういうときは長居はしないようにした。しかし、彼がひとりきりで、忙しくなさそうなとき――「凪《なぎ》だ」と彼が言うとき――は、さまざまなピアノを見て歩きながら、あれこれおしゃべりするようになった。

リュックはデフォルジュ老人からこの店を買い取ろうとしている最中だった。三十年以上もピアノ販売の仕事をしていたデフォルジュがまもなく引退することになり、この店の後継者としてリュックが選ばれたのである。ふたりは八年間いっしょに働いてきた、とリュックは言った。この商売に必要な知識の大半をこの老人から学んだのだという。老人が完全に引退するまでの三カ月は移行期間ということだったが、すでにデフォルジュは店にいないことが多かった。老人がリュックに妥協して、わたしを奥の部屋に入れるのを認めたのは、おそらくそういう事情があったからだろう。あのとき起こった一波乱についてリュックに訊くと、彼が自分の考えを押し通したのは、デフォルジュから独立する意志を表明するためだったことを彼は認めた。もちろん、ヴェロニックからの紹介も重要だったが、わたしが大半の客とは違うことにも興味をもったようだった。「ピアノを探しているアメリカ人なんて、毎日この店に入ってくるわけじゃないからね」

ときおり、リュックはわたしの顔を見るなり「たったいま到着したやつを見てくれ!」と言った。埃や乱雑に置かれたあれこれのあいだを縫って、彼が最近いちばん夢中になっている楽器のほうに向かううちに、彼の興奮がこっちにも伝染して、まるでクリスマスツリーの下に置かれているものを見にいく少年みたいな気分になってくる。彼が夢中になっているのは、それがめずらしいみごとな楽器だからということもある。たとえば、美しいコンサート・グランドだったり、前世紀のスモーキー・マホガニーのエラールだったりする。だが、ときには、それがちょっと変わった特徴をもっていて、そこに惹かれていることもあった。たとえば、四オクターヴの鍵盤と裁縫台みたいなケースの奇妙なミニ・ピアノだったり、ケースが総プラスティック製の客船備えつけのピアノだったりすることもあったのである。

それ以外にも、ときとして、その楽器の背後にある物語のゆえに新しく到着したピアノに興味をもつこともあり、そういうときは、どうやってそれを手に入れたかを教えてくれた。あるとき、彼は世紀の変わり目に作られた黒いプレイエルのグランド・ピアノに熱を上げていたが、わたしは彼がなぜそんなに夢中になっているのか理解できなかった。古い楽器だったが、それほどめずらしいわけではなく、ケースはきれいだったが、彫刻の施された脚や繊細な透かし彫りの譜面台が想像力を刺激したわけでもなかったからだ。

「これはきのうすてきな紳士から買い取ったばかりなんだ」と彼は言いながら、後ろに下がってそのピアノをつくづく眺めた。「スペイン人だが、ソルボンヌで中近東の言語を教えているんだ。彼はこのピアノで非常に古いタンゴをすごく下手に弾いていたんだよ」ちょっと間をおいてから、彼は付け加えた。

「しかし、この楽器を心から楽しんでいたんだ」

その後まもなく、リュックがそんなふうに言うとき、それは最高の褒め言葉なのだとわたしは気づいた。ある人がとても個性的で、しかも音楽を演奏するのが好きなら、どんなに褒めても褒めすぎることはないのだった。

古いタンゴを愛し、それを演奏するための古いピアノを愛していた男の話を聞かされたとき、わたしは——わたしにとっては避けがたい——質問をした。「その人はどうしてピアノを売ったんだい?」

「狭いアパートに移ることになったからさ。定年後の生活はむかしほど楽じゃないからね」

リュックの仕事のこの側面は、いつでもわたしを困惑させた。人々がピアノに別れを告げざるをえなくなった境遇の変化や悲しい事情を考えると、わたしはいつも気の毒に思わずにはいられなかった。リュックはわたしとはまったく違う考え方をする人間で——気取りのない感受性をもってはいたが——ピアノを買い取る相手について感傷的になったり憐れんだりはしなかった。ピアノを売るのはかならずしも悪いことではなく、まして悲惨なことではありえないと——わたしにはなかなかそうは思えなかったが——信じているようだった。そういう意味では、彼はきわめて実利的で、楽器はいざとなれば現金化できる貴重な財産であり、それで所有者の状況が大きく改善されることもあると考えていた。なんだか質屋みたいなところがあるような感じだが、彼はけっして騙されやすい人たちを食いものにしたり、買い取りに条件をつけたりはしなかった。ピアノを買うときはいつも完全に買い取り、そのほとんどをほどなく売りに出すのだった。

「人生は川のようなものだ」と彼はあるときわたしに言った。「わたしたちはだれでも浮かぶ船を見つける必要があるんだ」皮肉な口調ではなく、世界の仕組みを見たままに言っているだけだった。

ある日、店に入っていくと、リュックは書類仕事に忙殺されていたが、アトリエに〈特別な〉楽器があるから見にいってみろと言う。わたしはぶらぶら奥の部屋に入っていったが、新しいピアノが何台も所狭しと置かれているのに目をみはった。二、三週間前にあったピアノが何台も売れて、すでに新しい持ち主のもとに発送されていた。このあいだわたしが感嘆したあの美しいエラールのグランド・ピアノも消えていたし、ケースの内部にたたみこめる鍵盤のついた奇抜なプレイエルのアップライトも見えなかった。その代わり、あらたに数台のグランド・ピアノが、脚を取り外されたままハーレムの女みたいに横たわっていた。

新しいピアノがこう何台も乱雑にならんでいては、リュックの言う特別な一台を見つけるのはむずかしかった。アトリエの片側に彫刻飾りつきの脚の山があり、それになかば埋もれるようにスピネットが二台置いてあった。一台は〈フォックス、パリ〉、もう一台は〈フリンケン〉と記され、鍵盤のふたには〈パリ、ゲネゴー通り七番地〉と具体的な住所が記されていた。そばのアップライトのなかにはオンフルールの〈リス〉、リヨンの〈シンドラー〉があり、長さ一メートル三十五センチのパリ製ベビー・グランド〈クリーゲルシュタイン〉もあったが、どれも聞いたことのないメーカーだった。リュックはこのクリーゲルシュタインを〈ヒキガエル《クラポー》〉と呼んでいたが、フランスでは特別に小さいベビー・グランドをそう呼ぶのである。「どれもかなり前に消えてしまったメーカーだが、むかしはいいピアノを作っていたんだよ」とリュックがあとで教えてくれた。しかし、こんなふうにいっしょくたに置いてある楽器を見ても、リュックのお気にいりがどれなのか、わたしには見当もつかなかった。

部屋の片側に、非常に簡素な直線的なデザインのダーク・ブラウンのアップライトが置いてあった。鍵盤のふたをあけると、オランダの知らない町の聞いたこともないメーカーの名前が記されていた。飾り気のないモダンな書体で、センスのいい小文字に統一されている。バウハウスのピアノとでも言えそうな楽器だった。リュックが言っていた特別なピアノはこれだろうか？

そのとき、リュックがかたわらを通りすぎた。「それも悪くない楽器なんだが、ケースがあまりにも禁欲的すぎる」と言いながら、彼は急ぎ足で隣の部屋に向かった。

わたしはだんだん理解できるようになっていた。彼にとって、ピアノはそれぞれ個性をもっており、評価する際には〈音楽的〉要素だけでなく、あらゆる部分を総合的に見なければならなかった。どんなものが売れどんなものは売れないかという彼の勘もその一要素であり、リュックとて、客の好みに無神経でいるわけにはいかなかったのだ。

アトリエにやってきては立ち去っていく種々のピアノについて彼が語ることを聞いているうちに、徐々に彼の考え方がわかってきた。こういうやり方が結局は人間を知るひとつの――ひょっとすると最良の――方法だったのかもしれない。わたしたちの会話は、どんなにとりとめのない話題でも、いつも出発点や到達点は同じで、ピアノという楽器に対する共通の興味に支えられていた。わたしたちの関係はゆっくりとしか進展しなかったけれど、それはフランスで人が人と知り合うときの本質的な慎重さ、堅苦しさを反映しているにすぎなかった。奥の部屋への出入りを許してくれたのは大きな信頼の表現だった。それは仲間内のサークルに入ることを認められたに等しかった。フランスにはフランス独自のテンポがあり、事を急《せ》くのはここの流儀ではないのである。

狭い通路をすり抜けていくと、奥にリュックが作業するスペースができていた。散らかったものを片付けて、まんなかにピアノを置き、椅子を置くスペースが空けてある。十メートル離れたところからでも、大屋根がめずらしい木でできているのはあきらかで、わたしはリュックが〈特別〉と呼んだものを見ようと足を急がせた。

そこに、天窓から降りそそぐ光のなかに置かれていたのは、まさに驚くべきものだった。ケースはいままでわたしが見たどんなケースとも似ていなかった。深い赤みがかったブラウンに不規則な黒の縞が入っており、木の内側から浮き出している——ほとんど虹色にちかい——燃えるような光沢がその縞模様のコントラストを際立たせていた。側板のカーヴはじつに官能的で、長いうねるような流動感が木の豪華さを引き立て、支え棒で斜めに支えられている堅固な大屋根は、内側からきらめく輝きを放っているかのようだった。周囲をゆっくり歩きながら見ていると、金属フレームの金色の塗装が木部の金色がかった色調に絶妙に調和しているのがわかった。木部はじつに驚くべきもので、一見シマウマのような縞模様に見えるのだが、じっと見つめていると、じつはそこには微妙に異なるさまざまな濃淡の——考えられるかぎりありとあらゆる——色調の赤やオレンジや黄色や茶色が含まれていて、そのすべてが溶け合って深みのある黒い縞模様をつくりだしているのがわかってくる。その色彩のなかに手を突っこんで、ぐるぐる掻きまわすことができそうな気さえするのだった。正面にまわると、鍵盤のふたに精巧なロゴがあり、〈スタインウェイ&サンズ、ニューヨーク・アンド・ハンブルク、パテント・グランド〉と記されていた。

わたしがその驚異に見とれていると、ゆっくり近づいてきたリュックがささやいた。「これはふたつとない傑作だ。ほんとうのピアノ、本物の芸術品だ」

彼の口からこれほどの褒め言葉を聞いたことはなかったが、それにしてはやけに静かな口調だった。

「そのわりには熱のない言い方だね」

「こんなチャンスをみすみす逃すことになるんだから、熱を入れるのはむずかしい」

「どういうこと？　このピアノはあんたのもので、自由に売れるんじゃないの？」

「ああ、もちろん、売ることはできる。しかし、わたしはこれを自分自身のために取っておきたいと思っていたんだ」

わたしがアトリエで見たピアノについて、リュックはそれまで一度も個人的な興味を示したことはなく、それを匂わせたことすらなかった。けれどもこのときは、事の次第をすっかり話してくれた。すべてを話してしまえば、現実が少しは受け容れやすくなるとでもいうかのように。彼にとって、楽器のすばらしさを数えあげるのは、それを手放す前にやさしく愛撫するようなものだったのかもしれない。

それは一八九六年製のスタインウェイ・モデルCで、状態はまったく文句のつけようがなかった。構造的な部分は、基本的には、現代のスタインウェイのそれと同じだった。ケースの内側に水平に配置され、周辺部から弦をつなぎ止めている一体型の金属フレームにはさまざまな特許技術が用いられており、その名前が鋳鉄の表面に直接浮き上がる文字で記されていた。〈交差弦《オーバーストラング》スケール〉〈金属管アクション・フレーム〉〈カポダストロ・バー〉弦の下のサウンドボードにはスタインウェイの凝ったロゴがあり、その上には各国王室の〈御用達ピアノ製造業者〉と記されていて、左右にヨーロッパの王室とその紋章がずらりとならんでいた。〈プロイセン国王ならびにドイツ皇帝〉〈スペイン女王〉〈イタリア女王〉〈英国女王〉〈プリンス・オヴ・ウェールズ〉こんなふうに勅許の認定証を列挙するのはほとんど悪趣味に近かったが、それでも当時スタインウェイがピアノメーカーの最高峰だった証拠ではあるだろう。

しかし、この楽器を類《たぐい》まれな逸品にしているのはそのケースで、ムクのブナ材にブラジル産ローズウッドの分厚い合板を張り合わせたものだった。ラインは非常にすっきりしていて、ヴィクトリア朝全盛期においてさえ、これだけ豪華な木材にはよけいな装飾は不要だと考えられたのだろう。ただし、例外が二カ所あって、譜面台は細密な渦巻形の透かし模様だし、脚は重々しいネオクラシック調で、縦溝が入っており、柱頭《キャピタル》と柱基《ベース》がついていた。

リュックはその脚の醜さを指摘して、「このピアノを自宅に置くとすれば」、脚をもっとシンプルなものに取り替えただろうと言った。彼は純粋主義者からはほど遠かった。コレクターやピアノ史の専門家なら、オリジナルの楽器に手を加えることなどけっして考えないだろうが、リュックの考え方はそれよりはるかに個人的で柔軟だった。彼にとって重要なのはピアノの総合的な感触であり、脚のような外在的なものは、もしもそのほうが全体として好ましくなるなら、別のものに取り替えることを躊躇しなかった。「しかし、残念ながら、その必要はない。この楽器はほかの人のところへ行くことになっているんだから」

彼は「くたびれている小さなエラール」の代わりにこのスタインウェイを自分のものにしたいと考えていた。だが、サイズを何度慎重に測りなおしても、どうしても二十五センチスペースが足りなかった。自宅の表の部屋の壁を壊して、部屋を広げることまで検討したが、建築規制が非常にきびしいその地区では、たとえわずかな増築でも許可が取れそうにないことがわかった。フランスではよくあることだが、官僚的規制の袋小路に突き当たってしまったのである。その結果、彼はこの取っておきの逸品を手放さざるをえなくなった。売ればかなりの利益が上がるのは間違いないが――すでに買い手がふたり競り合っているという――彼の落胆ぶりを見ると、取引の商売上の側面はほとんど関係がなさそうだった。彼がこんなに悄然として、ほとんど慰めようもないのを見たのは初めてだった。「しかし、そのうちいつかまた同じようなスタインウェイが見つかるんじゃないかな」とわたしは言った。

「いや、わたしは『そのうちいつか』を待つことはしないんだ」

彼は頭でその方向を示して、わたしをスタインウェイのそばからアトリエの奥へ連れていった。彼のあとについていくと、大屋根を取り外した小型のピアノが置いてあった。初め、わたしはハープシコードかと思った。角張った、繊細なケースがいかにもハープシコードみたいに見えたからである。しかし、よく見ると、金属フレームに〈プレイエル、ウォルフ、リヨン社〉と記されており、どうやら小型のプレイエル・グランドらしかった。「これをいま自分のために再生しているんだ」――とリュックは熱っぽい口調で言った――「これならサイズは絶対にだいじょうぶだからね」

彼はこのピアノのめずらしさ、とりわけサイズの小ささとハープシコード風ケースの美しさを指摘した。ふつうは三本のところ、このピアノには六本の脚がついていることにわたしは気づいた。「そのとおり。その点ではこれは非常にめずらしい。しかし、いとこのハープシコードとは違って」――側板を勢いよくピシャリとたたいて――「こいつは小さいながらも逞しい。いわば、羊の皮を着た狼みたいなものだ。わたしはそこが気にいっているんだ」

しかし、彼の熱っぽい口調は虎斑《とらふ》のスタインウェイを失ったことを埋め合わせようとしているように聞こえてならなかった。彼は工房のなかを見まわした。アップライトやグランド、威厳にみちた名品やそれほど知られていない楽器を見まわして、それからわたしの顔を見た。「ときには」――と、ほんのかすかに肩をすくめて、彼は言った――「ぴったり収まるもので我慢するしかないこともある」

6

ミス・ペンバートン

わたしが八歳のとき、わたしたち一家は合衆国にもどり、ヴァージニア州の北部、ワシントンの郊外に居をかまえた。両親はわたしにピアノの先生を見つけてくれたが、これは自宅でピアノを教えるオールドミスを絵に描いたような人だった。ミス・ペンバートンは南部出身の上品な年配の婦人で、最近まで自然のままだった土地を侵食するかたちでできた郊外地区の、道路から奥まった老朽化した邸宅に母親とふたりで住んでいた。

初めのうち、わたしはフランス語から英語へ切り替えるのに苦労した。音楽用語をあらためて別の言葉で覚え直さなければならなかったからである。しかし、ミス・ペンバートンはそれに忍耐強く付き合ってくれ、音楽用語をいちいち英語に翻訳しなければならないわたしの奇妙な必要性を一種のゲームとみなしてくれた。やがて少しずつ〈ホ長調《トナリテ・ド・ミ・マジュール》〉は〈キー・オヴ・E・メイジャー〉に、〈嬰記号《ディエーズ》〉は〈シャープ〉に、〈和音《アコール》〉は〈コード〉になっていった。

家にはいちおう使えるキンボールのアップライトがあり、これは隣人から中古で買い取ったものだったが、わたしはそれでミス・ペンバートンのレッスンの中核を成す練習曲のおさらいをした。『ハノン教則本』が彼女のバイブルで、十九世紀にフランス人のC・L・アノンがまとめたこの黄色い表紙の本が、いつもピアノの譜面台からわたしをにらんでいた。「ハノンはけっしてあなたを見放すことはありませんからね」三十分間メトロノームに合わせて演奏したあと、その灰色の邸宅を出てくるとき、彼女はよくそう言った。まるでわたしがいちばん怖れているのは音楽の世界から裏切られ「見放される」ことだとでもいうかのように。わたしは〈半音階〉や〈三和音上のアルペジオ〉や〈三度のレガート〉やそのほかの少しも面白くない練習曲を何時間もぶっつづけに練習した。彼女は生徒の進歩を非常に気にしていたが、それは毎年恒例の発表会があったせいだろう。わたしはそれまでこの一種の通過儀礼を知らなかったが、のちにそれを忌み嫌うようになった。

ミス・ペンバートンの発表会はいつも五月の木曜日の夜に決まっていたが、彼女は何カ月も前から生徒のひとりひとりと相談してこの会で演奏する曲目を決め、この選曲とその練習は大学の選択と受験勉強並みに重視された。その場にふさわしい演奏をしなければならないというプレッシャーで、この発表会は若者に火渡りの試練が課せられる異教徒の儀式みたいなものになっていた。演奏の順番には厳密な序列があり、まず初心者からはじまって、最後はいちばん上級の生徒がショパンのバラードやモーツァルトのソナタを演奏する。そのあいだに挟まれるわたしたちの多くは、それほどむずかしくない曲目を演奏した。わたしはナイーヴにもミス・ペンバートンに面と向かって質問したのを覚えている。わたしがベートーヴェンのエチュードをマスターしたことは彼女も認めているし、すでにその曲に飽きてきているのに、なぜそれをいまさら他人の前で演奏しなければならないのかと。

「音楽はほかの人々と分かち合わないかぎり音楽とは言えないからよ」と彼女は答えたが、その当時でさえ、そういう気持ちだけでやっているとは信じられなかった。発表会の当夜になると、抑えつけられたヒステリーの発作のようなものが生徒たちの体内を電流みたいに駆け抜けた。生徒のなかのひとりかふたりにとっては、いずれ公衆の面前でプロとして演奏するときに、そういう経験が役に立つのかもしれない。だが、プロになるつもりのないほかの子供にとっては、それはあまりにも高い代償だった。なぜ演奏を自分で楽しむだけではいけないのか？　その答えのひとつは、もちろん、親が無駄に金を払ったわけではないことを知りたがるからだろうし、また、音楽家になれたらという自分の希望や憧れを安易に子供に投影しているからだろう。たしかに、コンサートでも、友人たちとでも、あるいは愛する人とふたりでも、音楽をほかの人と共有するのはすばらしいことでありうる。しかし、音楽を自分だけのために演奏したいとか、その音楽——と作曲家——を内側から知る喜びそのもののために演奏したいという欲求を音楽への冒瀆《ぼうとく》とみなす必要があるのだろうか。

発表会の晩、ミス・ペンバートンの陰鬱な屋敷は、一年に一度その日にかぎって、かつての大邸宅の名残をただよわせる館になった。擦りきれた絨毯は巻き上げられ、堅木の床はぷんぷん匂う分厚いワックスで覆われる。高い窓は冬のあいだ見たこともないほどぴかぴかに磨かれて、すでに暖かいヴァージニアの夜に向かってひらかれ、周囲の森からコオロギの低い鳴き声が流れていた。長椅子やソファから台所のストゥールまで家中の椅子が集められて、教会の会衆席のようにならべられ、祭壇の位置にはメイソン・アンド・ハムリンのグランド・ピアノがいかにもアメリカ的威厳たっぷりに鎮座していた。黒っぽい木は磨きこまれてトパーズみたいな硬質の輝きを放ち、支え棒で斜めにひらかれた大屋根にきらきらする内部が映っている。部屋中の平らな箇所に紙のドイリーを敷いた皿が置かれ、砂糖菓子やケーキや粉砂糖をまぶしたフルーツ・ゼリーがならべられて、それが少女たちのタフタのドレスのパステルカラーとよく合っていた。

この試練を課せられた最初の年——わたしは九歳だった——髪をきちんと撫でつけられブレザーを着せられて、わたしたちがパーラーと呼んでいた大きな部屋に入っていくまで、何が自分を待ち受けているのかをわたしはまったく理解していなかった。そのときになって初めて、わたしは仲間のみんながこらえていた恐怖をじかに感じた。こわばる脚で部屋の前に出ていくと、静まりかえった聴衆の前で大きなピアノから大音響が炸裂し、ぱらぱらと拍手が起こる。それから生徒が入れ替わって、同じことが矢継ぎ早に繰り返されるのだった。わたしはパニックに陥った——いや、わたしのそのときの状態はパニックという一語で表わせるような生やさしいものではなかった。

「それでは、次はサド・カーハートによるベートーヴェンの初期作品の演奏です」とミス・ペンバートンが言うのが聞こえたが、わたしにはそれが自分の名前らしいことがぼんやりわかっただけだった。自分の脚がぎごちなく動いて、生徒たちの親や兄弟のあいだの狭い通路を抜け、いつの間にかわたしはピアノの椅子に坐っていた。奇妙なめまいに襲われて、でたらめに鍵盤をたたけば、むずかしい曲をやっているように聞こえるかもしれないと思ったりしたが、自分の曲がどんな曲だったのかまったく思い出せなかった。〈どんな曲だっけ?〉とわたしは自分に訊いた。〈少なくとも、出だしはどんな感じだったっけ?〉わたしはまるで熱に浮かされているかのように口を半開きにして凍りつき、指は手のひらのなかに格納できるかのように丸まっていた。そのままじっと動かずにかなりの時間が流れると、横手の席にいたミス・ペンバートンが歩み寄って、椅子の高さを調節するふりをしながら、聴衆とのあいだに壁をつくり、かがみこんでわたしの耳元に「Cマイナーの和音からはじまるのよ」とささやいた。わたしがただ呆然として彼女の顔を見つめていると、彼女は右手を鍵盤にのせて、ピアノの調子を確かめるかのように、そっとその和音を弾いた。その音を聞いたとたんに、わたしの金縛りは解けた。〈この曲なら知っている！〉わたしの目に輝きがもどり、彼女はわたしの背中を励ますようにたたいた。彼女がその場から離れると、わたしはまるで敵に挑みかかるかのように鍵盤に襲いかかり、そのままミスも犯さずに曲の最後まで弾ききった。つまり、わたしはすべての音符を弾いたのだが、ふつうのテンポの二倍の速さで演奏し、フレージングはもちろん、曲の解釈のことなど考えもしなかった。演奏が終わったとき、わたしは非常にむずかしいがじつにばかげた曲芸をうまくやりおおせたサーカスの動物みたいな気分だった。わたしはがっかりもしたけれど、それと同じくらい驚いてもいた。こんな奇妙な儀式にこんなに大騒ぎするなんて……。

その後、わたしはもう二回ミス・ペンバートンの発表会で演奏したが、どちらのときも息をとめて向こう岸まで――曲の終わりまで――水中を一気に泳いだようなものだった。ハノンはたしかにわたしを見放さなかったとは言えるだろう。指の動きは速くなり、暗譜もしやすくなった。けれども、音楽のフィーリングを取り戻すことはできなかった。それは自分のために音楽を演奏する方法を学ぶため、受け容れざるをえない苦行でしかなかった。

この種の発表会は、わたしの目から見ると、ピアニストの卵をすべて第二のホロヴィッツに仕立てようとするとんでもない信用詐欺の上に成り立っているように見える。頂点まで昇りつめ音楽で身を立てるようになれるのは、もちろん、ほんの一にぎりのソリストにすぎない。それはわかっているのだが、少しでも能力のある子供にはだれにでもそういう才能が、そういう怪しげな類まれな才能があるかもしれないと考えてしまうのだ。だからこそ、長年のあいだに、何万人もの子供たちに繰り返し公衆の面前での演奏という苦行を強いて、人々の前で開花する特殊な才能をもっているかどうか確かめるというシステムができあがってしまったのだろう。

わたしにはそういう才能はなかった。それだけははっきりしていた。しかし、そうと知ったからといって、わたしの音楽をやりたいという気持ちが薄れることはなかったし、ひとりで演奏するのが好きなのも変わらなかった。子供のとき、ピアノのレッスンを受けているあいだ、わたしは人前で演奏しなければならないという考えにはずっと抵抗を感じていた。こういう態度は大目に見られてはいたけれど、それが本来あるべき姿ではないと思わせられたことも事実だった。わたしの両親はわたしにプレッシャーをかけようとはしなかった。子供が五人もいれば、そうでなければかかってくるプレッシャーも自然に分散してしまうからだ。たいていの場合、レッスンを受ければ発表会があるのは当たり前だと考えられており、もっと別のかたちで音楽を学べるはずだとはだれも考えようとしない。ミス・ペンバートンの生徒のなかにも、人前で演奏するのが好きな生徒がひとりかふたりはいた。それはいちばん進んでいる生徒で、将来プロになってもおかしくないという感じだった。そのほかの生徒にとっては、発表会は試験とお祭り騒ぎの奇妙なアマルガムのようなもので、その恐ろしい夜がゆっくり迫ってくるにつれて期待とスリルで震え、終わってしまえばすぐ忘れてしまうものだった。わたしはいまでもときどきあの奇妙な夜の夢を見る。夢のなかで、わたしはいつも曲の出だしを忘れてしまうのだが、ミス・ペンバートンの姿がどこにも見えないのである。

7

ジョス

季節が夏から秋に移ると、近所の通りにもこの季節のパリ特有の大小の変化が起きる。大通りの角のカフェは外のテーブルを一列か二列だけ残して引っこめた。テーブルを一部残してあるのは、灰青色の雲のあいだから陽光が射すのではないかという期待を捨てきれず、いつになっても屋外でコーヒーを飲む頑固者がいるからである。並木道の両側にならぶマロニエは錆色に色褪せて、しぶしぶ葉を落としはじめ、緑のアーチが長い黒っぽい枝の網目に変わった。夜になると、マロニエが歩道に落ち葉を撒き散らすが、それも夜明けには下水道の容赦ない流れのなかに掃き落とされる。小学校の前の歩道には枯れ葉と実の殻しか残っていないが、それは少年たちが放課後を告げるベルが鳴るやいなや、投げて遊ぶのにうってつけの硬い茶色の球体を競って拾い集めてしまうからだ。風が冷たさを増すにつれ、このカルチエを歩くわたしの足取りも速くなるが、仕事から離れる時間を見つけられたときには、いつもアトリエに立ち寄ることにしていた。何時間もひとりで文字をにらんでいると、楽しい仲間やすてきなピアノに会いたくてたまらなくなるのである。

ある日の昼前、店の前の通りに小型トラックが停まり、ふたりの男がピアノを降ろす準備をしているのが目にとまった。リュックは表の店で電話をしており、握手が済むと、頭を振って奥の部屋へ行くように合図した。部屋に入ると、もうひとり別の男がピアノのあいだをぶらついており、奥ではだれかがピアノを調律していた。ひとつの音が何度か繰り返され、それから別の音、たいていは長三度の音がいっしょに鳴らされる。それから最初の音の音程がかすかに上げられ、次いで下げられてから、おもむろに正しい音程に合わされる。どこか単調で、不協和でありながら、人を眠りに誘いこむような音で、シタールのようなインドの楽器でお馴染みの半音階や繰り返しを思わせる。わたしの耳は音のかすかな変化に惹きつけられ、それが最後に正しい音程に落ち着くと、心からほっとするが、すぐにまた別の音でそのすべてが初めから繰り返されるのだった。

リュックが電話を終えて奥の部屋に入ってきたが、すぐに別の客につかまって、イバッハの小型グランドについてあれこれ質問責めにされた。イバッハはすぐれたドイツのメーカーのひとつだが、彼らはこのイバッハのペダルの利点について延々と活発な議論を繰り広げていた。

こみ合った部屋のなかをぶらついていると、アトリエの入口のすぐそばに、使い古された埃だらけの背の高い黒いアップライトがあるのが目に入った。鍵盤のふたをあけてみると、色褪せた金色の仰々しい飾り文字で〈マキシム・フレール、パリ&ロンドン〉とある。文字の両側に金色の紋章が三つ押され、ヴィクトリア女王とアルバート公の怪しげな横顔がならんでいた。まるで金賞を獲得したミネラルウォーターのラベルみたいにこれ見よがしで、ちょっと哀れな感じだった。ケースの黒いパネルには金色のステンシルでヴィクトリア朝風のビーズ状のラインの装飾を施した痕跡があり、世紀の変わり目の合成樹脂の前身のようなものがちゃちな鍵盤を覆っている。

工具を取りにいくリュックがそばを通りかかって、「パリと記されているのがせめてもの救いさ」と小声でささやいた。「さもなければ、こういうものは絶対売れないからね」

「どうしてなんだい?」

「これは百年前にイギリス人が大量生産したものなんだ。安い材料で大量に組み立てて安い値段をつけた庶民のピアノだ。いまでもまだその一部が生き残っていて——生きていると言えるとしての話だが——彼らはそういうものを南部に送っているんだ」彼はフランス語で〈南 部《ル・シュッド》〉と言ったが、そこには何世代にもわたって不誠実なアングロ＝サクソンに騙されている地中海地方の人々への軽蔑心がにじんでいた。「ギリシア人やアルバニア人やトルコ人——彼らは鍵盤さえついていれば、あまりうるさいことは言わないんだ。そういう楽器の多くは最後には居酒屋行きになるんだが」そう言ったとき、彼はちょっと言い淀んだ。ピアノにとっても死より悪い末路があるということなのだろう。「フランスでもときどきこういうものが手に入るんだが、この時代のイギリス製のピアノはふつうは売り物にならない。これには〈パリ〉と書いてあるから多少はマシだが、英語の〈London〉じゃなくてフランス語で〈Londres〉となっていれば、もっとずっとよかったんだがね。〈マキシム・フレール〉という名前にはなんの意味もない。彼らはそうすればピアノが売れると思えば、かってに貴族の名前をつけて、それを自分たちの名前にしてしまうんだ」

リュックは前にもこういうやり口を説明してくれたが、これはピアノの誕生と同じくらい古くから行なわれ、いまでもまだ行なわれている手口だという。大量生産の業者がおびただしい台数のピアノを作って、すでに廃止されている名前やドイツ・アメリカ・オーストリアの一流メーカーと紛らわしい名前をつける。その結果、たくさんの低所得者向けスタインウェイ（〈ステンウェイ〉や〈スタインメイ〉）やベヒシュタイン（〈ベクシュタイン〉や〈バハシュタイン〉）が生まれ、登録商標侵害の訴訟になるほど酷似してはいないが、信じやすい軽率な人々が引っかかるくらいには似ているメーカーがたくさん出てくることになるのだという。おそらく〈マキシム・フレール〉は世紀の変わり目のイギリスで増大しつつあった、ちょっぴり洗練されているところを見せたいが、実際の楽器としての品質にはたいして関心がない中産階級に売りつけるには、ほどよい〈大陸的な〉雰囲気をもつ名前だったのだろう。

運送屋が四台のピアノの最初の一台をアトリエに運びこみはじめた。たとえ一台でも新しいピアノを入れるスペースなどありそうにもなかったが、彼らはそこここの箱やピアノ部品を動かして、古いアップライトがちょうど収まるだけのスペースをつくりだした。その長方形のスペースに、まるで重たいクリスタルガラスの箱を降ろすみたいに繊細に、台車からピアノを傾けて降ろすと、すぐに次のピアノを運びにいった。

わたしがぶらぶら奥に歩いていくと、部屋の反対の隅でプレイエルのグランド・ピアノを調律している男がいた。近くからよく見ると、それはハープシコードの形をしたリュックのピアノ、彼がそれで「我慢することにした」「ぴったり合う」ピアノだった。再生作業はまだ完了にはほど遠かったが——ケースはヤスリ掛けされた木地が剝きだしで、はみ出した部分が切り整えられていない深紅のフェルトが弦の上に垂れ下がり、金属の部分は汚れたままで艶がなかった——メカニズムの基本的な部分は終わっていた。斜めにひらかれた大屋根の下で新しい弦がきらきら光り、サウンドボードの蜂蜜色に再塗装された木の肌が温かそうな光沢を放っている。音は、調律中の際限のない反復音でさえ、澄みきった鐘のようなひびきがあり、ほかの楽器とはまったく違っていた。

たぶんこの男がジョスなのだろう、とわたしは思った。リュックは「ヨス」と発音していたが、ジョスはパリ在住のオランダ人調律師で、いつだったか「もっとも優秀な調律師のひとり」だと言っていた。デフォルジュ老人が引退してしまうと、リュックはこのカルチエでピアノを調律している時間がなくなり、今度わたしのピアノの音が狂ったら、そのときはジョスに頼むつもりだと言っていた。「彼は非常に優秀だ。ただ必ず午前中に調律させるようにしなくちゃいけない」

「午前中に?」わたしはリュックを信ずるのにやぶさかではなかったが、どういうことか理解できなかった。

わたしがそれを訊きただそうとすると、彼がそれをさえぎった。そして、仕方ないだろうという顔をしながら、右手に持ったボトルから酒を注ぐ身振りをして、「彼は赤ワインが好きなんだ《イレム・ソン・バロン・ド・ルージュ》」と言った。そう言ってリュックは肩をすくめたが、彼が言わんとしたことははっきりしていた。午前中なら、この男はピアノの調律というきわめて精密かつ繊細な仕事をさっと片付けてしまうが、午後まで待てば、微《び》醺《くん》をおびたというのならまだしも泥酔した男が現われることになりかねないということらしかった。

リュックはジョスについてあまり詳しくは話さなかったが、その口から漏れ聞いた二、三の事実だけでも、ひどく面白そうな人物だった。ジョスは、過去のいつかは知らないが、ドイツのベヒシュタインの工場で働いていた。それから、どんな問題かは知らないが、なにか問題があったらしく、ドイツを出てフランスにやってこざるをえなくなった。運が悪かったとも言えるだろうが、ジョスはそれで十分満足しているとリュックは言った。もともと彼は放浪者のような生活を望んでいたのかもしれない。リュックによれば、彼は「ほとんどホームレスみたいなもの」で、パリの主要駅に夜間停車している列車のなかで寝ているのだという。彼はこのカルチエのいろんなホテルやレストランにかなりの額の借りがある。というのも、かつてもっとふつうの生活をしようとした時期があり、そのあいだ一度もまともに勘定を払えなかったからだという。けれども、彼の調律師としての腕前については、リュックは無条件に称賛して憚《はばか》らなかった。けっして誇張したり大げさな言い方をすることのない彼が、ジョスは生まれつき純粋な音程を聞き分ける能力をもつ数少ない人間のひとりで、それだけにいつも——少なくとも午前中は——引く手あまたなのだと言ったのである。

わたしはリュックの宝物のプレイエルの前にかがみこんでいる彼の横顔を眺めた。完全に作業に集中している人間の邪魔をしないように、二、三メートル以内には近づかないように注意して。正しい高さに近づいた音に耳を澄ましているとき、彼ははっきりそれとわかるほど張りつめた顔をしていた。椅子に坐って片手を鍵盤の上に置き、もう一方の手を調律ピンに伸ばして、首を片側にかしげている——じっと耳を澄まして虫を探すときのコマドリの一見うつろな、集中した姿を思い出さずにはいられなかった——そうやって完璧な音が存在する形のない中間点をじっと見据えながら、チューニング・ハンマーを締めたり緩めたりする。完璧なピッチに到達すると、その表情がそれとわからないくらい緩んで、ほんの一瞬、ごくかすかな笑みが唇をよぎった。不協和音と半音の海原に浮かぶ解決と解放の孤島。それから、すぐさま次の音に取りかかり、両側の弦の振動を抑えているフェルト・ウェッジの位置を変えて、すべてをもう一度はじめて、この部屋を単一な音とその近似音の執拗な反復で満たすのだった。ほかの場合なら、こういう絶え間ない反復音は退屈どころか苛立たしかったかもしれないが、この驚異のアトリエでは、すべてがピアノと切り離せないこのアトリエでは、あたりの楽器の上を漂い流れるこの場にふさわしい音楽のように思えた。

運送屋はまだ表のトラックからピアノを運び入れている最中で、不思議なことに、そのたびにちょうどそれが入るだけのスペースを見つけた。リュックと客はイバッハに関する議論に――話題はペダルから弦の張り方に移っていたけれど――すっかり熱中していた。しばらくすると、身なりのいい年配のカップルが入ってきて、礼儀正しく控えめに「一八四〇年代のプレイエル」のことを訊ねた。リュックはちょっと議論を中断して、埋もれていたアップライトの上からダンボール箱をいくつか取り除き、そのピアノを見せて、これは「例外的にいい状態に保たれている」と言った。すると、カップルはたちまち好奇心の虜《とりこ》になり、手近にある逸品見たさに慎みも年齢もかなぐり捨てて、まるで猟犬が新しい獲物を嗅ぎつけたかのように障害物を乗り越えて突進した。

わたしはこの騒ぎには加わらずに片隅に引っこんでいたほうがいいと思ったので、反対の隅にぶらぶら歩いていった。三個の青いフェルトの大箱と解体されたオルガンの部品の山――ドラッグレースの車の排気管みたいにきらきら光るパイプが演奏台のまわりに積んであった――のあいだを擦り抜けると、その奥にマホガニー製の小さなグランド・ピアノが隠れていた。黒っぽいシンプルなデザインのシンメルで、譜面台に『平均律クラヴィア曲集』が置かれ、前奏曲第九番のページがひらかれていた。鍵盤のふたはあいたままで、鍵盤が白く輝き、すべてが「弾いてごらん！」とささやいているようだったが、調律が進行中のいまは弾くわけにはいかなかった。リュックがバッハを弾いていたのだろうか、とわたしは思った。

そろそろ引き揚げようかと思って振り返ると、表の店への出入口はいろんなピアノがあちこちに動かされていまや迷宮の観を呈していた。かろうじて擦り抜けられそうな狭い隙間をたどってかなり回り道をしなければ前に進めそうもない。アトリエのなかはいちだんとにぎやかになっていた。運送屋は最後のピアノを運んでいるところで、それを狭い隙間に靴べらで滑りこませるように押しこんでいた。わたしが来たときすでに店にいた男は、床にながながと寝ころんで、リュックとさかんに議論していたイバッハを下から点検していた。年配のカップルは、ガラクタの山のなかからなんとか掘り出したピアノのケースについて、リュックを相手に口をきわめて褒めそやしていた。電話がしばらくけたたましく鳴っていたが、やがてリュックが客にちょっと失礼と言って、それに答えた。

外に出ていく途中、壁際になかば隠れていたピアノのそばを通ったとき、わたしは思わず足をとめた。大屋根が上げられ、こちら側に向かってひらかれていて、明るい山吹色の木部が天窓から流れこむ光のなかで輝いていた。ラインはシンプルでしなやかなカーヴを描き、対角線が交差しているだけの単純な長方形の譜面台はほとんど厳粛なくらい簡素で機能的だった。一目見たときはオークかと思ったが、近づいてよく見ると、ふつうオークに使われる不透明な艶消し塗装とはまったく違って、明るい金色の濃淡が踊り、オパールに近い光沢を放っている。鳥眼杢《バーズアイ》メープルだろうか、とわたしは思った。なにか特別なものなのは確かだったが、木に詳しくないわたしにははっきりとはわからなかった。

わたしは息を詰めてそっと鍵盤のふたをあけた。いつでも、こういうときは、別の世界へ通じるドアをあけるみたいにわくわくする。そのめずらしい木でできた丸みのある長いふたを上げると、〈ガヴォー、パリ〉というロゴが現われた。わたしは思わず左手を鍵盤に置いて和音を弾くかたちをとったが、すぐにまだ調律が行なわれていて、この宝物の音色を試すわけにはいかないことに気づいた。鍵は冷たく、指をふれるとかすかに起伏があって、長年の演奏で表面がすり減っていた。古びた象牙が連なる鍵盤に手をふれるときいつも思うのだが、いったいだれがこのピアノを弾いていたのだろう、どこで、どんな音楽を奏でていたのだろう、とわたしは思った。

わたしが埃だらけの内側をのぞいているあいだに、ジョスが椅子から立ち上がって、わたしのほうにやってきた。どうやら調律は終わったようだった。わたしはあらためて彼を正面から見た。額は高く、目は落ちくぼみ、顎が長く、頬や鼻が強い日射しを浴びたあとみたいに赤らんでいた。それが初対面だったにもかかわらず、彼はひどい訛《なま》りのある英語でわたしに挨拶した。「そいつはちょっと特別なんだ、そうだろう？　まず百歳は下らないね！」彼はわたしの横にならんで大屋根の下をのぞきこんだ。弦の下の埃の海にサウンドボードが漬かり、汚れの下に君主や皇太子の紋章がかすかに見えた。「大勢の国王や女王たち、たくさんの埃。なにもかもみんな消えちまった」──彼はわたしを振り返って、美しい笑顔を見せた。熱い心がちらりと見えたが、同時に、面白がってもいるような顔だった──「あとに残されたのはこの美しいピアノだけなんだ。ヘイ、ホー！」この最後の掛け声は思わず口から飛び出したという感じで、表へ歩きだしながら肩越しに歌うような調子で言ったのだった。

わたしは輝く黄金色のピアノに向きなおった。ジョスがプレイエルの調律を終えたのをいいことに、わたしは椅子に坐って演奏してみることにした。アトリエにいる大勢の人たちの注意を惹きたくはなかったので、ソフト・ペダルを踏んで、シューベルトのワルツを弾いた。すり減った象牙の鍵盤は初めはちょっと違和感があったが、かすかな盛り上がりや窪みはすぐに感じられなくなり、むしろ指にぴったり合っているような感触だった。できるだけそっと弾いたのだが、それでも各音の音色はくっきり際立ち、低音から高音まで完璧に均一だった。いちばん驚いたのは、アクションがきわめて鋭敏で、かなり小さい音で弾いていたにもかかわらず、各音をさらに弱く弾けることだった。わたしはこの百歳になる古い逸品から放たれるごく小さな、それでいて完璧に澄みきった音にすっかり夢中になり、うっとりしてしまった。

それにしても、うろ覚えのシューベルトには不満が残った。というのも、ふいになにかを演奏することになると、わたしはいつもよく知っている曲を弾くだけだったからである。こんなすてきなピアノの前に坐って、さっとショパンのバラードが弾けたら最高なのに、とわたしは思った。過去数カ月、家のシュティングルでポピュラー音楽やなにかを弾いているうちに、本気でもっとうまくなりたいのなら、またレッスンを受ける必要があるとわたしは思いはじめていた。

最後に装飾音をつけてワルツを弾きおえたとき、リュックが奥の部屋にもどってきた。わたしがガヴォーの前に坐っているのを見ると、彼は指の先にキスをして、ピアノに向けてその指をひらいてみせた。「レモンウッドだ」と彼は言い、わたしの目に驚きの色が浮かぶのを待ってから、「非常にめずらしいものなんだ」と言った。

「しかも、とても美しいね。まさかレモンウッドでピアノを作れるとは思わなかった。もう買い手は決まっているのかい？」

「迷っている人が何人かいるが、いまのところ、まだ決まっていない」

「ところで、ローズウッドのスタインウェイはどうなったかな？　もうここにはないようだけど」

「ああ、あれは先週あるジャズマンがやってきて、弾いたとたんに惚れこんでしまった。彼のところに行くことになって、わたしは非常に満足している」客のひとりが奥のほうからなにか訊ねたので、彼はそちらへ行ってしまった。

　というわけで、あの豪華なスタインウェイのドラマは幸せな結末を迎えたようだった。そんなに何週間も前のことではないが、彼がいかにも悲しそうに「このピアノはほかの人のところに行くことになっている」と言ったとき、わたしはそれですべてが終わったのかと思っていた。しかし、リュックにとって、物語にきちんとけりをつけるためには、このジャズマンのような人物が必要だったのだろう。それこそ商売をギブ＝アンド＝テイクだと考えている彼に必要なものだった。わたしはフランス人の言う〈その後《ラ・スイット》〉を考えなかったが、人生にぴりっとした味を付け加えるのはいろんな事情や出来事の〈その後《フォロー＝スルー》〉なのかもしれない。

8

仕組み

シュティングルがやってきてから初めの数週間、家に帰って居間の片隅のその姿を眺めるたびに、わたしは浮き浮きした気分になった。それはピカピカの新車とか特別の誕生日プレゼントをもらったときの、あの驚きと発見と喜びの入り交じった気分とよく似ていた。ただ、これは単なる新しい所有物ではなく、もっと中身のある、意味のあるものだと思えた。わたしは念入りに塗装面を磨き——リュックがどんな製品を使えばいいか教えてくれた——内側は柔らかい布で拭いてピカピカに光らせた。

ある日、わたしが大屋根を大きくあけて音階を弾きながら、この楽器から放たれる豊かなひびきにうっとりしていると、六歳になるわたしの息子がそっと近づいてきて、ピアノの内部をのぞきこんだ。息子の目は好奇心できらきら輝き、わたしが子供のとき初めてピアノのハンマーの不思議なダンスを見たときみたいに、催眠術にかけられたような顔をしていた。「これはどんな仕組みになっているの、ダディ？」と、わたしが弾きおえると、息子が訊いた。

わたしが基本的な構造を説明し、実際に鍵を押して鍵盤とハンマーが連動していることを見せてやると、息子はわたしの指と鍵盤の動きをじっと見守っていた。彼はこの初歩的な——目に見える——力学的原理だけで満足したようだった。しかし、この次同じことが話題になったとき、息子にもっと詳しい説明を期待されても、わたしはそれ以上のことは説明できないだろう。

わたしはずいぶんむかしからピアノが好きで、その来歴やそれにまつわる物語を調べたりしてきたが、アトリエで過ごす時間が増えるにつれて、この楽器が実際にどうやってこんなに幅広い、コントラストの際立った音を生み出しているのかについては、ごく初歩的な知識しかないことに気づいた。鍵を押すと、フェルトを被せたハンマーが動いて、その鍵に対応する弦を打つことは知っている。その結果、弦が震えて、音が出るのである。それがこのメカニズムの基本原理であり、わたしはむかしから大屋根を上げたグランド・ピアノが演奏されるとき、弦の隙間からその下のハンマーが踊るのを眺めるのが好きだった。けれども、そういう単純な因果関係以上に、ピアノの内部で何が起こっているのか、わたしはほとんど知らなかった。

こんな単純な動きからなんと驚くべき結果が生まれることか。まるで人間の両手に——指と手と腕に——神秘的な力が染みこんでいて、それを鍵盤にそそぎこむと、ありとあらゆる音へのドアがひらかれるかのようだった。ピアノの隠された内部機構が目の前にさらけ出されるのを見ているうちに、わたしはそのメカニズムをもっと詳しく知りたくなった。実用的な意味からではなく、むしろピアノの詩学とでもいうべきものを知りたかった。この巨大な機械が一連の基本的な動きにどうしてこんなに繊細に反応できるのか、セロニアス・モンクやウラジーミル・ホロヴィッツのバレエを思わせる両手の動きが、どうやってあんなに豊かな歌声に翻訳されるのか。アトリエに散らばっている部品についてわたしがあれこれ質問すると、リュックはその質問にいちいち答えてくれ、ピアノがどんなふうに動いているかについて基本的なことを教えてくれた。

すぐにわかったのは、ピアノは百年以上前から大量に生産されている（ピアノは初めて大量生産された複雑で高価な商品のひとつである）が、動く部品の数が多く、精密な木工技術が要求されることもあって、一台ずつはっきり異なる個性をもっているということだった。わたしはときどきリュックが、たとえば、プレイエルにはこういう特殊な問題があるので気をつけなければならないとか、ドイツのすぐれたメーカーであるザイラーにはちょっと変わった構造上の特徴があって、そのためサウンドがこんなふうになるとか言うのを耳に挟んだ。しかし、リュックの話はメーカーごとの特徴という大雑把な一般論にはとどまらなかった。彼がほんとうに興味をもっているのは、個々の具体的なピアノがほかのピアノとどう違うか、ピアノの〈個性〉をどうやって見分け、そこから何を学びとれるのかということだった。

その意味では、一般に、古いピアノのほうが面白いと言える。古いほど画一的でないからである。作業工程の多くが手作業だったので、同じメーカーが同じ時期に作った同じモデルでもかなり大きな違いがある、とリュックは言う。現代の製造方式では非常に多くの工程が標準化されており、したがって、彼の言う〈性格《カラクテール》〉をもつピアノはごく限られている。それでもすべての部品が標準規格品だというわけではなく、摩耗の仕方もしばしば一様でないので、ピアノの修理や再生には創意や工夫が欠かせない。リュックの想像力を刺激するのはこの予測不可能な側面だった。彼は一見謙遜している口ぶりで

「わたしは何でも屋にすぎない《ジュ・ヌ・スイ・カン・ブリコルール》」と言うが、そう言うとき彼の目はきらりと光り、いかにも難題にチャレンジするのが好きな根っからの修理屋らしかった。

鍵盤を押せば、音が出る。基本的な仕組みは単純だが、それを具体的に見ていこうとすると、たちまち複雑さが現われる。わたしたちの目に見える可動部分、演奏するときにふれる部分が鍵盤である。現代のピアノはふつう八十八鍵で、西洋の全音階の七オクターヴ半にわたって〈幹音〉（白鍵）と〈派生音〉（黒鍵）が配列されている。ある鍵を押すとひとつの音が出るが、これは一秒間の振動数というかたちで表わされる特定の基準に基づく音で、すべてのピアノに共通する。鍵盤を押してもわたしたちの目に見えないのは、きわめて精密かつ複雑なメカニズムによってその動きが伝えられ、梃子《てこ》のような動き方をする一種の木槌が弦をたたくところだろう。

ひとつひとつの鍵――これはじつはきわめて精巧な梃子なのだが――には三十以上もの部品が連結されており、複雑な構造の部品が組み合わされて、むらのない動きが確保されている。演奏者が鍵を押す強さはそのままフェルトで覆われたハンマーが弦をたたく速さに結びつき、その速さによって生じる音量が決定される。鍵を強く押せば、大きな朗々たる音がひびきわたり、そっと押せば柔らかい音が出る。この特性を担っているのが一連の目に見えない部品の組み合わせ――その全体をひとまとめにしてアクションと呼ばれる――であり、これが鍵の下方向への動きをいろんな音量の音に翻訳しているのである。一七〇〇年ごろピアノが発明されたとき、これはまさに革命的な新技術だった。その後、最初に開発されたこのメカニズムは改良を重ねてはきているが、基本的な構造は変わっていない。

鍵盤の動きがハンマーを動かすと、ハンマーは二点間に強い力で張られた弦をたたき、この弦の振動

——低音部のもっとも低い音で毎秒三十ヘルツ、高音部の最高の音で四千ヘルツ——が特定の音程に対応する音をつくりだす。しかし、この部分も見かけよりずっと複雑にできている。ハンマーが実際にたたいている弦はたいてい一本ではないのである。現代のピアノは八十八鍵の場合が多いが、弦は二百本以上あるのがふつうなのだ。鍵盤の高音域（高音部）では、各音ごとに同じ高さに調律された三本の細い弦があり、ひとつのハンマーがこの三本を同時にたたくようになっている。それより音が低くなって中音域になると、弦が太くなり、それにつれて音量も大きくなるので、各音にそれぞれ二本ずつしか必要でなくなる。さらに低音部になると、太い弦が一本だけになるが、この一本だけでも細い高音の三本の弦よりずっと大きな音が出る。

弦の本数以外にも、考えに入れなければならない物理学的原理がいくつかある。音の高さを決定するのは弦の長さで、弦が短くなればなるほど音が高くなる。したがって、ピアノのケースのなかでも、低音部の弦は長く、高音部のそれは短くなっている。弦の太さも音の高さに直接結びついており、細くなると音が高くなる。ピアノの鍵盤を右から左へ移動するにつれて、弦は太く長くなっていくわけである。グランド・ピアノでは、弦はすべて鍵盤と平行にならんでいる調律ピンに取り付けられており、そこからサウンドボードを横切ってフレームの反対側に固定されている。したがって、わたしたちが目にする美しい曲線は、ピアノの鍵盤の全音域にわたって徐々に長くなっていく弦の取り付け位置の表れなのである。おそらくいちばんわかりやすいのは、十九世紀初めの英国の詩人、リー・ハントの「箱に入れたハープ」という言い方だろう。オーケストラで使われるような大形のハープを考えてみればいい。ハープはふつう立てたまま演奏されるが、それを水平に寝かせて、その形に合わせた箱に入れたところを想像してみれば、それがグランド・ピアノの形になるというわけである。

たぶんもっと重要なのは弦を張っている張力で、これが音量と音質の両方を左右する。張力は大きいに越したことはなく、現代のグランド・ピアノでは一本の弦を引っ張っている張力が九十キロに達することもめずらしくない。その結果、ピアノ全体では十五トンを超えるトルクがかかることになる。そのため、弦は特別な引っ張り強さをもつ最高品質の炭素鋼で作られており、全体で二十トンを超える張力に耐えられる鋳鉄製のフレームに張られている。その結果、この金属フレームはどっしりしたものになり、ピアノの重さの三分の一を占めている。調律師がピアノの音を調律するときには、弦の一端が巻きつけられている調律ピンをまわして弦の張力を微妙に調節することで、音の高さをかすかに上げ下げしているのである。

ピアノの弦の振動はそれ自体では弱い音を生み出すだけで大きくはひびかない。そこで、弦の振動を大幅に増幅する方法を見つける必要がある。そのために考えられたのが、弦のエネルギーをサウンドボード（響板）と呼ばれる大きな薄い木の板に伝えてやる方法で、この板を振動させることで音を増幅する仕組みになっている。サウンドボードはいわば巨大な膜のようなもので、これが駒（ブリッジ）を介して弦とつながっている。駒というのはサウンドボードの表面に取り付けられた細長い木製の突起で、上端がしっかり弦と密着し、弦の振動を木製の共鳴板（すなわちサウンドボード）に伝える役割を果たしている。

ここで木工のありとあらゆる繊細な技術が総動員されることになる。なかでも決定的に重要なのが木材の特性を感じとり、いかにして木を歌わせ、楽器に生命を与えるかを見抜く能力である。ストラディヴァリやグアルネリといった偉大な弦楽器製作者にとってそうだったように、ピアノ製作のパイオニアにとっても木の性質を見抜く感性がきわめて重要だった。木は文字どおり音といっしょに震え、音はその繊維のなかを駆け抜ける。その強度と軽さのゆえに、すぐれたサウンドボードの材料としてよく用いられるのがスプルース材で、木目がまっすぐで、年輪が規則正しいものが選ばれ、緻密に接ぎ合わせて作られる一枚のシート全体の柔軟性に細心の注意が払われる。サウンドボードは周辺部をケースに固定されているが、このケースの組み立て方やピアノのメカニズムとのつなぎ方も楽器の音色を直接左右する。サウンドボードは増幅器としての感受性や柔軟性が生命になるが、ケースの内縁部は強靭かつ安定していることが肝要で、いわばビロード製の万力みたいにフレームと弦とサウンドボードをしっかりと把持しながら、その構造全体を通じて歪みのないひびきを伝える必要がある。

ピアノにはもうひとつ重要な木製の部品、ピン板(ピン・ブロック)がある。これはグランド・ピアノではフレームの手前の端の下側に取り付けられ、しっかりとフレームに固定されている。ピン板は調律ピンの固定装置の役割を果たす分厚い積層合板製のブロックで、これにピンが打ちこまれており、調律の際に弦のピッチを変えるためピンをわずかにまわすとき、ピンが動かないようにしっかり保持している。さらに、太い補強用の支柱(バック=ポスト)の骨組みがあり、これがピアノ全体の強度を高めると同時に、エネルギーをサウンドボードに集中させて力強いひびきを生み出すのを助けている。ピアノが——とりわけ大音量で——演奏されると、こうした木製の構造全体が振動して、弦が生みだす音と共鳴する。だから、演奏中のピアノに手をふれると、生き物にふれているような感じがするのである。

ペダルはあとから発明されたもので、ピアニストがサウンドをより精密にコントロールするのを助けている。これはピアノのケースの底にぶらさがっており、単純な金属製のプッシュ・ロッドで上部のアクションとつながっている。ロッドはきちんとならべられて、竪琴《リラ》と呼ばれる中空の木製ケースに収められている。弦には通常フェルトを被せたダンパーがあてがわれており、打鍵するときダンパーが弦から離れ、鍵盤から指を離すと弦の上にもどって音を消す。ペダルのひとつを踏むと、鍵盤から指を離したあともダンパーが上がったままになり、弦がひびきつづけるようになって、水彩画でいくつかの色合いが交じりあうみたいに、すべての音が交じりあってうっとりするひびきになる。もうひとつのペダルは、ハンマーをわずかに横にずらして、二本または三本の弦のうち一本だけを打つようにして、音色を柔らかくする。ピアノによっては、弱音ペダルが付いているものもあり、これはハンマーと弦のあいだにフェルトの帯を下ろすことによって、音をほとんど聞こえないくらいに弱めるものである。弱音器《スルディーヌ》と呼ばれるこの機能はフランス、とりわけ隣近所と壁を接しているのがふつうのパリではありがたがられている。

以上がごく大雑把な基本的構造で、これらはアップライトとグランドの双方に共通する。主な違いはサウンドボード、フレーム、弦が鍵盤から向こう側に水平に伸びているグランドに対して、アップライトではそれが垂直に立てられていることである。この構造的な配置の違いによって、グランド・ピアノのほうがあきらかに有利になっている。鍵が長いからそれだけ反応が敏感に伝わり、ハンマーが重力で引きもどされるためすばやく反復できるし、サウンドボードも長くて幅が広いので振動を部屋中に広げやすいのである。十九世紀末から、ピアノのこういう基本的な構成についてはコンセンサスができているが、それらをどんなふうに組み合わせるかという点になると、音質や演奏上の実用性、そしてとりわけ音の美学を根拠にするじつにさまざまな意見がある。

　個々のハンマーの重さ、弦を打つフェルトの部分の材質、鍵の釣り合いをとる錘《おもり》の付け方など、ほとんど無限の差異があり、一見ごく単純に見える弦についてでさえ、弦の長さ、密度、張力、鋼材の品質などと音質のクリアさ、フレームにかかる張力、弦を張るための労働コストのバランスをどうやってとるかなど、じつに無数の現実的な問題があって、メーカーによってそれぞれ考え方が微妙に異なっている。複数の条件のバランスをとるのがいちばんむずかしいのは木製の部品だろう。木でできている部品については、厳密な物理的特性はひとまず措《お》いておいて、かつては生きていたこの材料の微妙な特性を尊重し、それを強化する必要があるからである。強度、柔軟性、寿命、内部的な反響、見た目の美しさ。そういうすべてが楽器に固有の音色を与えるきわめて専門的な木工技術において重要な役割を果たしており、落とし穴や問題はいくらでもある。

　ピアノがいかに複雑なものかがわかってくると、もうひとつわかってきたのは、リュックがこの楽器に魅せられているのはそれが複雑なだけでなくきわめてユニークな存在だからだということだった。アトリエの奥に近い作業ベンチには、ふつうはさまざまなピアノのメカニズムの補修用部品や新しい部品がきちんとならべられている。しかし、ときには、一台のピアノが完全に分解されて、それとわかるように置かれていることもあった。リュックはそうしておくのを好まなかった。アトリエのショールーム的な雰囲気が壊れるし、自分たちが買うかもしれない楽器のあいだに〈腹を切り裂かれたピアノ《デ・ピアノ・エヴァントレ》〉があったりすると、お客が不安を感じるというのである。それでも、ときにはそうせざるをえないこともあり、そういう日には、アトリエはふだんとは違う謎めいた一面を見せるのだった。

ピアノの機械的な部分は定められたとおりに動く精密なエンジン、機械部品に固有の強度と精密さをもつきわめて十九世紀的な発明品を思わせる。アトリエのなかにちらばっているさまざまなピアノのアクションを見ると、精巧な小型エンジンを組み立てたり修理したりするガレージみたいに見える。完璧に面が揃えられた部品の列のなかから金属部分がきらりと光り、特殊なレンチやドライバーで隠された部品が外され、精密なベアリングが機械油でなめらかに回転しはじめる。そういうものを間近から眺めていると、わたしはエンジンが解体されるガレージにいるときと同じような軽い驚きを覚え——「これをまた完全に元通りに組み立てなおすことができるのだろうか?」——そういうことを日常的になんなくやり遂げてしまうリュックのような人々に感嘆せずにはいられなかった。

しかし、それとは別に、ピアノには精密な木工技術や素材に対する直感的なセンスが要求される部分もある。巨大な鋳鉄製フレームや交換用の弦の際限ないコイルとならんで、アトリエにはあらゆる種類の木材があった。サウンドボードに使われるニスを塗ったスプルース材の先細りの板、グランド・ピアノのケースに用いられるブナやメープルの合板の一種、スモーキー・マホガニーやサテンウッドといったものずらしい素材の合板。リュックが木製の部品を切ったりサンドペーパーをかけたりしていると、そのおが屑が床の一部を覆っていたり、光のあふれるこの部屋にかすかな木の香りがただよっていたりする。

だから、ピアノを製作または再生する者は一方では指物師の親方であり、他方では構造工学のエンジニアでなければならない。最高級の時計と同じくらい精巧なメカニズムを、大きな鋳鉄のフレームで補強された木製のケースにはめこまなければならないからだ。わたしがかつて面識をえたある音楽史の専門家は、ピアノのメカニズムは時計と同じくらい複雑だと言ったが、そのあとで「ただし、大きな違いはわれわれは時計をたたいたりしないということだがね」と付け加えた。繊細さと頑丈さ、細やかさと力強さを併せ持つピアノという楽器はきわめてユニークな存在であり、それを製作・修理するための多様な技術がひとりの人間に備わっていることはまれなのである。

リュックと話しているとき、彼はしばしばそれとなくピアノの二面性についてふれた。ピアノはわたしたちの夢の宝庫でもあるが、簡単に売り買いできる玩具でもある。それがこの楽器のいいところだ、と彼は考えていた。そして、同じ楽器が洗練されたものにもなれば下品にもなり、繊細にもなればがさつにもなり、クラシック調にもなればジャズっぽくもなることを指摘した。「こいつは頑丈なんだ」と、アトリエのなかでむくのオークのアップライトを移動しようと奮闘しているとき、彼は言った。「ヴァイオリンとはわけがちがう」

わたしたちはどちらもピアノを愛しているのは確かだが、彼の興味の持ち方とわたしのそれがまったく違っているのも事実だった。彼が熱中していたのは仕事だったが、わたしにとってはこれはひとつの趣味であり、義務や責任を問われない楽しい気晴らしだった。わたしがあれこれ質問責めにしても、彼はあくまでも忍耐強く答えてくれたが、それは初めからわたしがほんとうに興味をもっていること、アトリエにあふれるすばらしい楽器の数々にだけでなく、芸術と商売をひとつに融合している彼という人間に興味をもっていることを見抜いていたからだろう。彼にとっては毎日の決まりきった仕事でしかないものが、わたしの目には、二十世紀末の現在、きわめてめずらしいすてきなものに思えた。自分の客とも、取引相手とも、さらには――とりわけ興味深いのがこれだが――自分が修理して販売する製品とも個人的なつながりをもっている職人の親方。あらためて自分の仕事を振り返ってみなくても、わたしが彼のアトリエにどんな喜びを見いだしているかを知れば、彼としても自分の仕事がありふれた月並みなものではないことを悟らずにはいられなかっただろう。わたしたちはそれについて表立って話したことはなかったが、わたしのこの一種の賛嘆の気持ちを彼は快く受け容れてくれていた。

わたしはゆっくりと友情が深まっていくのを——店にあるピアノに関する話以外にもいくつかのことが無言のうちに理解されていくのを——楽しんでいた。お互いの個人的な生活については、ときおり会話の端々に出てくることはあっても、リュックもわたしもとくに詮索しようとはしなかった。関心がないからではなく、相手に対する敬意からである。人と新しく知り合うと、たちまちあらゆることをぶちまけて、性急に親密になろうとするアメリカ人にとっては、これは驚くべき考え方かもしれない。だが、このアトリエでは、そういうゆったりしたペースがふつうで、わたしは何事にも時間をかけることを学んだ。

9

鍵盤のふた

覚えているかぎりむかしから、ピアノを見ると、それがホテルのロビーであれ、レストランや学校や劇場であれ、わたしはいつもピアノの鍵盤を保護している丸みのある長い木のふたを上げてみずにはいられなかった。なんだか禁じられた、それでいて誘惑的なことをしているようで、他人の家の本棚からそっと本を取り出してひらいてみるのがときとしてひどく馴れ馴れしい行為になるのに似ている。子供のとき、わたしはその下に隠されている〈クナーベ〉とか〈メイソン・アンド・ハムリン〉とかいうメーカーの名前や、ピアノが製造された都市の名前が見たくてたまらなかった。わたしの子供時代の夢のどれだけが、ピアノに刻みこまれた不思議な場所の名前に端を発していたことだろう？　ニューヨークが重要な都市、いや大都市だとさえ知るはるか以前に、わたしはそこでピアノが――たくさんのピアノが――製造されていることを知っていた。西洋音楽や文化がどんな場所で発展してきたか理解できるようになると、〈ウィーン〉や〈パリ〉という名前を見るだけで世界地図が目に浮かび、この扱いにくい楽器がそんな遠方からやってきたことが魔法みたいに思われた。

フランスに住んでいたときは、めずらしいのはニューヨークやボストンから来たピアノだった。北アメリカにもどると、これは相対的なものになり、たとえばニュー・メキシコで見たピアノに〈ヴァージニア州リッチモンド〉という名前を発見したりすると、〈ロンドン〉や〈ハンブルク〉と同じくらいわくわくした。ありそうもない都市ほど点数が高くなるゲームみたいなものだった。アメリカでは〈ニューヨーク〉というのはよくあるが、〈アムステルダム〉はめったに見かけない。そうやってピアノがどこに流れ着いたかを目撃すると、わたしはちょっと変わった探検と発見と植民地化の歴史、このきわめて非実際的な楽器の流布を唯一の目的とする〈文化的伝道〉の歴史を想像したものだった。

わくわくしながらピアノのふたをあけるまではいいのだが、そのあとすぐ追い払われることが多かった。けれども、目の前に鍵盤が現われると、ちょっと押して、ピアノの声を聞いてみたいという誘惑を抑えるのはむずかしい。かすれた音がすることもあれば、鈴が震えるような音がしたり、落ち着いた音がすることもあり、まったくなんの特色もない音のこともある。たいていはほんのわずかな音か簡単な和音を弾くだけだが、少しでも音がすると、たちまち番犬に吠えられる。「演奏は禁止です！」カウンターの背後やホテルのフロント・デスクからどなりつけられる。「そのピアノはミュージシャン専用です！」

そう言われると、わたしは個人的に侮辱されたような気分になる。わたしの音楽についての大らかな考え方をいきなり否定されたような気がするからだ。というのも、わたしの考えでは、わたしはミュージシャンだからである。むかし何年かレッスンを受けたことがあるし、それに、たぶんこっちのほうが重要なのだが、わたしはとてもピアノが好きなのだから。それでも、わたしはあわててピアノのふたを閉じて、ぼそぼそ詫びの言葉を言う。もっとも、何度咎められても、次にまた同じことを繰り返すのをやめるつもりはなかったけれど。これはわたしの個人的なアナーキズムみたいなものであり、めげずにいつまでもがんばるというのがわたしのただひとつの取り柄だからである。

あるとき——わたしが十歳ぐらいのときだったと思う——家族がワシントン市のレストランから出ようとしていたとき、わたしは入口のそばの人気のないバーに古いアップライト・ピアノがあるのを見つけた。みんながコートを受け取ったり、父が勘定を払っているあいだに、わたしはその薄暗い部屋に入って、ピアノのふたをあけた。すると、かすれた金色の文字で〈ストーリー&クラーク、ミシガン州グランド・ヘヴン〉と記されていた。どこなのだろう？　港町みたいだけれど、覚えておいてあとで地図で調べてみようと思った。

薄暗くてだれもいないのをいいことに、わたしはピアノの前に坐って、できるだけ静かに音階を弾いてみた。それまでに弾いたことのあるほかのアップライトとはまったく違う、まろやかで、豊かな、美しい音色だったのを覚えている。ひとりきりでだれにも見られていないと思っていたので、わたしはひそかに熱中して、もっと大きな音で弾きだした。と、突然、カウンターの背後のドアがぱっと開いて、白いエプロンをかけた男が大声で言った。「『マック・ザ・ナイフ』はどうだい、知ってるだろ？」

見つかってしまった恥ずかしさと演奏を頼まれた困惑で、わたしの手は鍵盤の上で凍りついた。わたしが知っているのはクラシックだけで、ショーの音楽やポピュラー・ソングは火星の表面と同じくらい馴染みがなかった。どうすればいいのだろう？　白いエプロンの男を見ると、男は額に玉の汗をかき満面に笑みを浮かべていたが、それが妙に威圧的で執拗に感じられた。わたしはにっこり笑みを返して、ふいに与えられたピアニストという肩書きの幻想に必死にしがみつこうとしたが、これならまだミス・ペンバートンの発表会のほうがマシかもしれなかった。

「弾いてくれよ、坊や。さっきのはなかなかよかったぞ。今度はおれの知ってるやつをなんか弾いてほしいんだ」それから、厨房へのドアをあけたまま、彼は肩越しにどなった。「おおい、みんな、来てみろよ。こっちに本物の子供リベラーチェが来ているぞ！」

それを聞いて呪縛が解けた。音楽的には、それは褒め言葉だとは言えなかったし、リベラーチェの派手なショーの猿真似をするなんて論外だった。わたしはピアノから立ち上がったが、二、三人の男が厨房の入口にやってきて、にこにこしながらジョークを言った。そのとき、父がロビーとバーを仕切っているスイング・ドアを入ってきた。「ここで何をやってるんだ、サド？　もう行くぞ」

「ピアノを見ていただけさ」とわたしはつぶやいた。

父がカウンターの背後に集まった男たちを見ると、コックがとっさに機転をきかして、その場のちょっと芝居じみた雰囲気——ためらうピアニスト、期待する聴衆、重苦しい沈黙——を説明した。「いや、おれたちはちょっとしたコンサートを期待していただけなんだよ」

わたしの顔に浮かんだ困惑の表情を読みとった父は、まるでアーティストのデリケートな神経を守るため、残念ながらコンサートをキャンセルせざるをえなくなった興行師のような口調で男に答えた。「申し訳ないね、諸君、きょうはだめなんだ。これから地方巡業に出かけるところなものでね」そう言ってカウンターに背を向けると、父はわたしにウィンクをした。

その夜、わたしは本棚から地図帳を引っぱり出して、グランド・ヘヴンがミシガン湖西岸の町であることを発見した。五大湖地方で生まれたピアノかと思うと、ひどくエキゾティックな気がしたが、やがてふとピアノを弾いているのを見つかったことを思い出した。わたしは何をしたいと思ったのだろう？だれもいないところでピアノを見つけたのは楽しかった。そのピアノがまだ知らないメーカーのものであるときはなおさらで、これはわたしが見た初めての〈グランド・ヘヴン〉だった。けれども、ふいに聴衆が出てきて注目されたのにはぞっとした。わたしが好きなのは、人知れずピアノを見つけて、ひとりでゆっくり演奏し、あれこれ想像をめぐらしたりむずかしい曲に挑んだりすることだった。自宅で練習するときでさえ、ほとんどいつもだれかがいたが、ほんとうはだれもいないほうがよかった。リサイタルも、にやにやする大人たちも、曲をリクエストされるのもごめんだった。自分ひとりでなんでもない演奏をしているうちに、それがしだいにふくらんで、達成感や超越感の絡まる昂揚した気分を味わえるのが好きだったのである。

一度だけだが、この子供のときの夢が現実になったことがある。母といっしょに学校に姉を迎えにいったとき、音楽室で待っているように言われたことがあった。それは庭を見下ろす、オークの羽目板のはりめぐらされた部屋だった。壁際には彫刻の施されたオークの棚がならび、特別製のスライディング・トレイに楽譜が積み重ねてあった。部屋の片側には譜面台が十以上も立ててあり、ついさっきまで室内楽団がリハーサルをしていたかのようだった。その横に大きなグランド・ピアノがあった。ピアノのケースも彫刻の施されたオークで、部屋の羽目板の曲線と微妙に呼応しているようだった。ピアノは大屋根がひらかれ、譜面台に楽譜がのっていた。

気がつくと、驚いたことに、わたしはその夢のような部屋にひとりだった。わたしはピアノに歩み寄った。なにかに駆り立てられて避けがたいものに近づくような、怖れを知らぬ穏やかな気分だった。鍵盤の上には真鍮の文字で〈C・ベヒシュタイン、ベルリン〉と書かれていた。椅子に坐って弾きはじめると、わたしはたちまちその瞬間の完璧さのなかに没入し、そこにいることを忘れた。

わたしが演奏したのはそのころ練習していた曲で、モーツァルトの単純な旋律やシューベルトのあまり複雑でない舞曲だった。日頃弾いていた古いアップライトに比べると、そのピアノはまさに天国だった。完璧に調律されたベヒシュタインのグランド・ピアノで、シルクの波とでもいうべきタッチだった。すべてがまったく別の、透明感のある、すばらしい音に聞こえ、わたしはもはや音楽のレッスンを受けている十二歳の少年ではなかった。それはじつに堂々たる音で、わたしは本格的な音楽を演奏しているミュージシャンの気分だった。そうやってしばらく演奏したあと、ふと部屋の反対の端に目をやると、それまでは気づかなかったのだが、ドアのそばに女の人が立っていた。わたしは演奏をやめて、立ち上がりかけた。人に見つかってしまったのがきまりがわるく、うろたえていた。彼女はいつからそこにいたのだろう?

彼女は部屋を横切って近づいてくると、笑みを浮かべながら、ちょっとしゃがれた低い声でわたしを安心させようとした。「邪魔をしてしまってごめんなさい。とてもすてきだったわ。あなたはもう少しここにいるつもり?」

分厚い眼鏡をかけた年配の女性だった。レンズがひどく分厚いせいで、その奥の目が歪んで見えた。彼女は楽譜を抱えていたが——そこで練習するつもりだったのだろうか?——ピアノの前に来ても、ずっと笑みを絶やさなかった。わたしは母と姉が先生と話をしているあいだ待っているのだと説明した。

「セーラからピアノを弾く弟さんがいるとは聞いていなかったわ。ところで、あなたもわたしと同じなら、演奏するときはひとりのほうがいいんでしょう？　邪魔が入らないように、ドアを両方とも閉めておきますからね」

まるでわたしの心を読みとったかのようだった。わたしの心のなかをのぞいて、〈この少年が望んでいること〉という欄に記されている指示を読んだかのようだった。彼女は後ろを向いて出ていこうとしたが、途中で振り返って、「すばらしいピアノでしょう？」と言った。

「ええ、先生。すばらしいです」

わたしは黙ってピアノの前に坐った。見ず知らずの他人が自分の家族さえよくわかっていないことを即座に理解したのは驚きだった。校舎を出て、車まで歩いているとき、わたしはできるだけなにげなく分厚い眼鏡をかけた女性がだれなのか姉に訊いてみた。

「ああ、それはミス・キリアンよ。古いコーラ瓶《オールド・コーク・ボトルズ》って渾名《あだな》なの」――ほんの一瞬、姉はしかめ面をした――「音楽と合唱の先生よ。ほんとうはとてもすてきな先生だけど」

「うん、ほんとうにそうだね」

大きくなるにつれて、わたしはピアノに対する態度を人間の価値をはかる物差しにするようになった。若者がしばしば無神経とごたまぜにしているあの容赦ない生真面目さをもって、わたしは性急かつ頑《かたく》なに判断をくだした。ミス・キリアンが天使だったとすれば、ハイスクールの最終学年のとき会ったある女性は上品ぶったサディストだった。わたしは彼女のピアノや音楽に関する考えが大嫌いで、わたしたちは最初から衝突した。

それはミセス・パーマーという人で、両親がふたたび海外勤務になったハイスクールの最後の年に、わたしが通っていた寄宿学校の校長夫人だった。わたしたち男子生徒は人前では彼女に礼儀正しく応じていたが、かげではひどく嫌っていた。彼女はじつにアイディア豊かな意地悪をした。たとえば、彼女のお得意の意地悪のひとつは、校長主催の歓迎会で新入生をつかまえて、紅茶を注いでやることだった。それから、彼女は湯気の立つカップにレモンを搾るように勧める。「冬を乗り切るためにはレモンが必要ですからね！」と彼女は大声で言う。その数分後、今度はクリームのピッチャーを持って現われ、みんなにむりやり「クリームを少々」注いでまわるのだった。当然ながら、クリームは凝固してしまうが、そうしておいて生徒たちの従順さを嘲笑するのが彼女の楽しみらしかった。

飲めなくなった代物を手に持って立ち尽くしている生徒たちを前にして、彼女はちょっとしたスピーチをした。わたしたちはときには「ノーという度胸」をもたなければならない。人生はそういうものであり、できるだけ早くから自分の頭で考えることを学ぶ必要がある。この学校がすばらしいのはそういう独立心や自由思想を大切にする学校だからだというのだ。しかし、実際には、それはこの学校のふだんの教育姿勢とは正反対であり、彼女の偽善に気づかない者はひとりもいなかっただろう。

彼女がスピーチをしているとき、その部屋にあった美しい古いチッカリングが目にとまった。現在では、チッカリングという名前はほかの場所で作られる可もなく不可もないピアノに使われているが、十九世紀後半にはアメリカの代表的メーカーのひとつだった。そこにあったのはそのオリジナルの一台で、黒いケースには後期ヴィクトリア朝風の装飾が施され、脚は縦溝つきで、譜面台は細密な透かし模様の入った凝ったものだった。ほかの新入生たちが輪をつくったり、一風変わったわれらのホステスに呼び止められたりしているあいだ、わたしはそのピアノを羨望の目で観察していた。音を出してみたくてたまらなかった。堅苦しい部屋に詰めこまれたティーンエイジャーの押し殺したような喧噪のなかなら目立たないだろう。そう思ってこっそり鍵盤を押して和音を出してみたのだが、いきなり、背後から大きな声をかけられてぎょっとした。「カーハート、あなたはピアノを弾くの？」

「えっ、ええ、いや、そんなことありません。つまり、あまり弾けないんです」

「いったいどっちなの？　あなたはピアノを弾くの、弾かないの？」

そんなふうにはっきり二分されると、もう後には退《ひ》けなかった。そんなことをすれば名誉にかかわるからだ。「はい、弾きます」と自分が断言する声が聞こえた。

「すばらしいわ。それじゃ、毎週火曜日に聖歌の伴奏をしてもらいましょう」

わたしは初見で演奏できるほどではないと言おうとしたが、彼女はそれをさえぎった。「さあさあ、ここでは上辺だけの謙遜はしないことね。神があなたに才能を授けたとすれば、それなりの理由があるはずです。それを有意義に使いましょう。それがこの学校の精神ですからね！」

次の火曜日から数週間、わたしはミセス・パーマーの率いる学校の聖歌隊のために賛美歌の伴奏をさせられた。音楽そのものは単純明快で、演奏していて楽しかった。無理のないコード進行が同じリズムで容赦なく何度も反復され、単純な旋律の上に合唱隊の声が重なって、二部または三部のハーモニーになるのだった。だが、耐えがたいのはその場の雰囲気だった。ミセス・パーマーは絶えず賛美歌の意味を講釈し——前に説教壇を置いたほうがいいくらいだった——、曲がはじまってからもギャアギャアわめくのをやめなかった。彼女はわたしの右側に立ち、整列した二十人の少年に相対して、歌声越しにさかんにあれこれ指示を出しつづけた。「さあ、もっと声を出して！『神はわれらが強大な砦《とりで》なり』！」

それから、わたしの演奏の音が小さすぎると叱りつけた。わたしが弾いているチッカリングの側板をコツコツたたき、まるでキリスト教信徒の憤激を絵に描いたような顔をしてがみがみ言うのだった。「カーハート、あなたは水のなかに潜ってでもいるの？もっとちゃんとした音を出しなさい！こういう大きなピアノはそのためにあるんですからね！」

四週間もすると、わたしは必死に逃げだす方法を考えはじめていた。ちょうどそのころ、サッカーの練習で左手の人差し指に怪我をした。たいした怪我ではなかったが、傷が浅いとき、ときおりそういうことがあるように、かなりひどく出血した。その晩、わたしは指にバンドエイドを巻いて聖歌隊の練習に行った。二、三曲終わったとき、彼女は少年のひとりに向かって低音域の音がちゃんと下がっていないとわめきだした。わたしは手を鍵盤の下に入れてバンドエイドをゆるめ、指をぎゅっと絞って生温かい液体をにじみ出させた。そうしてバンドエイドをゆるく巻いたまま待っていた。

「よろしい。それじゃ第二節がボストンまで聞こえるように歌いましょう。カーハート、さあ、わたしたちにパワーをちょうだい！」

大音量で五つか六つのコードをたたくと、バンドエイドが吹きとんで、どっと血が噴き出した。ミセス・パーマーは目の前の少年たちの意欲を打ち砕くことに熱中していたが、しばらくすると、少年たちの顔になにごとか嗅ぎつけたらしく、彼らのひとりに向かってどなった——「ドラン、いったいどうしたの？」――そして、少年の視線をたどって鍵盤を振り返った。指が痛みだしていたし、低音域の象牙がかなり赤く染まっているのが目の隅に入ってはいたが、わたしは演奏をつづけていた。

「カーハート、冗談じゃないわ、わたしのピアノを血塗《ちまみ》れにするつもり！」

わたしは驚いたようなふりをして、血のしたたる手を見つめた。そして、椅子から立ち上がりながら、かたわらの白と黒の刺繡《プチ・ポワン》のカバーのかかった足載せ台に血を飛び散らせることに成功した。それでわたしの解放は確実なものになった。

「出ていきなさい！　医務室に行って、それを処置してもらうんです！」

医師は傷口を縫う必要はなく、新しいバンドエイドを巻いておけばいいと言ったが、それで聖歌隊の伴奏は公式にお役御免になった。わたしは他人の要求や期待に応えるのはやめようとひそかに決意し、翌年大学に入ると、ピアノのレッスンもやめてしまった。ピアノを見ると鍵盤のふたをあけるのはやめなかったし、たとえめったにいないとしても、ミス・キリアンのような人のほうが魅力的だと思うのもやめなかったけれど。

それから何年も経って、自分の生活のなかにピアノが占める位置の重要性を再発見したとき、わたしはミス・キリアンのような人がいないものかと考えた。音楽をわたしにたたきこもうとするのではなく、わたしの内側から引き出そうとしてくれる直感的な先生がどこかにいないものだろうか。もしもわたしが大人として演奏を楽しもうとするなら、偶然の出逢いに頼るのではなく、自分からそういう先生を探して、自分の欲求や期待をはっきりさせる必要がありそうだった。

一〇

世界が騒がしくなる

ピアノがいつ発明されたのか、だれも正確には知らない。一般的には一七〇〇年ごろだとされるが、すでに一六九四年にいくつかのモデルが製作されていた証拠がある。しかし、発明者についてはほとんど疑問の余地はなく、フィレンツェのメディチ宮廷の楽器製作者だったバルトロメオ・クリストフォリが、たたかれた弦を強くひびかせる方法を考案したとされている。クリストフォリ以前には、鍵盤楽器はさまざまな理由で不満の残るものだった。クラヴィコードは弦をたたく方式だったが、小型で、繊細で、ごく小さい音しか出せなかったので、少人数の集まりでしか使えなかった。ハープシコードはそれより大型で、音量もかなり大きかったが、それ以上に重要な弱点があった。弦をはじく方式だったため、鍵盤を押す強さと音の大きさが無関係で、音の強弱を調節できなかったのである。

必要だったのは――そしてクリストフォリが発明したのは――大型のハープシコードみたいに大きくて、頑丈で、しかも――それまではひ弱いクラヴィコードでしかできなかった――幅広い音量の調節ができる楽器だった。一七一一年に、当時の音楽家は最初のピアノを「強弱つきのハープシコード《グラヴィチエンバロ・コル・ピアノ・エ・フォルテ》」と説明している。これは画期的な新機軸だったが、このとき播《ま》かれた種子が大きく育つ肥沃な土地が見つかるまでさらに数十年かかり、それが見つかったのはイタリアではなく、十八世紀のドイツだった。

ドイツの楽器メーカーがクリストフォリの新技術を採り入れて鍵盤楽器をつくり、しだいにパワフルなものに改良して、やがて本格的なピアノをつくりだした。ヨハン・セバスティアン・バッハは初めて試したピアノに感銘を受けたが、まだ改良する必要のある弱点として、鍵盤の重さと高音部の音量不足を指摘した。次の世代では、彼の息子のうちのふたり、カール・フィリップ・エマヌエルとヨハン・クリスティアンがこの楽器を擁護した。ヨハン・クリスティアン・バッハが一七六八年にイギリスで初めてピアノのソロ演奏をしたころには、この新しい鍵盤楽器のハープシコードに対する優位は揺るぎないものになっていた。けれども、社会一般でそれが認められるまでにはもう少し時間がかかり、一七七四年になっても、ヴォルテールですら「ハープシコードに比べると、ピアノはブリキ屋の楽器にすぎない」と片付けている。しばらくのあいだ、作曲家は楽譜に「ハープシコードまたはピアノのために《プル・ル・クラヴサン・ウ・ル・ピアノフォルテ》」と書いていたが、やがてしだいにピアノの新しい魅力的な音だけを念頭においた作品がつくられるようになった。時あたかもバロックが古典派に移行しつつある時代で、ピアノは音楽に新しい表現を採り入れるうってつけの手段になったのである。

こうしてソロ楽器としての鍵盤楽器の役割が脚光を浴びるようになった。ピアノはもはやアンサンブルの一部ではなくなり、その独特な豊かな音量によって、ハープシコードが閉じこめられていた応接間から解放された。ハイドンとモーツァルトがこの新しい楽器のためにすばらしいソナタを書き、鍵盤は大幅に拡張されて、音量の強弱の変化が――これがハープシコードとのもっとも大きな違いだった――存分に活用されるようになった。ピアノのために流れるような演奏を強調する新しいテクニックが開発され、モーツァルトは「油のように流れなければならない」と書いている。ソロ・コンサートがもはや例外ではないごく一般的なものになり、テクニックと才能に恵まれた一群の演奏者が登場した。一七七七年の手紙のなかで、モーツァルトは新しいピアノの音色に感激して書いている。「どんなふうに鍵盤にさわっても、音はいつも均一です。軋《きし》るような音がすることはないし、音が強すぎたり、弱すぎたり、出なかったりすることもありません……」

ハープシコード製作者のなかの何でも屋が片手間に作っていたものが、やがて独立したひとつの産業に成長し、ロンドンとウィーンがその中心地になった。ドイツの七年戦争の影響で、一七六〇年代には多くの楽器メーカーが海外に流出したが、一七九〇年には専門技術をもつ亡命者の第二の波――今度はフランス革命から逃げだしたフランス人――がイギリスにやってきて、そこで仕事をつづけることになった。このふたつの都にははっきり異なるピアノ製作の流派が生まれた。主な違いはアクション――弦をたたくハンマーを動かすための複雑なメカニズム――の考え方と組み立て方にあった。ウィーン製のピアノは一般に音が柔らかく、洗練された歌うような音色で、メロディを前面に浮かび上がらせる。ピアノそのものの作りも繊細だった。それに対して、英国製のピアノはもっと力強い音色で、アクションも強靭、弦も強い力で張られており、ケースの作りも頑丈で、フレームもがっしりしていた。古典派時代のウィーンの偉大な作曲家――ハイドン、モーツァルト、ベートーヴェン――はウィーン製のピアノを弾いていたが、ベートーヴェンは末期のピアノ・ソナタではイギリス流の強靭なピアノへ移っていった跡がうかがえる。

ベートーヴェンは、ピアノ作品では、ささやきから雷鳴までの強弱のコントラストがしだいに強烈になっていったことで知られているが、ときには自分の音楽を演奏しているうちにウィーン製の繊細なピアノを壊してしまったという。彼はピアノ・メーカーの方向性に強い影響を与えたが、すでに一七九六年に、ハープシコードからの名残だったあまりにも繊細すぎる演奏スタイルに不満を表明していた。「演奏法に関するかぎり、ピアノフォルテはすべての楽器のなかでいまだにもっとも研究・開発が遅れており、しばしばハープを聞いているにすぎないような印象がある。(……)音楽を感じることができれば、ピアノフォルテを歌わせることもできるはずである」

ベートーヴェンはしだいに聴力を失っていったので、ピアノのケースの振動を通して音楽を感じとろうとして激しく鍵盤をたたいた、と推測する人が少なくない。一八一八年に、当時は傑出したイギリスのメーカーだったブロードウッドが、最新の特色をすべて採り入れたグランド・ピアノを彼に贈った。いちだんと頑丈になったケースとフレーム、三本一組の弦、反応がさらに敏感になったアクション。ベートーヴェンは熱狂的に弾きまくったあげく、このピアノも壊してしまったが(同時代のある人によれば、「切れた弦が嵐にあったイバラの茂みみたいに滅茶苦茶に絡み合っていた」という)、一八二七年にこの世を去るまでこの楽器に愛着をもっていた。耳の聞こえない世界に落下していきながら、彼はその時代のだれが書いたものにも似ていない音楽を生みだしたのである。この時期に作曲された『ハンマークラヴィア』ソナタは、ピアノの極限的なパワーと表現力を引き出したものとして、いまでもなお強烈な印象を与える。ベートーヴェンの三十二曲のピアノ・ソナタのなかでもっとも長い『ハンマークラヴィア』は、彼が鍵盤のために作曲した作品のなかでもいちばんむずかしく、もっとも幻想的だとされているが、技巧的にも詩的にも大変な離れ業で、最後のフーガはいまでも聞く人を驚かす。楽譜の版元に宛てた手紙のなかで「ここに送るソナタはいまから五十年後に演奏されるときでもまだピアニストが息を抜けないものになるだろう！」と書いたとき、彼はそれを予言していたと言えるだろう。ある意味では、ベートーヴェンはいまだ存在しないピアノのための曲を書いていたのである。彼の一世代あとには彼の曲にふさわしいピアノが登場し、ピアノは究極的に完成されたものになった。

十八世紀末をロンドンで過ごしたピアノ製作者のうち、もっとも創意にみちたふたりはどちらもフランス人で、ひとりはセバスティアン・エラール、もうひとりはイニアス・プレイエルだった。革命の火の手が収まると、彼らはパリにもどって、十九世紀初めのもっとも重要なピアノ・メーカーとなる会社を設立した。彼らはどちらもウィーン風スタイルに取って代わりつつあった強靭で頑丈なアクションの断固たる信奉者であり、音楽家の要求に敏感だったエラールは、新種のピアノの設計にさまざまな改良を重ねた。音をより表現力ゆたかにコントロールするために現代的なペダルの機構を採用したり、サウンドボードの上に金属製の支柱《ブレース》を渡して弦をずっと強く張ることを可能にし、それによって音の迫力と音量を増大させたりもしたが、いちばん有名なのは、ハンマーを弦のすぐそばに保つことを可能にしたダブル・エスケープメント・アクションだろう。この巧妙な仕組みは基本的には同じかたちで現在でもあらゆるメーカーに使われているが、これによって初めて単一の音をきわめて急速に反復することができるようになった。新しいロマン派の音楽はそれまでより幅広い音域や大きな音量を要求しただけでなく、新しいソリストのスピードやパワーやコントラストに対応できる新しいメカニズムを必要としたのである。

十九世紀の前半には、アメリカもピアノの発展に貢献した。まず一八二五年には、アルフィウス・バブコックが一体型の鋳鉄フレームの特許をとり、一八四三年にはジョナス・チッカリングがそれを改良したものを製造して人気を博した。楽器を傷つけたり壊したりする不安なしにロマン派の音楽を思うぞんぶん演奏できるようになったのは、他のどんな改良より、この発明に負うところが大きいだろう。機械の時代がピアノの構造の根本的な問題に対応できるテクノロジーをもたらし、巨大な構造に適した強靭で弾力性のあるメカニズムが生みだされた。ドイツからアメリカに移住したヘンリ・スタインウェイはこうした改良策を統合して、そこにさらに独自のアイディアを加えた。低音部の弦を斜めに交差して張る方式で、一八五七年に考案されたこの方式によって、従来よりずっと長い、よくひびく弦を使えるようになったのである。

合衆国におけるピアノ開発の成功は、アメリカの富や製造能力や創意工夫がヨーロッパのそれに劣らないものであることを実証した。ピアノは最高レベルの創意、職人技術、文化的真摯さ、販売力を要求するものだが、新世界に進出してからわずか二世代のあいだに、アメリカ人は一頭地を抜く楽器をつくりだしたのである。

ベートーヴェンの影響のなかから生まれた新しい音楽は非常にドラマティックなものだったが、なかでもリストはその化身のような存在だった。演奏家としての彼は各地を巡演してまわる新しいタイプの巨匠の第一号で、行く先々で興奮の渦を巻き起こし、ときには大騒動にさえなった。彼の演奏は単にエネルギッシュなだけではなかった。それはなにかに憑《つ》かれたような、聴衆の心を奪う演奏で、しかも

——少なくともピアノにとっては——破壊的だった。彼の長い活動歴の初期、ピアノがまだ木の殻をかぶった鋳鉄の怪物でなかった時代には、リストはコンサートのたびに一、二台の予備のピアノを用意していた。最初のピアノが彼の手の下で討ち死にすると、すぐに二台目、三台目が運びこまれ、より大きく、より速く、より情感あふれる音楽の化身の生け贄に供されるのだった。コンサートが終わると、ステージには、まるでローマ時代の剣闘士の戦いのあとのように、死んだピアノの残骸が散らばっており、客席にも、ピアノこそ転がっていなかったものの、この史上初のライヴ・コンサートの英雄の前で興奮して失神した婦人たちがごろごろ横たわっていたという。

より頑丈なピアノが出ると、リストは片っ端からそれを試した。現在スポーツ用品のメーカーが一流選手の推薦を得ようとするように、ピアノ・メーカーは彼から推薦の言葉を得ようと躍起になった。エラールは長いあいだリストの愛用ピアノだと主張していたが、リストはほかにも主だったメーカーのピアノのほとんどを演奏し所有していた。イギリスのブロードウッド、アメリカのスタインウェイやチッカリング、ドイツのベヒシュタイン、オーストリアのベーゼンドルファーなどである。

演奏のスタイルという面では、ショパンはリストの対極に位置していた。彼はプレイエルのピアノを好んだが、プレイエルは現在の一般的な奏法より柔らかく繊細な演奏に適していた。彼は公開の演奏会が嫌いで、公の場ではごくまれにしか演奏しなかった。大音量や剝きだしのパワーには興味を示さず、その代わり和声やリズムの繊細な特性を引き出す革命的な演奏テクニックを要求する音楽をつくりだした。「しなやか《スプレス》に！」と彼はパリの生徒たちに力説した。「なによりもまずしなやかに」彼の作品は〈ピアノ的〉という言葉の定義そのものだと言っていいだろう。実際、彼の作曲した旋律は、声楽やほかの楽器で演奏すると、それほど説得力をもたないのである。

ショパンの音楽は、他のどんな作曲家の作品にも増して、ピアノという楽器の中核にあるパラドックス――どうやって打弦楽器を歌わせるか――に真っ向から挑んでいる。これは本格的なピアニストならだれでも直面する基本的な問題で、ピアノの機械的な正確さをどんなふうに利用して、わたしたちが音楽と呼ぶ、あの人を陶酔させる持続的な音の流れをつくりだすのかということである。これはある意味では直感に反することで、流れの幻想をつくりだすためには特殊なテクニックをマスターしなければならない。連続音のオーバーラップ、巧みな運指、ペダルの使用、音のぼかし方。ショパンの曲に生命を吹きこむ歌うようなメロディをつくりだすには、そういうすべてが大切である。彼の音楽は鍵盤上で生まれたものであり、現在まで世界中で広く親しまれている。ショーマンだったリストの音楽よりはるかに広く受け容れられているのである。

リストは急速に工業化する西洋を席巻したピアノという現象の先駆者だった。ショパンやメンデルスゾーンやシューマンがソロ・ピアノのための傑作を作曲し、かぎられた数の演奏家がそれを世界中に広めたが、その一方で、ピアノは名演奏家にはほど遠い人々のあいだにも広がりはじめ、やがて西欧世界にかつてなかったほど重要な娯楽の源になっていった。

電気のなかった世界を想像してみるがいい。ラジオも、電話も、ステレオも、テレビも、映画も、車やコンピュータもなかった。わたしたちが今日当たり前だと思っているさまざまな娯楽がまだひとつも存在しなかったが、急速に工業化が進んだヨーロッパやアメリカは経済的に豊かになり、時間に余裕のある商人階層が増えていった。そうなると、友人や隣人と集まることが多くなり、そのもてなしに使える金額も増えて、家庭で音楽を演奏することが盛んになった。ピアノは理想的な社交の潤滑剤になったのである。

ピアノ・メーカーは早くからこのことに気づいていた。十九世紀初めにピアノ製造業が発展するにつれて、生産される楽器は音楽学校やコンサートのステージ用より家庭向けのものがはるかに多くなっていった。ピアノのために膨大な量のポピュラー音楽が作曲され、その大半が家庭での娯楽として演奏された。ピアノは新興中産階級の娘に不可欠な〈たしなみ〉のひとつになり、ピアノが弾けたほうが魅力的だし、結婚相手としても望ましいとみなされるようになった。多くの人にとって、これはありがたいようなありがたくないようなことだった。上流社会にピアノがいかに普及していたかは、十九世紀末のオスカー・ワイルドのこんな言葉からもうかがえる。「請け合ってもいいが、タイプライターは、表情ゆたかにたたけば、姉妹や従姉妹のピアノほどうるさくはないものだ」

楽器のなかでもユニークなのは、ピアノは家具のひとつでもあるということだが、これは販売上きわめて重要なポイントだった。十九世紀初めには、ピアノには主にふたつのタイプがあった。スクエアとグランドである。スクエア・ピアノ（実際には正方形《スクエア》というよりは長方形《オブロング》だが）は長い分厚いテーブルみたいな形をしており、長い側に鍵盤がはめこまれ、ふたを閉めるとサイドボードか机みたいに見える作りになっていることが多かった。ただ、音楽的には、サウンドボードが小さく、音も繊細で、当時流行した大音量の派手な演奏には適さなかったせいもあって、十九世紀中頃には急速に衰退していった。

クリストフォリが考案したグランド・ピアノ独特の形は、ハープシコードを模したものだった。ドイツ人はそれを〈翼《フリューゲル》〉と呼び、フランス人は〈尻尾つきのピアノ《ピアノ・ア・クー》〉と呼ぶ。スクエア・ピアノとは違って、これはほかのどんな家具とも似ていなかったが、グランド・ピアノを買うゆとりがある人間は、それを隠したいとは思わないにちがいない。音楽的な利点――サウンドボードが大きく、フレームが頑強で、鍵盤が長い――を別にすれば、その魅力はそれが巨大で、精巧で、あきらかに高価であり、新興ブルジョワジーの居間に一点だけ優雅なものを付け加えることになるということだった。

スクエア・ピアノは、十九世紀半ばになると、徐々に新しく登場したアップライト・ピアノに取って代わられていった。この新しい長方形タイプのピアノは、曲線的なグランドより壁際にぴったり置きやすく、十九世紀に多かった狭い家やアパートにはこれが重要なことだった。

十九世紀におけるピアノの発達の歴史は、産業革命の歴史に重なっている。ピアノの性能の向上や数々の改良は、それを可能にした機械時代の技術革新と切り離せない。フレームの鋳造技術、精密部品の精度の高い金属加工、積層材用の強力な接着剤などである。一八〇〇年にはその前身のハープシコードのケースをちょっと補強したにすぎなかったものが、十九世紀末には機械部品と工業技術の粋を集めた巨大な構造物になっていた。

技術の進歩とともに、ピアノの音に関する好みも急速に変化していった。一八二〇年代に西欧の工業化がはじまると、かつてだれも想像したことのない強烈なサウンドの世界が出現したのである。いま、完璧に復元されたウィーン時代の楽器でモーツァルトのピアノ・ソナタを聞くとき、わたしたちは十八世紀末とまったく同じ音を聞いているはずだが、わたしたちの耳には当時と同じようには聞こえない。クラヴィコードやヴァージナル（十八世紀まで広く使われていた鍵盤式の撥弦楽器）の柔らかい音に馴れた当時の耳には非常に大きな音に聞こえたものが、わたしたちには繊細な、ほとんど消え入りそうな音に聞こえるのである。こんなふうに大きな差が出てしまうのは、わたしたちの耳のせいでもあるが、ピアノ製作法の進化ともおおいに関係がある。

リュックはよく十九世紀初めのピアノの「柔らかい」音色を現代生活における音の風景と対比させる。「人々は、たとえそれがどんなに正確で純粋な音でも、もうむかしの柔らかいサウンドでは満足できない。ジャズだろうと、クラシックだろうと、ポップスだろうと、とにかく大きい鮮やかな音でなきゃだめなんだ。たとえそうしたいと思っても、もう後もどりすることはできないだろう」

彼はそれをわたしたちがノートルダム寺院を見るときと、同じ建物を中世後期の人が見たときの違いになぞらえた。わたしたちはパリのどまんなかでノートルダム寺院といっしょに暮らしており、この建築については、その彫刻の芸術性やステンドグラスに用いられている手法など、ありとあらゆることを知っている。しかし、そのスケールそのものは、超高層ビルやエッフェル塔のこの時代には、とくに驚くべきものではない。この寺院だけが孤立してそびえている姿を見ることはできないからである。

「ところで」と彼はつづける。「たとえば、一三五〇年に、初めてパリに出てきた人を想像してみるがいい。彼がパリ盆地に近づくと、ほどほどの大きさの川にまたがるかなり大きな町が見えてくる。簡素な住宅や公共建築はせいぜい三階建てどまりだった。ところが、セーヌに浮かぶ島のひとつに巨大な、独特な建造物が建っているのが見えてくる。彫像で飾られた真っ白な壁が日に輝くこの寺院は、北フランスに数えるほどしかなかったほんとうに巨大な建物——そのすべてが寺院か城だった——のひとつだった。そのとてつもない大扉を入って、丸天井の下を歩くとき、人々はそれまで経験したどんなものとも違うものを感じただろうし、たぶん荘厳な、神が住んでいるような感じがしただろう。ベートーヴェンがウィーン製のグラーフを演奏するのを聞いたときにも、人々はちょうどそんなふうに感じたにちがいない」

わたしたちを取り巻く世界全体が変わったが、それがどんなふうに変わったのかは推測することしかできない。どんなステレオでも人間の耳に聞こえる音域をフルに再生できる時代にあっては、ピアノ調律師が鮮やかな、はっきりした、そしてとりわけ大きな音をひびかせることを期待されたとしても少しも不思議ではないだろう。この意味では、現代人の耳は現代の騒音――その大きさや量の多さ――に対応して変化してきたと言えるだろうが、こういう方向に動きだしたのはおそらく二百年くらい前からだろう。

ピアノ・ブームがはじまったのは一八五〇年代だった。生産台数が増加し、生活が豊かになり、さらに代金を払いやすくするシステムがそれに拍車をかけた。ピアノは大多数の消費者の手の届く数少ない贅沢品のひとつで、分割払いというシステムで買えるようになった初めての商品のひとつだった。突然、ピアノはすべての人のものになり、生産・販売台数が飛躍的に増加した。一八五〇年には、世界のピアノ生産台数は年間約五万台だったが、一九一〇年にはそれが五十万台を突破し、そのうち三十五万台が合衆国内で製造されていた。

ピアノ生産が最高水準に達したのはこのころだった。この時代にはそれなりの家庭にはもちろん、あらゆる学校、酒場、クラブ、教会、蒸気船、カフェ、西部の居酒屋にまでピアノが置かれていた。指先の敏捷な動きをたちまち大きなサウンドに翻訳することに時代の技術の粋が集められ、ピアノ販売の成功はそれにつづくあらゆる消費財の大量販売の先触れになった。一八八九年にエッフェル塔が建設されたとき、その展望台の小部屋に最初に運び上げられたのがプレイエルの小型アップライト・ピアノだったのは、単なる偶然ではなかった。それはピアノというものが工業技術と芸術をひとつに融合する未来的構造物にふさわしいものだったからである。

ピアノ・ブームは二十世紀の初めに頂点に達し、その後徐々に熱がさめていった。一九一〇年には米国にはおよそ三百社のピアノ・メーカーがあったが、一九五〇年に残っていたのはわずか三十社ほどだった。ヨーロッパでも同じように、ピアノの生産は激減した。新しいさまざまな娯楽ができて、交通機関も発達し、家庭はもはや社交生活の中心ではなくなり、ラジオ、テレビ、映画、録音された音楽が――すべて受け身で楽しむものだが――鍵盤楽器に取って代わった。音楽の世界では、ピアノを自在に使いこなす黒人演奏家や作曲家の世代が現われて、鍵盤上で独自のアフロ＝アメリカン音楽――ブルース、ブギウギ、ジャズ――を生みだし、それがやがてロックンロールの誕生へとつながった。ソングライターはいまでもピアノを使って曲を作り、クラシック演奏家は演奏をつづけ、無数の子供たちがこの不思議な家具の前で音楽の手ほどきを受けている。だが、ピアノが有無をいわせぬ玉座にあった時代、社会のいたるところにピアノがあった時代はすでに過去のものになってしまった。

ピアノにはいくつかの約束事が付いてまわるが、かならずしもすべてが実際的なものではなく、なかには不可解なものもある。たとえば、ピアノといえば黒が定番になっているが、これはT型フォードについてヘンリ・フォードが言った言葉を思い出させる。「どんな色合いでも自由に選べるんですよ、それが黒でさえあれば」実際のところ、ピアノはもともとは黒ではなかったのである。ピアノのケースは高級な木で作られ、木肌がそのまま活かされていた。塗装は施されてなかったのである。その前身のハープシコードと同様に、ステインや積層板、寄せ木や象嵌細工が広く用いられてはいたが、十九世紀の半ばまでは、ピアノはたいてい磨きこまれた木の色で、茶色か栗色だった。マホガニーやチェリーのゆたかな渦状の木目が、ほかの高級家具と同じように、その美しさゆえに珍重された。ピアノ製造業者の多くがもとは木工職人だったことが、たぶんその大きな理由のひとつだろう。

十九世紀のあいだに、ピアノは徐々に塗装されるようになり、自然の木目を活かしたものは少なくなった。それはひとつにはピアノの生産台数が飛躍的に増えた結果、ケース用の木材の質が落ちてきたからだろう。安い価格帯のピアノでは、塗装したほうが欠点が目立たなくなるからである。他方、高級なピアノはますます特異なものになり、ブルジョワのサロンにならぶルイ十五世風、摂政時代風、ヴィクトリア朝風などの高級家具とマッチする色や仕上げのピアノが製作された。その最たるものがいわゆる〈芸術《アート》ピアノ〉で、これは彫刻を施したケースに精巧な絵画をはめこんだり、金線細工で飾ったりしたものである。

一流メーカー――スタインウェイ、エラール、ベヒシュタインなど――が有名なケース製造業者にピアノ・ケースを作らせて、特別製の楽器をつくることがある。たとえば、ヴィクトリア朝最盛期のスタイルで装飾された一八八〇年代のスタインウェイのモデルDが最近オークションで百二十万ドルで落札されたが、新聞によればこれは「ピアノにつけられた史上最高の価格」だという。また、天然のマホガニーのケースに金色の鷲をかたどった脚のついた一九三〇年代製の別のスタインウェイ・モデルDが、ホワイトハウスの公式ピアノになっている。どんな楽器のコレクションでもこういうアート・ピアノが呼び物になっており、世界中の博物館や宮殿に置かれている。これはいわば究極の玩具であり、ナポレオン三世は意匠を凝らしたベビー・ベーゼンドルファーを皇后ユージェニーに贈ったし、皇帝ニコライはアレクサンドラに自分の黄金の馬車と同じ装飾を施したベヒシュタインを贈っている。

最近では、有名なポストモダン建築家ハンス・ホラインがデザインしたアート・ピアノがベーゼンドルファーから台数限定で販売されている。角張った真鍮製の脚、鍵盤のふたと大屋根は黒で、ケースの底面は赤というこのピアノは、ロシアの構成主義者の作品を連想させる。ちょっと変わっているのは現代の技術を応用した仕掛けを使っていることで、ホラインは巨大な大屋根を特殊な支柱で支え、自動車用バッテリーで動くモーターを使って開閉できるようにしている。あるときニューヨークのショールームでこのピアノを見かけたので、わたしは金髪のメッシュ入りのエレガントな女店員に内部を見せてくれないかと頼んだ。

女店員がケースの下に手を伸ばしてスイッチを入れると、ブーンという音がして、大屋根が持ち上がりはじめたが、二、三センチひらくと閉じてしまった。まるで巨大なカスタネットみたいに、この動きを何度か矢継ぎ早に繰り返したが、そのうちパチンという音がして止まってしまった。「バッテリー切れだわ」と女店員はなにくわぬ顔で言った。「あしたもう一度いらしていただけません？　ちゃんとエンジンがかかるようにしておきますから」

皮肉なのは、ケースのデザインに凝ったり新しい仕掛けで飾り立てたりすれば、まともなミュージシャンからは嘲笑されるだけだということである。それには実際的な理由もある。金箔の装飾、精緻な象嵌細工、金属製の譜面台、天使の彫刻といったものはケースを重くするので、ひびきが悪くなるのである。けれども、それ以上に大きいのが考え方で、ミュージシャンにとっては、ピアノはひたすら楽器であることが望ましいのだ。夾雑物を剝ぎとられたメカニズム、意図する音をつくりだす職人技術だけをそなえた道具であってほしいのである。機能的にも、外見的にも、その目的から外れるものはなにも要らない。したがって、彼らにとって望ましいのはいつだって飾り気のない、優雅でありながらシンプルな楽器に決まっている。一流メーカーが生産する絵や彫刻や象嵌細工で装飾されたピアノは家具のコレクターには歓迎され、投資対象としては人気があるが、演奏に専念するピアニストにとっては、古典彫刻に襞《ひだ》飾りつきのシルクのドレスを着せたようなものに見えるのだろう。

シンプルなものが好まれるようになったのは、二十世紀に入ってからだった。モダニズムの精神が浸透するにつれて、コンサート・ピアノは簡素な、飾り気のない、光沢のある黒で、きらきら光る内部を鏡のように映し出すものという慣例ができあがった。光と動きを引き立たせる色のない色、常に気品のある黒が優勢になり、いまでもそれが標準になっている。それよりもっと頑なに守られている——事実上ほとんど例外のない——慣習が鍵盤の色で、これは黒と白に決まっている。むかしから二種類の鍵にはこの対照的な色が用いられていたが、十八世紀にはしばしば現在とは逆の、幹音が黒、派生音が白の鍵盤が使われており、現在の鍵盤が広まったのは十九世紀初めからだった。実際に必要なのは見た目ではっきり区別できることで、鍵盤をたとえば青と黄色、赤と黒にしてはいけないという理由はないが、手のこんだ装飾を施した風変わりな特注のピアノでさえ、鍵盤は黒と白に決まっている。

鍵盤用の象牙を取るために、つい最近まで、いったい何頭の象が犠牲になったのだろう？　はっきりしているのは「あまりにも多すぎた」ということである。象牙のために象を無差別に殺すことにピアノ愛好家が困惑を感じるようになったのは、わずかここ二十年ほどにすぎない。これは文化的思いあがりのひとつで、たとえば十九世紀末には、女性の帽子の羽根飾りのために極楽鳥が乱獲されていた。いまから考えれば想像しがたいことだが、当時はそれがごく当たり前、というより必要なことだとみなされていたのである。いまでは法律ができて、象牙の代わりになる合成樹脂が開発されているが、見た目も手ざわりも、象牙と同じだとは言えない。多くのピアニスト、とりわけコンサート・アーティストは象牙を好むが、それは象牙が指の汗を吸収し、合成樹脂よりも感触が「柔らかい」からだという。そういう実際的な差異だけでなく、本物の象牙のほうが見た目にも魅力的なのは事実だが。自然の素材にはごくかすかなざらつきがあり、年を経るとかすかに黄ばみ、使っているうちに鍵の上端が丸みをおびてくる。プラスティックは真っ白で、いつまでも白さが変わらず、ほとんどすり減ることがない。象牙の鍵盤のほうが美しく、味わいがあるのは確かだが、過去二百年に作られた何百万台というピアノが象の墓場だったことに目をつぶることもできないだろう。

西欧文化の多くがそうだったように、ピアノもこの地球上の隅々にまであまねく伝えられた。植民地化がなんの疑問もなく押し進められていた時代に、ピアノはアマゾンからサハラ砂漠、アメリカの西部の開拓村にまで送られた。ピアノの歴史はまだ比較的新しく、楽器としての寿命が長いこともあって、開拓者時代のピアノがいまでも残っていることが少なくない。ピアノの普及が布教活動と似たようなものだったことを示す最大の証拠は、現在世界で生産されているピアノの圧倒的多数がアジア製だという事実だろう。ヤマハ、カワイ、ヤン・チャン、サミック、ドンベイなどがよく耳にする名前だが、しだいに高い評価を得るようになっており、日本、韓国、中国が生産量では世界をリードしている。

エレクトロニクス、合金、コンピュータ・チップス、最先端の合成樹脂。すべてがピアノの設計に採り入れられているが、それでこれまでのピアノがそれとわかるほど改良されたわけではない。ピアノはあくまでもピアノでしかない。そういう意味では、この楽器はすでに行き着くところまで行き着いてしまっているのかもしれない。それは西洋音楽という全音階に基づく音楽に機械文明が結びついて生まれたものであり、機械を巧みに利用するわたしたちの文化（タイプライターやコンピュータのキーボードを考えてみるがいい）のひとつの究極的な表現だと言えるだろう。ピアノがなんといってもすばらしいのは、ただの機械的な動きでしかないものを音楽に翻訳してくれることなのである。

II

レッスン

シュティングルがようやくアパートの環境に順応すると、それはわが家の風景の一部になった。家族の一員というほどではないが、ペット以上のものではあったろう。わたしはピアノを家族に自由に使わせたかったが、大切にしてほしいとも思っていたので、リュックの提案を採り入れて、いくつか基本的なルールを決めた。ピアノのそばで物を食べたり飲んだりしないこと。鍵盤を乱暴にたたかないこと。だれかが演奏しているときは、ラジオをかけたり大声で話したりしないこと。こういうルールさえ守れば、だれでも自由に弾いていいことにした。わたしの娘は、だれもいないとき、鍵盤でなにかメロディを弾くのが好きになった。わたしは初めの数週間は毎日弾いたが、でたらめにいい加減なものを弾いているだけでも、弾いているあいだはここを抜け出して、思いつくまま夢のような時間に浸ることができた。鍵盤は音楽を通して別の世界へ入っていく秘密の小道になったのである。

いまや生まれて初めて自分のピアノをもっていると思うと浮き浮きしたが、同時に蔑《ないがし》ろにはできないとも思った。これは馬や新車を買うのと同じくらい大きなことであり、わたしはこれを通して自分の生活を変え、音楽を再発見したいと思っていた。もちろん、むかしやめたところからすぐにつづけられるとは思わなかった。多少とも定期的に練習していた時代からすでに丸二十年も経っており、かつてバッハの二声のインヴェンションやメンデルスゾーンの歌曲を演奏できたとはとても信じられなかったからである。しかし、いまやシュティングルは調律され、そばを通るたびにその鍵盤がわたしを誘惑した。わたしは初め簡単な音階や和声進行を弾いた。はるかむかしの練習をおぼろげに思い出しながら、従順な生徒みたいに演奏した。むかしから好きだった曲のいくつかは最後まで覚えていたし――シューベルトのワルツはすぐ思い出せた――、断片的に覚えているものもあった。けれども、記憶にある切れ端を演奏しているだけでは、まもなく物足りなくなってきた。先生なしでは進歩できないことが、これまで以上にはっきりわかった。

若い人のための先生はいくらでもいる。わたしたちの頭脳が音楽の言葉をいちばん容易に吸収できるのは若いときだからだろう。けれども、中級程度の大人の生徒を受け容れてくれ、そのレベルがどの程度か率直に評価してくれるような先生がいるのだろうか？　わたしは子供時代のレッスンから残っているものを最大限に活かしたかったし、そのうえでまだ自分の知らない、ひとりでは挑む自信のない広大な領域――初見での演奏とか和声に関する知識とか――を徐々に学んでいきたいと思っていた。まったくの初歩からもう一度やりなおす必要があると言われても仕方がないとは思っていたが、その前にきちんとした能力のある人に自分の現状を正確に分析してほしかった。

しかし、なによりも重要だったのは、子供のときに受けたレッスンとは基本的に違うやり方で教わりたいということだった。ミス・ペンバートンのような気取った独裁者はこりごりだったし、先生とは率直に思ったことを言える関係でありたかった。いまさらプロになろうとかリサイタルをひらこうという野心があるわけではないし、隠れた才能が掘り出される期待を抱いているわけでもない。今度はわたしの取引条件ははっきりしており、それはもっと個人的なものだった。わたしは自分が音楽に見いだした喜びを深め、世界の感覚をひろげてくれるような曲をやりたかった。そういう意味では自由にやりたかったが、むかしとは違う決意のようなものもあった。レッスンで課せられるものには真剣に取り組んで、いずれはピアノで自己表現ができるようになりたいと思っていた。わたしはもはや子供の世界の罠《わな》にはまっているわけではなかった。自分に一定の規律を課すならば、それはその価値があるからでなければならなかった。

　わたしは大人向けのピアノ・レッスンの可能性について訊いてまわった。友人や知人のほとんどはフランスの音楽学校《コンセルヴァトワール》の厳密に階層化されたシステムしか知らず、そこでは幼いときからはじめるのが鉄則で、年齢制限があった。ある日、フランス人の友人、クレールにその話をすると、「あら、すばらしい先生を知っているわよ」と彼女は言った。「あなたがやりたいと思っていることをわたしがやったばかりだから。大学を卒業してからずっとやってなかったピアノを最近になってまたはじめたの」

　クレールがそういうのを聞いて、わたしは驚いた。知り合ってからかなりになるが、彼女がピアノを弾くとは思ってもいなかったからである。訊いてみると、いまはブラームスのインテルメッツォ（間奏曲）を練習しているという。これはわたしから見ると、はるか星空の彼方のレベルだった。けれども、彼女の先生のアンナはあらゆるレベルの生徒を教えているし、それぞれの生徒にどんな練習が必要か見分けるのが上手だ、と彼女は力説した。アンナは市立の音楽学校で教えるかたわら、自宅で個人レッスンをしているのだという。わたしは電話番号を教わって、二、三日後、電話をかけてみた。彼女は非常に訛りの強いフランス語で――アンナはレバノンからの亡命者で、パリに住みついて十年くらいになるという――ともかくまず「顔合わせ《ランデヴー・ド・プルミエ・コンタクト》」をということで、翌週わたしと自宅で会うことに同意してくれた。

アンナはパリ市内との境界線のすぐ外、いわゆる〈近い郊外《プローシュ・バンリュ》〉に住んでいた。パリ郊外のほとんどの町がそうであるように、そこもかつては市役所と市の広場と教会を核とするこぢんまりとした町だった。だが、パリが拡大するとともに再開発の波に呑みこまれ、いまでは小さな食料品店、慎ましいレストラン、コインランドリーなどの古い建物と現代的なアパート群がごたまぜになっている。アンナは古い三階建ての建物の一階に住んでいた。直通のメトロの駅のそばだったので、彼女の家の戸口まで三十分もかからなかった。ドアの背後からピアノの音が聞こえていたが、わたしがベルを押したとたんにぴたりとやんだ。ドアをあけたのは背の低い、痩せぎすの、鳶《とび》色の髪をひとつに束ねた女性だった。黒のパンツに黒いタートルネック、精巧な銀糸の刺繍入りの鮮やかな黄色のヴェストというでたちだった。

「あなたがクレールの友達ね。わたしがアンナです。どうぞお入りください」

彼女はわたしを温かく――ちょっと控えめではあったが――迎え入れ、その慎ましいアパートの居間《セジュール》に案内してくれた。壁際には小振りなソファ、数脚の椅子、本棚、机といった家具がならんでいたが、部屋の中心はなんといっても大きな黒いベヒシュタインのグランド・ピアノで、それが奥の壁にちょっと角度をつけた位置に置かれ、棚や椅子の上には楽譜が山積みになっていた。アンナはわたしにピアノの椅子を勧め、自分もその横に椅子をならべると、わたしの音楽的なバックグラウンドについてあれこれ質問しはじめた。

わたしは初めはためらいがちに、まずフォンテーヌブローでの初めてのレッスンのことを話し、子供時代から思春期にかけて教わったいろんな先生について説明した。彼女はわたしの話に注意深く耳をかたむけ、たくさんの具体的な質問をした。和声の勉強をしたことがあるのか？　わたしの先生はどんな教則本を使ったか？　どのくらいの頻度で練習したか？　どんな曲が好きだったか？　定期的に練習するのをやめてどのくらいになるのか？　またピアノをはじめるにあたってどんな目標をもっているのか？

「わかりました」と、わたしがこれまでの経験を一通り説明してしまうと、彼女は言った。「それじゃ、鍵盤に向かって、現在あなたがどんな状態なのか見てみましょう」

彼女はわたしにハ長調の音階を弾くように言った。ただし、ゆっくりと、一定のリズムをくずさないように弾けという。音階なら簡単だ、と思ってわたしは弾きはじめたが、彼女に言われたように一定のリズムを保つのはそれほど簡単なことではなく、ためらいが音にあらわれた。彼女は鍵盤の上のわたしの指の動きをじっと見守っていた。そのあと、一時間の残りの時間のほとんどを音程の練習に費やした。たとえば、長六度の音程の音を弾いたあと、それを声に出して歌えと言われ、それから今度は短六度を声に出してから、それを鍵盤で弾くように言われた。それはむずかしかったが、面白くもあり、わたしはいつの間にか鍵盤とその全音と半音の関係に全神経を集中させていた。それを三十分くらいやったあと、彼女は言った。「正確に弾くためには正確に聞きとれなくてはならないんです」

その一時間のあいだ、わたしは各音とそれを隔てる間隔を注意深く聞きとることにどれだけ精力を注ぎこんだかわからない。終わりに近くなると、アンナはわたしにひとつの音、たとえばFシャープの音を弾かせて、「短三度、下」と言い、わたしにその音程の音を声に出して歌わせようとした。わたしは何度も間違えたが、この一種の頭の柔軟体操によって長年自分のなかで眠っていた感覚が呼び覚まされるのを感じて驚いた。また、それとは別に、はるかむかしに覚えたフランス語の音楽用語を再発見するという不思議な喜びもあった。フォンテーヌブローでマダム・ガイヤールから手ほどきを受けたたどたどしい初心者の時代以来、〈音階《スケール》〉が〈ガム〉、〈鍵盤《キー》〉が〈トゥーシュ〉、〈変記号《フラット》〉が〈ベモル〉と呼ばれていたことはすっかり忘れていた。ところが、そういう音楽の専門用語がたちまち記憶のなかから現われて、あるべき場所に収まったのである。それがあっという間によみがえったのはわたしには驚きだった。

一時間が終わると、アンナはわたしのほうに向きなおって、評価をくだした。「あなたはとてもいい耳をもっていますが、それは幸運なことです。それに手も大きいから、ブラームスを――少なくとも音符は――簡単に弾けるようになるでしょう。ただし、あなたのタッチにはまだまだ問題があります。わたしといっしょに練習したいと思うなら、まず自分の弱点を知ること、そしてその弱点を克服することが必要です。自分の演奏について考えるのはそのあとになります」それを聞いてわたしは勇気づけられたが、同時にちょっと困惑した。自分が漠然と感じていたこと、音楽の根本原理に関する自分の理解に大きな穴があることを具体的に指摘されたからである。しかし、彼女の話し方がわたしに自信を取り戻させてくれ、わたしを生徒として受け容れてくれるということだったので、ようし、やってやるぞ、という野心がむくむく頭をもたげた。
週に一度彼女の家でレッスンを受けることに決めると、次に来るときには新しい音楽ノートを用意してくるように言われた。それ以来、わたしは毎週一時間アンナのもとに通って、自分の音楽教育のぐらつき気味だった基礎の補強に励んだ。まず最初に、わたしはかなりの時間をかけて、もう一度あらためて鍵盤を知るため、いろんな音程や音階や和声進行を弾く練習をした。アンナはわたしに五度圏《セルクル・ド・カーント》の図を書かせた。これはいろんな長調と短調の相互関係を図解したものだが、彼女はこれを〈ロゼッタ・ストーン〉と呼び、わたしが演奏した練習曲がこの五度圏の円環のどこに当たるかをしばしば質問した。

彼女は初めからわたしにふたつの曲を並行的に練習させたいと言った。そのほうが変化があるし、やる気になれるからだという。最初に彼女が選んだのはバルトークの『ミクロコスモス』——しだいにむずかしい曲になっていく曲集で、さまざまなピアノのテクニックが特徴的に使われている——と『アンナ・マグダレーナ・バッハの音楽帳』——ヨハン・セバスティアン・バッハとその友人たちの作品集で、バッハが二番目の若い妻、アンナ・マグダレーナのためにまとめたもの——だった。まずバルトークからはじめて、わたしたちはいっしょに一曲ずつさらっていった。なかにはがっかりするほど簡単な曲もあったが、アンナはもっと複雑な曲に進む前に、その和声構造をしっかり理解することを要求した。たとえ単純な作品でも、その和声構造を理解するというのはわたしにとってはまったく新しいことであり、なかなか理解できずに落胆していると、彼女はわたしのノートに「自分自身と忍耐強く付き合ってやること！」と書いた。そうやって彼女は、曲のなかで何が起こっているか理解せずに全部の音符が弾けるようになっても、それは空疎な演奏にすぎないことをわたしに理解させたのである。テクニックそのものを自己目的化するのは彼女がもっとも嫌うことだった。

わたしの耳は非常に敏感だと彼女は言ったが、多くの時間がその耳を教育するために費やされた。和音を弾くときはそのメロディ・ラインを歌わせられ、単純な曲でも微妙な和音や不協和音を聞きとるように絶えず注意された。わたしたちは一種の音楽的な体操をやったが、それは和声進行を演奏しながら次の和音を声に出して言うというもので、そうしながらしだいにスピードを上げていくのである。初めのうちはかなり神経がすり減ったが、和声進行を以前のように単に指で覚えるだけでなく、ピアノが実際に奏でている音を自分の頭のなかでも歌える音のイメージとして身につけていくのは、不思議なくらいわくわくすることだった。

第一回目のレッスンから、わたしは予期しなかった満足感とある種の楽しさを味わった。最初の曲の非常にシンプルな音型の変化——転調とか予想外の和音とか——でも、自分の耳と頭でその意図するところが把握できると、じつにうれしかった。これはわたしにはまったく新しい経験だった。それは単に鍵盤上の指の動きとしてでなく、もっと深いレベルで音楽を、その美しさを理解するということだった。

わたしは頻繁にミスを犯したり、曲の構造をまったく誤解したりしたが、アンナはわたしといっしょに問題のある部分を系統的に繰り返して、徐々にわたしに吸収させていった。〈少しずつやっていきましょう《トラヴァィエ・パル・プティ・プー》〉と彼女は楽譜の上に書いて、いっしょにつづけた。絶えず言われたのが〈アクセントをつけないで《パ・ダクサン》!〉で、強調すべきでない音を不必要に強く弾かないようにするため、わたしは必死の思いで注意力を集中しなければならなかった。

わたしはシューマン――アンナのお気にいりの作曲家のひとり――の初期の作品をいくつかやり、シューベルトの舞曲にも取り組んで、それらを完全にマスターした。やがて、アンナはわたしにベートーヴェンのバガテルやわたしがその不思議な不協和音に惹かれていたモーツァルトの幻想曲に挑戦してはどうかと提案した。わたしはその練習をはじめたが、このとき初めて自分が大変な音楽を、深みのある美しい音楽を理解しようとしていると実感した。モーツァルトやベートーヴェンはもっとはるかにむずかしい曲をたくさん書いているし、わたしがそういう曲を演奏することはないだろうが、それでもそのとき取り組んだ作品は、本格的な、やりがいのある曲で、わたしの努力に匹敵するだけのものを与えてくれた。わたしは初心者のレベルを脱却したのである。

アンナのベヒシュタインが弾けることも、わたしの楽しみのひとつだった。わたしのシュティングルはたしかによかったが、一九〇六年生まれの――とあとから知った――このドイツの職人技術の粋を集めた傑作はそれとはまったく違うひびきをもっていた。ヨーロッパの二度の世界大戦の激震をなんとか無疵で切り抜けて、いまアンナの慎ましいアパートを優雅に飾っているこの名器は、その象牙の鍵盤でごく単純な練習曲を弾くときですら、わたしを奮い立たせる迫力と品格をそなえていた。ときには、それはアンナの分身みたいに見えた。彼女がときおりわたしのためにショパンやハイドンの作品を通して演奏してくれるとき、ピアノとアンナはひとつに溶け合い、それぞれが互いの一部になって、そこから音楽があふれ出しているように見えた。

大人になってからふたたびピアノのレッスンをはじめて気づいたことのひとつは、音楽に関することを除けば、先生と生徒は対等だということだった。練習をさぼって口先だけの子供じみた弁解をすることもなかったし、周囲の他人のプレッシャーでようやく練習するということもなかった。基本的な原則はあえて言うまでもないほど単純明快だった。練習すれば上達するということだ。それはじつに単純だが、同時にきびしい原則でもあった。これは思いの外気分のいい自己鍛錬になった。自分が練習に励むのは両親のためでも、先生のためでも、年末の発表会のためでもなく、自分自身のためだった。こういうことについてアンナとは間接的にしか話したことがなかったが、彼女といっしょに過ごす時間がそれなりの価値をもつためには、わたしがかなり真剣に練習する必要があることを、彼女は早くからそれとなくわたしに伝えていた。

わたしははっきりした目標を定めなかったが、初めのうちこれは失敗だったかもしれないと思っていた。わたしはいつかベートーヴェンのソナタを弾けるようになろうとか、『ゴルトベルク変奏曲』が弾けるくらいに上達したいとかは考えていなかった。個々の作品に取り組んで、そのたびになにか新しいものを学んだが、わたしにはそれだけで十分だった。若いときにもそうだったが、最終的にどこに行き着くかということはべつに問題ではなかったのである。

ある日、ベヒシュタインの譜面台にひろげた楽譜を集めていると、アンナがわたしにちょっとした贈り物があると言った。音楽に対するわたしの姿勢を見ていて、役に立つにちがいないと思った。そう言って、彼女が取り出したのは小さなペーパーバック版の『弓と禅』だった。それをわたしにくれて、「あなたにもわかってきているように、大切なのは姿勢なんです」と彼女は言った。

その夜、わたしは興奮しながらその本を読み、間接的なかたちでそこにアンナの教えのいくつかを認めた。その基本的な考え方は、一見純粋に肉体的なものに思えるむずかしい活動——この場合は弓道だが——をマスターするための鍵は瞑想にあるというものだった。重要なのは集中力であり、学んでいく過程にこそ価値があるという。たとえどんなにささやかなものでも、新しい技術にはそれに固有の発見があり、満足がある。精神的な鍛錬は自分が企てたことのもたらす感覚的な喜びと同じくらい大切である。生徒は教師を尊敬しなければならず、厳格な上下関係を受け容れなければならない、とその本は言っていた。自分の技術を表現するためには、隙のない超脱ともいうべきものが必要である。「リラックスしようと考えるのはやめなさい」と師は弟子を一喝する。「緊張するのは何ものにもとらわれない状態になっていないからにすぎない。しかし、すべてはきわめて単純なのだ!」

これはアンナの音楽に対する姿勢をそのまま言い表わしたものだった。きびしいと同時に現実的なやり方で、内面的な集中力を使うことによってわたしたちが美と呼ぶものの一部を知る方法を、彼女はわたしに教えてくれた。「ブラームスやシューベルトの作品を見て、それが名曲であることがわからなければなりません。その名作のほんの一部でもあなたの演奏技術のために借りられることを感謝しなければならないんです。それは人生をどんなふうに見るかということにも通じるんじゃないかしら? 完璧などというものはありえないんです」

12

カフェ・アトリエ

リュックとの親しさが増すにつれ、わたしはますます楽な気分でアトリエにいられるようになった。リュックはしばしば親しみをこめてわたしを〈近所のアメリカ人《ラメリカン・デュ・カルチエ》〉と呼んだが、実際には名誉フランス人扱いされることが多かった。金曜日の夕方、一日の仕事が終わると、とりわけ思いどおりの取引が成立したときには、アトリエはちょっとしたカフェの雰囲気になり、客や友人たちや知り合いが三十分ほどよけいにぐずぐずする。高い天窓の下で五、六組の人々がおしゃべりをつづけ、リュックは店の奥でとんでもない自説を半分真面目に長々とまくしたてたりするのだった。

毎週金曜日の終わりに、彼はちょっとした儀式をする。どこかのしがない聖職者が聖水を散布するみたいに、大きなブリキのバケツからアトリエの木の床に水を撒いて歩くのだ。埃がたたないようにするためだと言うが、たしかにその効果はありそうだった。また、週末にアトリエの湿り気を保っておくための非科学的なやり方なのだ、とも言っていた。絶えずピアノを引きずるためすり減っている木の床はぼろぼろになっている場所もあり、まるで乾いたスポンジみたいに水気を吸いこんで、濡れると焦げ茶色になった。木の床に水を撒くと、長いあいだには床が腐ってしまう、と客のひとりが指摘すると、彼はそれを笑いとばした。「たとえ何をのせようと、この床はわたしよりずっと長持ちするさ」

彼がアトリエ中に水を撒いて歩く何分かのあいだに、奥にいるわたしたちのだれかがワインのボトルをあけ、いろんなものが山積みになったあちこちからいくつかのグラスを掻き集める。彼が水撒きを終えて、湿った木のあまい匂いが立ち昇るころ、わたしたちはワインを注いで、週末のために乾杯するのだった。乾杯を合図に人々はいっせいに話しはじめ、ひとしきりほら話やゴシップやジョークの花を咲かせる。ときには、立ちならぶピアノのあいだに十人から十二人もの人が集まるが、やがてふたりずつ組になってフランス人の大好きな暇つぶしである〈議論〉がはじまると、アトリエは喧々囂々《けんけんごうごう》たる騒ぎになるのだった。

リュックの顧客のひとりに、痩せた、頭の禿げかけた、謹厳そうな人がいたが、この人はピアノの「社会的側面《ラスペ・ソシアル》」の研究者で、十九世紀におけるピアノの大衆化について詳しかった。彼によれば、一八八〇年代には、敬虔《けいけん》なカトリック家庭では、食事の前に賛美歌を歌うとき、ピアノがよく伴奏に使われていた。二十世紀に入るとともに、こういう宗教的な用途より世俗的な目的で使われることが多くなったが、そういう変化が可能になったのは、フリー・メーソンの運動が広がって、フランス社会が教会のくびきから解き放たれたからだという。ピアノはこういう変化のひとつであり、宗教的儀礼という口実を必要としない喜びや楽しみを広める原動力になった。夕食の前の賛美歌が軽い音楽に席をゆずり、軽音楽は新しく生まれたミュージック・ホールで人気を博することになった。

そのとき、何人かがこの話に割りこんできた。この研究者がキー・ワードを、アメリカ人には訳がわからないが、フランス人にとっては議論に火をつける火薬のようなものである〈フリー・メーソン〉という言葉を口にしたからである。

フリー・メーソンの政治情勢全体への影響からフリー・メーソンは善か悪かまでさまざまな意見が出されたが、フリー・メーソンが重要なこと、いまでもフランスの社会生活に大きな影響力をもっていることを否定する人はいなかった。リュックが政治的な意見を口にするのはめずらしかったが、このときはその数少ない例外だった。しかし、あとで彼の言ったことを考えてみると、彼がしきりに力説していたのはほとんど無政府主義的な考えではないかという気がした。「宗教は少なくとも希望を与えてくれる。たとえ幻想に基づくものだとしても、それはたいしたものだと思う。しかし、地上の天国を約束する連中は、共産主義者だろうとフリー・メーソンだろうと、最悪のなかでも最悪だ」

「フランスでは、フリー・メーソンは地上の天国を約束しているわけじゃない！　彼らが約束しているのはわが共和国が最高だということだけだ！」と研究者が激昂して反論した。

しかし、リュックはいかにも皮肉たっぷりに答えた。「ああ、そうさ、まさに神聖なる共和国だ。もちろん、後ろから糸を引っ張っている連中がいるんだがね。こんなものは君主制に逆もどりしたようなものだ。ただそれを民主主義の衣装で飾り立てているだけなのさ」

こういう調子でそれからしばらく議論がつづいた。それぞれの意見には強い感情がこめられていたが、本気で相手を言い負かそうとしているわけではなかった。フランス人にとって、ある種の言葉や語句——たとえば、共和国、フリー・メーソン、君主制、非宗教的伝統《トラディシオン・ライーク》など——には強い感情がこめられている。そういう問題が持ち出されると、その場にいて自分の意見を言わずにすますことは考えられないが、かといって自説をむりやり他人に押しつけることはしないのが常識だった。つまり、直接他人を攻撃せずにいかに反対意見を言うかが重要なのだ。鍋は沸騰することなしに、ぶつぶつ騒がしく泡立つことになる。

そういう場合はたいていそうなのだが、外国人であるわたしは議論に参加する義務から免除されていた。アメリカ人はフランス人から好奇心と困惑の入り交じる目で見られることが多く、内政の複雑さなど理解できるわけのない単純な人間とみなされている。これは苛立たしいこともあれば、面白いこともあったが、わたしにとっては便利なことが多かった。というのも、その場にいるフランス人の口から出れば露骨ないし挑発的すぎる質問を、わたしならすることができたからである。

ワインのグラスが重ねられるにつれて議論の熱気はしだいに収まっていき、やがてリュックの古い客のひとりである、くしゃくしゃの白髪の男が話題をピアノに引きもどした。彼はグランド・ピアノの内部をちょっと変わったものになぞらえたが、それはフランス人でなければとても支持できない説だった。ピアノの中身はシャンパンのボトルのパッケージ――ラベルやコルク栓をつつんでいるフォイル――のようなものだというのである。彼が持ち出したその説の根拠は強烈で、論理的で、極度に知的なものだった。「いいかね、これらは両方とも高度に様式化された記号体系であり、明示されてはいないが厳密に守られている慣例を軸にしてできあがっている。そして、一定の規則の枠内ではあるがバリエーションがあって、そこに創造性や美的感覚が活かされる余地があるんだ」

そう断固として宣言されると、一瞬その場に沈黙が流れた。その場にいた面々は驚きながらも面白がっているようだった。彼はわたしたちのうち五、六人を引き連れてグランド・ピアノを見て歩き、リュックの許可をもらって大屋根をあけると、自分の理論を解説した。ピアノの鋳鉄製フレームの仕上げの繊細さは、シャンパンのボトルのコルクと首をつつむ各メーカーごとに微妙に異なるフォイルに似ているという。ピアノの場合、金属フレームの最終仕上げにはかならず金色か青銅色の塗装が使われているが、その枠のなかでは無数の微妙な違いがある。「モエ・エ・シャンドンのブリュット、ロデレールのクリスタル、テタンジェのフォイルを考えてみるがいい。わたしがフォイルを見せれば、その特徴から諸君はどのブランドか見分けられるにちがいない」

ほかの人たちはなるほどというようにうなずいた。そういえば、シャンパンのボトルのなかには蛇皮みたいな感触のフォイルもあるし、光沢のあるなめらかなものもあるけれど、どれがどのブランドかわたしには当てられないにちがいなかった。彼の説のもうひとつの側面の実例を観察するため、グループはぞろぞろ次のピアノに移動したが、わたしはあとに残って、栓をあけたワインのボトルが置いてあるテーブルのそばに立っていた。すると、リュックが低い声でささやいた。「やあ、またセミナーがはじまった。教授は講演中というわけだ」

「初めてじゃないのかい？」

リュックは赤ワインのグラスをゆっくり味わってから、そっとため息をついた。「彼はソルボンヌで言語学を教えているんだ。記号論という言葉だけは口に出しちゃだめだぞ。そんなことをしたら、ここから永久に帰れなくなるからね」

セミナーのメンバーが奥で別のピアノをのぞきこんでいるあいだに、わたしたちは青い作業服を着た口ひげの男とアトリエの隣のアパートに住む若いブロンド女性の会話にくわわった。作業服を着ていたので、このアトリエに定期的に現われる運送業者のひとりかと思ったが、話を聞いているうちに、車の修理工だということが判明した。あとでリュックから聞くと、通りの先にあるルノーの修理工場で働いている男で、ピアノが好きで、ときどきなにか新しいものが入っていないか見にくるのだということだった。

彼もやはり独自のアナロジーを説明していたが、こちらは普遍性を主張するアカデミックな理論というより、むしろ自分の経験から得た印象をためらいがちに語っているという印象だった。彼にとっては、グランド・ピアノの大屋根をあけるのは車のボンネットをあけるのに似ているという。ふたをあけると、そのなかにはすべてを動かす内部機構と技術が剥きだしのまま収まっているからというのである。

それはそうだが、とわたしは心のなかで考えた、ひとつ非常に大きな違いがある。ピアノの大屋根をあけるのは、問題があってピアノが使えなくなったときだけではない。いや、むしろ、屋根があいているのは、ピアノが演奏できる状態にあることを意味することが多い。リュックも同じようなイメージを抱いたらしく、笑いながら彼の話をさえぎった。「わたしはボンネットをあけたままルノーを運転したいとは思わないね！」

「しかし、わたしの仕事は修理することで、運転することじゃありませんからね」と修理工が答えた。「もっとも、ときには、お客が持ちこんでくるポンコツを運転するくらいなら、ここにあるピアノを運転したほうがマシだと思うこともあるけれど」

「わたしだって、ときにはピアノのふりをしているガラクタより、あんたのとこのポンコツ車のダッシュボードでモーツァルトを弾いたほうがマシだと思うことがあるよ!」

笑い声が湧きあがり、わたしたちはボトルに残っていたワインを注いだ。まわりの不揃いなグループを見まわしているうちに、フランスでこんなふうにさまざまな素性の人たちと自由に交わることがいかにまれであるかに思い当たった。強いて言えば、ときにカフェで見かけるカウンターの常連というのがそれに近いかもしれない。しかし、お気にいりのバーでいつも顔を合わせている連中は、むしろ店の奥のブースやテーブルに陣取っていることが多く、似たような仲間同士で、そのメンバー以外は入りこめないのがふつうだ。ところが、このアトリエにはそれとはまったく違うグループができていた。ここに集まっている人たちの共通点は、ピアノが好きなこととリュックに認められていることだけなのだから。

わたしたちは後片づけをはじめたが、この前立ち寄ったときよりずっとピアノの数が減っていることにわたしは気づいた。

「ああ、そうさ、最近大量に片付けたんだ。結局のところ、ここは音楽学校じゃなくて営利企業のはずなんだから!」

わたしに説明するためというより自分自身に言い聞かせているようだった。ピアノがだんだんたまってきて、アトリエのなかで身動きがとれないくらいになると、リュックは取引のバランスをとろうとするのをあきらめて、急いでできるだけ多くのピアノを売ることに集中する。ほかの商売なら、〈クリアランス・セール〉とか〈在庫処分〉とか言うところだろうが、リュックがそういう小売業の常套的な用語を使うのを聞いたことはなかった。彼が「最近大量に片付け」たり「アトリエを整理し」たりすると、一週間のうちに十台から十五台のピアノが売られる。売値を割り引いたりふさわしくない客に売ったりすることさえあるようだった。それでも、そういう気分になると、彼はなにもかも一気に運び去るブルドーザーに変身するのだった。

しかし、そういう大掃除の気分になっても、けっして手放そうとしない楽器が何台かあった。建物解体工事の鉄球から生き残ったこの何台かは、適当な客が現われるまでいつまででも取っておくらしい。バランスのとれた取引——適切な利益があがり、しかもピアノがそれにふさわしい人に引き取られる——ほどリュックを幸せにするものはなかった。あのまばゆいレモンウッド製のガヴォーはどうなったのかとわたしが訊くと、彼は目を輝かした。「あれは先週日本人のコレクターに売ったんだ。世界中のあらゆるピアノの代表的なものを収集している人で、プレイエルのアップライトも買ったし、古いエラールも探している」

これは実際のところ理想的な客だった。あのガヴォーにも相当な金額を支払ったにちがいないし、日本に送る前に完全に再生させているということだった。この客はこのアトリエからもっとピアノを買う可能性があり、コレクションならピアノは大切にされることが保証されたようなもので、リュックにはなかなか魅力があるようだった。それに、ヨーロッパの職人がつくりだした名器を東洋に送るという考えも悪くなかった。彼は東洋文化の厳格さや繊細さを尊敬していたが、そういうところに個人的な〈文化使節〉を送るようなものだったからである。「わたしたちだって彼らのタンスや漆器や刀剣を収集している。いまでもフォーブール・サントノレ通りに行けば、何百年も前の日本の骨董《こっとう》品が見つかるんだ。だから、こっちの最高級の楽器を何台か送ってやって悪いわけがない。ピアノは十分たくさんあるんだから」

わたしたちはそろそろ引き揚げることにした。みんながゆっくり順番に出ていくあいだ、ワインの残りを片付けたりおしゃべりをしたりしながら、わたしは表の狭い部屋でぐずぐずしていた。壁際の棚にフェルトの巻物やピアノ部品があふれるほど詰めこまれているなかに、太い黒いマーカーで〈シタール〉とだけ書かれた紙袋があった。何が入っているのかとわたしが訊くと、「そこに書いてあるとおりのものさ。シタールの弦だよ」とリュックが答えた。

みんなが足をとめて、そんなはずはないと言わんばかりにその紙袋をじっと見た。「それじゃ、あんたはインドのミュージシャンにも音楽用品を提供しているのかね！」と修理工が皮肉たっぷりの口調で言った。

「最初からそのつもりだったわけじゃないんだがね。シタールの弦はたまたまハープシコードやスピネットの——少なくともある音域の——弦にお誂《あつら》え向きなんだ。だから、うちでも売っているんだ。まあ、いわば東洋と西洋の出逢いというところだね」

リュックがさらに説明してくれたところによれば、この弦はふつうのピアノの弦ほど太くないので、手に入れるのがずっとむずかしく、したがってかなり値段も張るという。どこで作られているのかと訊くと、彼の答えは早口言葉の練習みたいで、わたしには訳がわからなかった。「これはシトーのシトー《ス・ソン・デ・シタ》会修道士たちが作っているシタール《ール・デ・システルシアン・ド・シトー》なんだ」

わたしたちは困惑の眼差しを交わした。そこにいただれひとり意味がわからないようだった。リュックはにやりと笑って、信じられないような事実を説明してくれた。シトーの町にある古い修道院にはいまでもシトー会の修道僧たちが住んでいて、生計手段のひとつとしてシタールの弦——とシタールの弦——

を作って、ミュージシャンやコレクターに売っている。リュックはミュージシャンの友達を通してその弦のことを知り、非常に品質のいいものだったので、鍵盤楽器のためのすべてを揃えているこの店の在庫の一部に加えてそれを売ることにしたのだという。この〈シトー修道会コネクション〉には一種特別なポエジーがある、と彼は言った。といっても、べつに宗教と関わりがあるわけではなく、ただ伝統的なやり方で、ひとつひとつたんねんに手作りされているからで、それこそ本来あるべきやり方だからだ。こういうものはどんどんめずらしくなってきているからね、とリュックは言った。

13

親善試合

アンナのレッスンを受けながら、家でも練習するようになると、わたしはふだん耳にするピアノ音楽の断片に非常に敏感になった。まるで自分の聴覚が研ぎ澄まされ、この特殊な音にだけ反応するようになったかのようだった。以前は気づかなかったくらいの音にも貪欲に耳をかたむけ、自分が悪戦苦闘している問題にほかの人たちがどんなふうに対処しているのか知ろうとした。ラジオから流れるピアノ音楽を聞くと、ピアニストがどんな運指をしているのだろうとか、どんなペダルの使い方をすればあんな神秘的なひびきになるのだろうと思ったりした。

ある春の夕暮れどき、わたしはサン＝ルイ島を通って家に帰ろうとしていた。セーヌ川に浮かぶふたつの島のうちの小さい方で、住宅の多いこの島を歩いていると、開け放たれた窓から大きなピアノの音が聞こえた。そばに近づくにつれて、ベートーヴェンの『ディアベッリ変奏曲』を力強い妙に切迫した調子で演奏しているのがわかった。わたしは驚くと同時にうれしくなって息を止めた。この曲はコンサート・ホールでもめったに聞けないのに、まさか通りを歩いていて耳にするとは思いもしなかった。この曲が生まれた経緯はベートーヴェンのすばらしい逸話のひとつになっているのである。

一八二一年にウィーンの音楽出版者、アントン・ディアベッリは自分で作曲したワルツを五十人の有名作曲家に送り、その変奏曲を書いてほしいと依頼した。そのなかにはシューベルト、フンメル、チェルニー、当時まだ十歳のリストが含まれていた。ベートーヴェンは初めはこの計画をばかにしていたが、やがてこの小曲を使って自分の変幻自在な創作力を見せつけることにした。そしてこの気取りのないテーマをもとに三十三のみごとな変奏曲を作曲し、そのなかで二流の作曲家たちのスタイルをパロディ化し、バッハやモーツァルトの作品を仄《ほの》めかし、ショパンを先取りし、最終的には、ほかのすべてのピアノ曲が色褪せるほど崇高な美の頂点に達した。要するに、この一時間ほどの作品に彼は自分の芸術のすべてを凝縮して注ぎこんだのである。この作品は一般に西欧の想像力が生みだした大傑作のひとつとされ、バッハの『ゴルトベルク変奏曲』がバロック時代にそうだったように、古典時代を代表する基本的な作品とみなされている。この名曲を人が納得するように演奏できるのは超一流のピアニストにかぎられるはずだが、いまそれを完全に自分のものにして、その繊細な美しさの波を迸《ほとばし》らせている人がいたのである。

通りを渡って見ると、ひらかれた窓越しにグランド・ピアノに向かっている若い女性の横顔が見えた。三十三の変奏曲のすでに半分以上に差し掛かっており、定期的に姿の見えないだれかの手が譜面台に伸びて、楽譜をめくっていた。彼女の演奏は技術的にはすばらしく、さまざまな楽節で醸し出される音色に思わず息を呑むほどの深みがあった。

わたしは非常に興奮した。道行く人を呼び止めて「ほら、聞いてごらんなさい！　ベートーヴェンの驚くべき演奏じゃありませんか！」と言いたいくらいだった。けれども、わたしは黙ってじっと耳をかたむけつづけ、人々は忙しそうに通りすぎ、車は停車してはまた動きだし、パリジャンがばかにして〈航空母艦〉と呼ぶ巨大なセーヌの観光船《バトー・ムーシュ》がすぐわきのマリ橋の下をうるさい音を立ててくぐり抜け、そのサーチライトに照らされて木々や建物が一瞬映画のセットみたいに浮き上がった。そのまばゆい光が消えたとき、姿の見えない楽譜めくりの人が立ち上がって、窓に歩み寄った。鮮やかな赤いセーターを着た年配の女性だったが、彼女は窓を閉め、しっかりと掛けがねを下ろしてカーテンを引き、町の喧噪を締め出した。「ああ、そんな！」とわたしは胸のなかで叫んだ。演奏はつづいていたけれど、もはや遠くからかすかに聞こえるにすぎず、外で聞いているわたしたちには色つやも迫力もないものになってしまった。結局、わたしはそのすばらしい変奏曲のうち五、六曲を聞いたことになるが、それで満足すべきだったのだろう。こういう発見はめったにあることではないが、予測できない特別な楽しみであり、パリがときとして通行人に垣間見せる豊かな地層のひとつなのだ。そう思っていた矢先、驚いたことに、わたしは自分が仕事をしている建物でもそういう音楽の捧げものを見つけた。

わたしのオフィスはソルボンヌの近くで、十七世紀の大きな建物の中庭に面した小部屋である。わたしたち一家が住んでいる住宅街とはちがって、このあたりの通りはとてもにぎやかだ。学生向けの安いレストラン、洋服屋、カフェなどがパリのなかでもいちばん古い部類に属する建物——中世の後期、いまではカルチエ・ラタンと呼ばれているこの地区でまだラテン語が共通語だった時代の建物——とならんでいる。クロヴィスの塔と呼ばれるゴシック様式の鐘楼はアベラールが寄宿していた僧院の名残であり、道を隔ててその向かい側の彫刻の施された正面《ファサード》は、パスカルやラシーヌの遺骨が納められているサン＝テティエンヌ＝デュ＝モン教会である。

わたしが仕事をしている建物は一六〇〇年代の建築で、このカルチエのもっとも古い建築物に使われている巨大な淡黄色の石材でできている。玄関のアーチは二枚の巨大な木の扉でふさがれているが、その一方に現代的なサイズのドアが付いている。アーチはそのまま要塞の出撃門みたいなかたちで伸びて、建物の下をくぐり抜け、中庭に通じている。中庭には大きな古い敷石が敷きつめられているが、数世紀のあいだに表面がすり減って丸くなり、スレート色のパウンドケーキが不規則にならべられているように見える。

表の通りは騒々しく、せわしなく、活気にみちているが、中庭に入るとふいに静かになる。ここは物音も少なく、穏やかで、親しみがもてる。奥で子供が遊んでいる声、だれかが窓を閉める音、猫がマロニエの幹を駆け上がる音が聞こえるくらいである。この小さな仕事場で物を書く楽しみのひとつは、静けさのなか、隣人が楽器の練習をする音が聞こえてくることだった。

シュティングルを買ったあと、わたしはオフィスを替えた。自分のアパートから離れた安い場所に移して、そこで本を書くことにしたのである。ここに引っ越してきたのは秋の初めで雨が多く、物音はあまり聞こえなかった。寒さと湿気を防ぐために窓がしっかり閉ざされていたので、夕方鎧戸《よろいど》を閉めるため束の間窓をあけるとき、ときおり音楽が聞こえてきて興味をそそられるだけだった。下にひとつ、上にもいくつかフロアがあるので、音が遮断されるまでのかたとき、どの窓から音楽が流れてくるのか見当をつけるのは不可能だった。

パリではよくあることだが、春の訪れは遅かった。と思っているうちに、やがて、とつぜん春になった。左岸の小さな広場や公園に散在する地味な桐の木が、葉をつけるよりも先にいきなり華やかな紫色の花を咲かせ、藤の花でできた巨大なパラソルみたいになった。狭い道路沿いのレストランやカフェは、ありったけのテーブルを外に出して昼食にそなえ、大きな交差点のいくつかにふたたび花屋が出現して、観光客グループがソルボンヌのまわりの裏通りや路地をぶらつくようになった。

太陽が顔を出すようになるとすぐに、人々は明るいうちはずっと窓をあけておくようになる。冷たい灰色のパリの冬が頭上に重たくのしかかっていたあと、空気のなかに暖かさの気配が感じられるようになると、わたしたちはすぐにそれを採り入れようとするのである。ただし、暗黙の規則は依然として生きていて、あまり大きな音で音楽をかけるのは御法度だった。とはいえ、夜や早朝はともかく、昼間はもっとゆるやかに解釈されているようで、いまやいろんな窓辺から音楽が流れだして、中庭にそのひびきが立ち昇るようになり、わたしのなかにはだれが、いつ、何を演奏するかというカタログがたちまちできあがった。

ジャズ・ギター奏者は午前中に演奏した。彼がかき鳴らすギターの音はわたしの窓に対して直角の位置にある小窓、わたしの窓と同じように眼下の別棟の平屋のトタン屋根を見下ろす窓から流れていた。中庭の向かい側のアパートからは、夕方になると、非常に上手なフルート奏者が音階練習するのが聞こえた。中庭の右側の三階建ての建物からは、午前中に、上のほうの階からハープをかき鳴らす音が流れてきた。ハープ奏者はまずかならず全音域のチューニングからはじめ、それから音階練習に移る。二、三十分のウォームアップが終わると、この人はかなり高度な曲の演奏にとりかかり、それを一時間あまりつづけた。それは吟遊詩人の伴奏や民族音楽風の単純なメロディではなく、第一級のハープ演奏で、バロックから現代にいたる作品の本格的な奏者による演奏だった。一度ベルリオーズの『幻想交響曲』のハープ・ソロだと気づいたことがあるが、たいていはわたしの知らない、それに劣らず印象の強い曲だった。ハープの弦の生みだすひびきにはどこか神秘的で、わくわくするようなところがある。楽器を調律しているとき、しだいに音が合っていくのを聞いているだけでも楽しかった。

窓辺から流れこむ隣人の音楽をバックに仕事をするのが、いつの間にかわたしの習慣になり、ほんとうにすばらしい音楽——たとえばベルリオーズのソロ——でもなければ、聞こえてくる音楽をとくに意識しなくなった。ときおり仕事を中断させられることはあったけれど、他人の耳を意識していないだけよけいに愛おしい、こういうささやかな音楽を楽しませてもらえるのだと思えば、それは取るに足らない代償だった。ときおり雨が降って窓があけられなくなると、日頃漠然としか意識していなかったもの——わたしがひそかに共有している気になっていた、演奏の背後にある〈音楽をする心〉とでもいうべきもの——がなくなって、物足りない感じがした。この間接的な音の世界はわたしにとって非常に現実感のあるものになり、わたしは見たことのないミュージシャンたちを知っているつもりになり、彼らとのあいだにわたしだけが知っている絆があると感じていた。雨が降って窓が閉ざされてしまうと、それを奪い去られたような気がしたのである。

そういう早春のある日、中庭のどこかからピアノの音が聞こえてきた。というより、むしろ最初に聞こえたのは歌声——ベル・カントのアリアを歌うかすれ声のアルト——で、それを熟練したピアニストが伴奏していたのである。じっと耳を澄ますと、ピアニストがひとつの楽節を二、三回繰り返して弾き、それから歌い手がアクセントの付け方やリズムを変えて歌っていた。音楽のレッスンのようでもあったが、はっきりそうとは断言できなかった。ピアノの弾き方は自信にみちており、全オーケストラのパートを引き受けているのはあきらかだったが、そのために声楽パートとのバランスが崩れることはなかった。

歌い手のなかには上手な人もいたし、下手な人もいたが、多くはその中間だった。わたしの知っているメロディをみごとに歌うのが聞こえることもあり、一度など、ヴェルディの『椿姫』のすばらしい〈乾杯の歌〉が聞こえた。それはまさにあらゆる条件を兼ね備えた歌声だった。美しく澄んだテノールだったが、フレージングはドラマティックで、自信あふれるエネルギーにみち、ためらいがなく、精気がみなぎっていた。演奏が終わったときには、その予期せぬ魅惑的な歌声に思わず拍手して窓から「ブラヴォー！」と叫びたくなった。

しかし、ときには、じつにひどい歌い手のこともあり、そういうときはまるで特異な拷問にかけられているようで、わたしの耳はその歌声を無視できないどころか、逆に一音ずつ追いかけて、本来の音程からどれだけずれているか測定せずにはいられなかった。なかでもいちばんひどかったのはモーツァルトの『ドン・ジョヴァンニ』のアリアと悪戦苦闘して、惨憺《さんたん》たる結果になったソプラノだった。歌いだしの第一声から彼女は恐ろしく、絶望的に、取り返しがつかないほど調子外れで、高い音になるとそれがさらにひどくなった。「ああ、神様」とわたしは胸のうちで叫んだ。「つぶされた猫より低いじゃないか！」ドラマティックなクライマックスのひとつに差し掛かったとき、ピアニストがふいに演奏をやめて正しい音——彼女が歌っていた音よりまるまる全音ひとつ高かった——を五、六回たたき、それに合わせて自分で歌いだした。「ラ、ラ、ラ、ラ！」そうか、ピアニストは男性だったのか。その声は美しいとは言えなかったが、音程は正確だった。そうやって彼はソプラノを止め、音程をチェックさせたのだった。

その瞬間、わたしとその人のあいだに絆が生まれた。彼がソプラノの不安定な歌い方を引きもどして、なんとか作曲家が書いた旋律に近いものにしてくれたのが、わたしにはうれしかったし、それでようやくほっとできた。ソプラノはいまや音程を修正して歌いだし――「ラ、ラ、ラ、ラ！」――そして、まるで魔法みたいに、今度は正しい音程で歌いつづけた。ふいに世界のすべてが調和を取り戻した。わたしはこんなにひどいものをやさしく訂正してやれる男の忍耐力に感嘆した。

しばらくのあいだ、わたしは自己紹介しようかどうか迷った。やがて歌声がやみ、中庭に面したドアのひとつから楽譜らしきものを抱えた女性が出てくるのが見えると、わたしは急いで下におりて、そのアパートの階段をのぼった。彼はふたたび演奏をはじめていた。わたしはそのアパートのドアの前で長いあいだ躊躇したが、とうとうドアをノックした。ほとんどすぐにドアをあけたのは、若い女の人だった。「ピアニストにお会いしたいんですが」とわたしはためらいがちに言った。

戸口に立っている女性の背後に、大きなアップライトに向かっている男の姿が見えた。鼈甲《べっこう》の眼鏡をかけた、三十代の、整った顔立ちの男で、髪には櫛《くし》を入れた形跡がなかった。彼はすぐに演奏をやめると、ピアノの椅子に坐ったまま、あきらめと落胆の入り交じった顔でわたしを見た。女性の顔から笑みが消えた。「窓を閉めますよ」と男はぶっきらぼうに言った。

「いや、それはやめてください。そうしたら、あなたのすばらしい演奏が聞けなくなってしまいますから」

一瞬ためらいがあり、わたしが本気で言っていることがわかると、ほっとした空気が流れた。彼は鍵盤の前から立ち上がり、自分はジャン＝ポール、これは妻のオディールだと紹介した。彼はプロの伴奏者だった。「褒めていただくためなら、いつでもノックを歓迎しますよ。たいていは、うちのドアに現われるのはそれとは正反対の反応ですから」

きょうの練習はもう終わりで、一息入れる必要があるからと言って、彼はわたしにワインのグラスを勧めた。わたしたちが腰をおろしたのは小さな居間《セジュール》で、その部屋の中心は内側の壁際に置かれたピアノだった。ペトロフという非常にすぐれたチェコ製のピアノで、とても気にいっているということだった。アップライトとしては非常にゆたかなひびきで、こぢんまりした彼らのアパートでもあまり場所をとらないし、フランス人が〈スルディーヌ〉と呼ぶ弱音ペダルが付いているのもいい。そのおかげで、夜でも近所に迷惑をかけずに練習できるから、と彼は言った。

窓から流れこむ音から判断するだけでも、この中庭の周囲にはたくさんミュージシャンが住んでいるようだとわたしが言うと、これだけ才能あるミュージシャンが集まっているのは思いもかけない偶然だ、と彼は請け合った。彼はその全員を知っていて、この近所のミュージシャンたちについて一通り解説してくれた。

ジャズ・ギタリストはじつはアメリカ人で、パリ周辺のクラブで演奏しているのだが、この中庭に面しているのは裏手の窓で、彼のアパートの入口は別の中庭にある。だから、裏から流れてくる演奏の音を除けば、彼はこちら側の住人には知られていない。ジャン＝ポールの部屋の上のハープ奏者は、実際はふたりで、夫婦だが、ふたりともパリのいくつかのオーケストラの主任ハープ奏者を務めている。彼らはよく長時間練習するから、とくに午前中はハープの音を耳にすることが多い。フルート奏者はまだ思春期の少年で、非常に才能があるが練習ぎらい――「よくある組み合わせだ」とジャン＝ポール――なのだという。しかし、彼が演奏すると、「空気が魔法にかけられたようになる」。わたしたちが耳にするミュージシャンのほかにも、この中庭に面した建物に住んでいるが、自宅では練習しないミュージシャンが何人かいる。「あなたの部屋と同じ階に有名なメゾ・ソプラノ歌手が住んでいるんだが、彼女はコンサート・ホールや音楽学校以外ではけっして歌わないんだ」

ジャン＝ポールはワインのボトルとグラスをふたつ取り出して、音楽に乾杯しようと提案した。ワインを飲みながら、わたしはリュックからピアノを買った経緯を簡単に説明し、彼がどうしてプロの伴奏者になったのか訊いた。

「わたしは物心つく前からピアノを弾いていた」と彼は静かに語りだした。「ある意味では、自分で望む以前に洗礼を受けていたようなものだった」

彼は音楽学校に行き、きわめて優秀な成績を残した。いろんな賞を取り、コンサートをひらき、〈洋々たる前途〉がひらけていた。しかし、そうやって何年も修業したあと、結局、周囲の期待どおり花を咲かせることはできなかった。彼はそれ以上詳しくは説明せず、ただ「自分を売りこめなかったから、ソリストにはなれなかった」と言った。

そのあと「しばらく苦しい時期」があったが、教授のひとりから伴奏者にならないかと勧められた。彼の読譜能力はずば抜けていたし、耳は非常によく、あの不思議な、ほとんど超自然的とさえ思える絶対音感の持ち主だったからである。絶対音感とは正確にはどういうことなのか、とわたしが訊くと、彼はこう説明してくれた。いわゆる〈絶対的な耳《オレイユ・アプソリュ》〉と一般に相対音感と呼ばれる〈完璧な耳《オレイユ・パルフェット》〉は別のものだという。絶対音感は無のなかからいきなりある高さの音を出したり、ある音の高さを当てたりする能力だが、相対音感はある特定の音が与えられたとき、別の音がそれとどんな音程にあるかを聞きとる能力である。絶対音感をもっていると、実際にはどんな感じなのか、それで生活が変わるとすれば、どんなふうに変わるのかわたしは知りたかった。「ああ」——と彼は物憂い笑みを浮かべた——「それはわたしの喜びであり、わたしの牢獄でもある。聞かないでいることができないんだ！」皮肉なことに、彼の絶対音感は実際には絶対ではないのだという。というのも、それは長年の演奏の経験から、中央ハの上のイ（A）の音を標準音として、それを周波数四四〇ヘルツに合わせるという、現在のほとんどのピアノの調律に合わせて成り立っているからだ。ところが、最近ではより鮮やかなサウンドにするため、演奏家がレコーディングやコンサートで楽器をそれよりやや高めに調律することがあり、そうなると彼は訳がわからなくなってしまうのだという。「まるで心の奥底にある信念が突き崩されたみたいに、ひどく混乱させられるんだ。実際には、それは単なる物理的な原則の問題で、基準が変更されただけなのに」

　自分の耳の感受性の特殊さに対する最良の解毒剤は歌だ、とジャン＝ポールは言う。ピアノの音は特定の高さに固定されていて、すべての音のあいだの音程が明確に定まっているが、歌の場合には音の高さに無限の変化があり、声はひとつの高さから別の高さにいきなり飛ぶことはない。彼はピアノが八十八鍵のそれぞれ固定された高さの音に制限されていることへの不満について語った。無限に微調整できる弦楽器や人間の声とはあまりにも隔たりが大きいというのである。「しかし、わたしにはその両方が必要なことに気づいたんだ。ピアノははっきりしていて、正確で、言葉の狭い意味で完璧だ。けれども、歌はわたしに夢を見させてくれる」

子供のとき、合唱隊でも自分ひとりでも、彼はよく歌った。ある意味では、歌はピアノと正反対のものを与えてくれたのだと悟ったのは、ずっとあとになってからだった。「あとになって気づいたんだが、伴奏者になることによって、わたしは歌の世界に足を踏み入れることになり、その結果ピアノの独裁的な支配が薄らぐことになった。もちろん、わたしたちはだれでもピアノを歌わせようとするが、それは最初から負け戦なんだ。どう見ても、これは打楽器の一種だからね。それに反して、声には無限のしなやかさがある。じつは、ピアノと歌とではそもそも脳の使われる場所が違うんじゃないかと思う」

ジャン＝ポールが説明しているのは、本格的なピアニストならだれでも直面する基本的な課題で、要するに、ピアノの正確すぎる音という制約を超えて、どうやってメロディを歌わせるかということである。ほかの大半の楽器とはちがって、ピアノの音はその高さを直接変化させることはできない。ヴァイオリンやトランペットやフルートの場合、演奏者は音を半音、全音の四分の一、八分の一と無限に変化させられる。ところが、ピアニストは鍵盤を押すときに出る音に縛りつけられており、ほんのわずかでもその高さを変えることはできない。その音はその音でしかないのである。本来は分離しているものを連続していると受け取らせ、流れの錯覚をつくりだすためには、そのためのテクニックを学び、自分のものにしなければならない。いちばん重要なのはいわゆるレガート奏法で、このレガートというのは文字どおりには「結びつけられた」という意味だが、ひとつの鍵から指を上げる前に次の鍵を押すことで、音を重ね合わせ、連続しているように聞こえさせるものである。「この旋律は雨垂れじゃなくて川なのよ！」と、レガート奏法をマスターしようと苦闘しているとき、わたしはミス・ペンバートンからよく言われたものだった。

「いちばんいいのは」とジャン＝ポールはつづけた。「声がいいだけでなく、音楽的な意味で頭のいい歌手とやるときで、そういうときはおたがいの直感やアイディアがぴったり符合し補完しあうので、非常に面白い。たがいに刺激しあうことで、新しいものが生まれるんだ」彼はそれを親善試合になぞらえた。いっしょに新しい領域を探索することから喜びが生まれるのだという。「けれども、たいていの場合は、こっちのほうが歌手よりずっとよく音楽を知っているのに、自分の意見を言うときにはかなり注意しなければならないという奇妙な立場に立たされる。だから、まず信頼され、尊敬されるようになる必要がある。しかも、非常にわがままで自己中心的なことで有名な歌手たちに信頼されるようにならなければならないんだ」伴奏者にもっとも必要なのは機転と謙虚と親切、それと音楽の原則に関する確固たる信念だ、と彼は言った。

ジャン＝ポールによれば、伴奏者は歌手からも聴衆からもことごとく誤解されているという。最近の歌手はしばしば生まれつきの才能がすべてだと思いこみ、音楽的な素養をなおざりにする傾向がある。過去の有名な歌手たちと比べてみればよくわかる、と彼は言う。たとえば、偉大なカストラート歌手、ファリネッリは和声、対位法、旋律、読譜法を非常に深く理解しており、そのすべてを使って自分の音楽を完璧なものにしていった。「現在では、歌手がそれほど深く理解したうえで自分の音楽を方向づけているとは想像もできない。本格的な楽器奏者の場合には、当然各部門の基本をマスターすることが期待されているのだが」

彼が話しているとき、中庭で小鳥がさえずり、あいていた窓からその鋭い、澄んだ、甲高い鳴き声が聞こえた。ジャン=ポールは言葉の途中で口をつぐんで、窓の外を指さした。彼は感嘆の表情を浮かべ、わたしたちは何度も繰り返す小鳥の鳴き声に耳を澄ませた。「あれだけでも、《サ・トゥ・スール、》十分ひとつの楽器に匹敵《サ・ヴォ・アン・アンスト》するよ《リュマン》」

彼はワインを注いで、さらにつづけた。他方、聴衆には伴奏者はまったく目に入らない。実際には、音楽的な意味でも知的な意味でも、少なくとも演奏の半分は伴奏者が担っているにもかかわらず。「ひとつだけ確かなのは、うまく行ったときには、だれも個々の要素を意識しないということだ。それは予測と意思の疎通がひとつに溶け合ったすばらしい会話みたいなものだ。いわば呼吸がぴったりひとつになって、吐き出されたものが音楽になるという感じだね」

スヴャトスラフ・リヒテルが初期のころ長年オデッサのクラブで伴奏したり軽音楽を演奏していたことを思うと、彼は勇気づけられたという。その経験を通して音楽学校で教わったものとはまったく違う音楽の聞き方を学んだ、とリヒテルはずっと主張していたからである。ピアノの不連続な音を声の途切れない流れに合わせざるをえなくなったとき、初めて生まれるものがあるという。

ジャン=ポールと会ってから、わたしは彼の練習にあらたな興味をもって耳を傾けるようになった。ふたりのミュージシャンのあいだの対話や、ジャン=ポールが自分の音楽的アイディアを伝えようとする気配りがもっとよくわかるようになった。八月になると、彼は夏休みのために練習を中止したが、わたしにはそれが残念だった。音楽の長距離会話が終わってしまったような気がしたのである。

14

調律

リュックから警告されていたとおり、わたしのピアノは家に届いてから数カ月のあいだに徐々に音が狂っていった。そこで、ときおりリュックの仕事をしているオランダ人調律師、ジョスに頼んで、ピアノを調律してもらうことにした。ジョスがわたしたちのアパートに来るのは初めてで、最高の調律師のひとりだという評判は気にいっていたものの、飲酒癖がどの程度のものか心配だった。お昼前に、〈赤を一杯〉やる前につかまえろというリュックのアドバイスにしたがって、ジョスには午前十一時に来てもらうことにした。

だが、十一時半になってもジョスは姿を見せず、わたしは心配になってきた。ちょうどそのとき妻が昼食のためにアパートにもどってきたので、わたしは事情を説明した。彼女はいっしょに心配してくれたが、ふとなにかに思い当たったようだった。「ちょっと待って。さっきわたしが中庭に入ってきたとき、隣のドアの前に困ったような顔をして立っている人がいたわ。わたしは管理人と二、三分立ち話をしたけど、そのあいだじゅうそこに立っていたの。わたしたちがなにかお困りですかって訊いたら、いや、べつに、と言って歩道に出ていったけど」

「痩せていて、背が高くて、髪はぼさぼさで、赤い鼻をしていたかい？」

「ええ、鼻が真っ赤だったわ」——わたしは内心たじろいだ——「そして、医者の鞄みたいなものを持っていたわ。なにかの配達に来て、住所を間違えたのかと思ったけど」

「それじゃ、間違いない。で、どっちへ行ったんだい？」

「さあ。ただふらふら通りに出ていくのを見ただけだから」

それはあまりいい兆候ではなかった。わたしが細かく紙に書いて教えたのに、ジョスは隣のアパートまでしかたどり着けなかったらしい。あと五メートルでわたしのうちの玄関に達したというのに。けれども、いまや、わたしにはなにもできなかった。ただじっと待つしかなかったが、あまり長くは待たされなかった。一、二分すると、電話が鳴って、ジョスが愛想のいい大声で挨拶するのが聞こえた。彼はオランダ訛りのフランス語でゆっくりとしゃべった。「あんたの家に行ったけど、あんたはいなかったよ」

「違うんだ、ジョス。あんたはうちの隣に行ったんだ。わたしたちのアパートはそのすぐ右側、中庭の裏側のひとつ手前なんだ」

「いや、『右側の端のひとつ手前』って書いてあるんだが」——彼はわたしが渡した紙片を読み上げているようだった——「わたしはそこへ行ったんだよ」

細かいことを言い争っていても仕方がないので、わたしが中庭で待っているから、ともかくもう一度来てほしいと頼んだ。「わかった。それじゃ、すぐに行くよ。近くのカフェから電話をかけているんだ」彼は電話を切ったが、ブーンとうなっている受話器を手に持ったまま、わたしは自分の愚かさをののしった。

「どうしたの？」わたしが受話器に向かって話すのを聞いていた妻が言った。

「調律師がどこか近くのカフェに入りこんでいるのに、それを放っておくなんて。いちおうすぐに来ることになってはいるんだが」

それから二十分、わたしは二階の窓からずっと中庭を見守っていた。ようやく建物の入口の大きな扉が軋りながらあいて、ほっそりした男が玄関を通り、小さな中庭に入ってきた。わたしは階段を駆け下りて、彼がまた引き返してしまう前につかまえた。

ジョスは満面に笑みを浮かべていた。アトリエで会ったときより赤い顔で、ピアノの調律より中庭の鉢植えに興味があるようだった。「やあ、藤があるじゃないか！ 鉢で育てるのはとてもむずかしいのに、少なくともオランダではね。これは花を咲かせるのかね？」

「じつは、ここにある植物は隣の人のものなんだ。そう、そうだよ、春には花が咲く。そろそろなかに入ろうか？」ようやく彼はわが家の玄関に入り、二階への階段をのぼりだした。居間に入って、シュテインヴルを見ると、彼は大げさに感情をあらわにした。「なんて美しい小型グランドなんだ！」

彼はメーカーに興味を示し、二十年も〈ピアノの仕事〉をやっているが、このメーカーにはまだお目にかかったことがないと驚いた。彼はひらいた大屋根の下に見える機械的要素のひとつふたつに好奇心をそそられたようだった——中音域のいくつかのダンパーの特徴的な曲線を指して、これはベヒシュタインと同じだと指摘した。彼がこのピアノの外見に満足してくれたのはうれしかったが、その一方で、中欧から外には出ていないが、じつはシュティングルは知る人ぞ知る伝統ある有名メーカーなのだというわけではなかったのが残念でもあった。どうやらしらふらしいのでほっと胸を撫で下ろし、わたしは彼をひとりにして仕事に取りかかってもらった。

同じ音が延々と繰り返され、音階を半音ずつ上がったり下がったりしながら、各音が調律されていく音がひびいた。ときおり——和音を弾いているときのことが多かったが——ジョスが仕事をしている居間から笑い声や感嘆の声が聞こえた。それからまた個々の音がひびきはじめ、かすかなしかし執拗な歪みのある音が正しい音に近づいていく。しかし、純粋な音は飛び去るツバメのようにとらえがたかった。一時間もすると単音のひびきがやみ、ジョスが鍵盤全体を使って大きな音で一連の和音を演奏するのが聞こえた。調律は終わったようだった。わたしは居間にもどって、このピアノに関する彼の意見を訊いてみた。「なんという音色だ！　ほんとうにすばらしい楽器だ！」

彼は掛け値なしに夢中だった。ベビー・グランドがこんなにゆたかなひびきをもっていることは非常にめずらしいし、鍵盤の感触もなんともいえない。しかも、シュティングルというメーカーは初めてだ。ということで、彼は新しい発見に興奮していたのである。彼の感激はわたしにも伝染したが、いまや完璧に調律されたピアノで音階を弾いてみると、その違いはあっと驚くほどだった。

道具を片付けて帰り支度をしながら、ジョスは〈ペダル支え棒《バール・スタビリザトリス》〉を取り付けるまではペダルをあまり強く踏まないようにと注意した。彼が指さした場所を見ると、リラ（ペダル吊り）に穴があいている。本来ならここからピアノケースの底に斜めに細い鉄の棒が取り付けられ、ペダルのハウジングを支えているはずなのである。ここに支え棒がないと、ペダルのメカニズムがアクションを傷つけるおそれがあるという。そういえば、このピアノを買ったとき、支え棒がなくなっているとリュックが言っていた。わたしはそのことをリュックに訊くのを忘れないようにメモしておいた。それから、ジョスに料金を払って、さよならを言った。彼は愛嬌たっぷりの笑みを浮かべ、階段を下りて帰っていった。中庭を歩いていく姿を見送っていると、彼はもう一度立ち止まってライラックの枝を引き下げ、先端から重々しくぶらさがっている花の房のなかに鼻を埋めた。

調律はきわめてむずかしい仕事である。それは原理を考えてみればすぐにわかる。ピアノには二百本以上の弦があり、その一本一本を特定の高さに調律しなければならないのである。しかも、その各々がほかの弦と関係づけられており、低音部から高音部にいたる全音域で一定の音程が保たれるようにしなければならない。ある意味では、これは純粋に物理的な――リュックの言い方を借りれば、機械的な――ことで、ほかのすべての要素が一定だとすれば（現実の世界ではこういうことはめったにないが）、弦の振動には予測可能な規則性がある。どんな調律師でも出発点は同じで、中央ハの上のイ（A）の音を四四〇ヘルツに合わせる。つまり、弦が一秒間に四四〇回振動するときに生じる音に合わせるわけである。

調律を純粋に数学的な問題として片付けられないのは、こうして生じた音を受け取り処理する側の複雑なメカニズム、人間の耳のほうに原因がある。わたしたちの耳には完全音程が完璧に調和しているようには聞こえない。人間の耳には、高い音は実際の音よりわずかに低く聞こえるのだ。別の言い方をすれば、ピアノを数学的に完璧な、完全に一定の音程で調律したとすれば——鍵盤全体にわたって三度、五度、オクターヴの音程をすべて同じ振動数の比で設定したとすれば——西洋音楽に馴れた人の耳には、どうしようもなく調子が狂っているとしか聞こえないのである。

これは西洋音楽が発展するにつれて非常に大きな問題になったが、これに折り合いをつける方法は自明ではなかった。これもまたヨハン・セバスティアン・バッハの洞察力を証明する事実のひとつだが、彼は人間の耳に調和のとれた音として聞こえるようにするためには、鍵盤楽器の全音域にわたって音の高さを微調整し、かすかにずらす必要があると考えた。『平均律クラヴィア曲集』は前奏曲とフーガをまとめた総合的な曲集だが、これは同じ楽器でさまざまなスタイルや音域の演奏をするのに必要なこの微調整を実例で示した一種の宣言書だった。ピアノは鍵盤全体にわたって均一の音程で調律するのではなく、高音域にいくにしたがって徐々に音程を広げるかたちで調律する必要があるのである。

これが現実には何を意味するかというと、調律はつねに近似的なものでしかないということであり、ふたつの考え方——数学的に純粋なものと音楽的に魅力的なもの、経験的なものと直感的なもの——の折り合いをつけようとするものでしかないということである。調律師が目指すのはこの双方のバランスを保つことであり、耳に馴れた快い音と理論上の音のあいだの平均値を見いだすことなのである。

こういう理論的な問題はそれだけでも複雑で変則的なものだが、さらに問題を複雑にしていることがある。たとえば、異なる張力で弦が張られている二台のピアノを——フレームへの弦の取り付け方もメーカーによって少しずつ異なるが——まったく同じやり方で調律することはできない。さらに、ほかにも個々のピアノごとに異なる条件がいろいろあって、たとえば、弦が硬くなっている場合には音がかすかに高めになるので、それを計算に入れる必要があるとか、さまざまな要素を考慮に入れなければならないのである。

なかでも重要な要素のひとつが、人間との関わりである。そのピアノは子供たちが乱暴にたたき、両親がときどき弾く頑丈なアップライトなのか？　大規模なリサイタルのために準備されたコンサート・グランドか？　定期的に調律されているのか、それとも、めったに調律されず、いつも音がひどく狂ってから調律されるのか？　こういう無数の条件が方程式に入れられたうえで、すぐれた調律師がどうやってそのすべてのバランスをとるか、よい調律をするかが決まってくる。どういう使われ方なら調律がどのくらいもつか予測するのも、この方程式の一部である。

さまざまな調律のやり方に対するリュックのコメントは、これだと断言はしないが、どんな場合にも当てはまるという、まさに彼らしいものだった。「ピアノを調律するのは、料理と同じようなものだ。みんなそれぞれ自分のレシピをもっているのさ」

実際には機械で調律することも可能で、アメリカではこの方法がしだいに広まってきているが、これは結果的にはとても満足できるようなものではないことが多い。出発点——中央ハの上のイ音——は明確だし、周波数が表示できる機械を使えば、伝統的な音叉を使うやり方とまったく同じように四四〇ヘルツにぴったり合わせられる。しかし、機械は調律したあとピアノの複雑なメカニズムに起きる微妙な変化を考慮に入れることができない。次にまた調律するまでのあいだに弦が伸びたり、ハンマーが柔らかくなったり、木部がふくらんだりといった無数の変化があり、そのすべてがピアノの音に影響を与えることになるのだが。

ピアノを調律することを英語では〈ピアノを調和した状態にする《ブリング・ア・ピアノ・イントゥー・チューン》〉と言うが、それこそ調律の核心にあるものをよく言い表わしている。つまり、これはなによりもひとつのプロセス——この楽器のすべての要素を微妙にバランスのとれた状態にして、そのバランスをできるだけ長く人間の耳の受け容れられる範囲に保つためのプロセスなのである。たとえば、ピアノが再生されたときや、ひとつの環境から別の環境に移されたとき、本来の音に落ち着くまでに何回かつづけて調律する必要がある。木部が吸収する湿り気の度合いが変わったり、調律ピンがゆるんだり、鍵盤が微妙に変化したりするからである。新しい環境に完全に順応したあとでなければ、調律された状態を長く保つことはできないし、いずれにせよ、可動部分の変化や劣化がまたすぐにはじまる。そういう意味では、新しく調律されたピアノには生き物のような、予測できない部分があるのである。

まったく演奏しないのは頻繁に乱暴に演奏するよりもピアノに悪い、とリュックは言う。ピアノは演奏するために作られるのだという心情的な部分は別にしても、鍵盤を遊ばせておくと、実際に悪影響があるらしい。ほかの現代的な機械類とはちがって、ピアノの何千という可動部品は金属ではなく、木でつくられている。木材は時間が経てばひとりでに熟成して〈枯れて〉くるが、同時に、ほかのあらゆる部品と微妙な影響を及ぼしあっている。ピアノが演奏されると、すべての部品はサウンドボードから放たれる振動にさらされるが、この振動の部品全体への影響は長いあいだに均一化してくる。調律ピンのピン板のなかへの収まり方も決まってくるし、鍵に対応するハンマーの動きも一定になり、サウンドボードは設計された動きの範囲内でたわんだり振動したりするようになる。

楽器が演奏されないと、どの部品も動かないので、全体に影響のある唯一の要素は——温度や湿度の変化、弦がもとにもどろうとする容赦ない力などがもたらす——長期的なゆっくりした劣化の過程だけになる。大きな違いは、こういう変化がそれぞれの部品にばらばらに影響を与えることで、全体的に均一な反応がないため、全体のバランスがくずれてしまう。この意味でも、ピアノは生きている生物に非常に似ており、すべての部分が共鳴していっしょに呼吸するためには、演奏という刺激が必要なのである。

新品のピアノは馴らし《ブレイク＝イン》の期間が必要だというのもそのためで、ピアノは新しい環境に順応するだけでなく、どんな頻度でどんなふうに演奏されるかという演奏のスタイルにも馴れる必要がある。頻繁に上手に演奏されるピアノは、購入してから二、三年で完璧なバランスに達し、最良の音が出るようになる。適切な手入れを怠らなければ、何十年、いや、何世代でもいい音のでる状態を保つことができるのだ。しかし、全体的には、最初の熟成期間のあとは、ゆっくりと劣化していくのがふつうなのである。

だから、主要なコンサート・ホールのほとんどは演奏家の使うピアノをレンタルで調達し、あえて買おうとはしない。コンサート・ピアニストは絶頂期にあるピアノを使いたがる。十分に馴らされ、枯れてはいるが、機械的にはまだ完璧な状態にあるピアノを求めるのである。この状態はせいぜい数年しかつづかないが、レンタル・ピアノならばすぐに別のそういう楽器と交換できるからである。

調律師は科学者であり、アーティストであり、心理学者でもある。倍音や波動力学に関する物理学の基本的知識をもち、客の気持ちを理解して何が要求されているかはっきりさせられ、熟練した機械工のように巧みにチューニング・ハンマーを扱えるのが望ましい。こういう資質をすべて兼ね備えているに越したことはないが、ひとつだけ欠かすことができないのは耳のよさだろう。もっとも低い三〇ヘルツ付近のゴロゴロいう音から七オクターヴの上端の四〇〇〇ヘルツを超える甲高い音まで、ピアノの鍵盤の全音域にわたって音質や音の高さの微細な変化を聞き分けられる能力をもっていなければならない。

どうすればよい耳を手に入れられるのだろう？　生まれつき他人より知覚能力がすぐれている人がおり、聴覚についてもそういう人がいる。耳を鍛えることは可能だが、訓練はかなり早い時期にする必要があり、あとからではほとんど不可能に近いという。こういう能力を目覚めさせ、養成するのは二十歳から二十五歳ぐらいが上限らしい。そのくらいの年齢までは、耳は音の高さの限りなく微妙な変化をとらえやすく、しっかりと身につけやすい。純粋数学や量子力学や——驚くことではないが——音楽でもそうだが、専門的な識別力は若者の領域で、ほとんど運動競技に近い集中力が要求される。不思議なのは、聴力が衰えはじめ、ふつうの人の可聴音域ぎりぎりの音が聞こえなくなっても、こういう識別力は失われないということだ。一度識別する能力が身につけば、脳のなかに回路として組みこまれたようなもので、歳をとっても、調律師は仕事をするのに必要な繊細な音を聞き分ける能力を失うことはないのである。

調律によい耳が不可欠なのは確かだが、耳の訓練よりもっとむずかしいのが手の訓練だという。音の高さを限りなく微妙に変える手の動き。調律ピンをまわす感覚を身につけること、ピンがゆるむのを予測してその分を補いながら、チューニング・ハンマーを最小限しかまわさずに音を望む高さに調整する方法を学ぶのは、驚くほどむずかしい。手で、腕で、ある意味では全身で調律ピンの動きを感じとりながら、張力のため自然に巻きもどされるのを予測したうえで、安定した正しい位置にもっていかなくてはならないからだ。さらに、耳と右手も大切だが、ほんとうに重要なのは左手だとも言われている。右手で調律ピンをまわしながら、左手で鍵盤を押すのだが、この左手が完全にコントロールされ、常に一定の強さで鍵をたたいて、鍵盤全体にわたって均一なかたちで適切な音をひびかせられなければならないからである。

すべての音を正しい高さに合わせるのは、調律という作業の一部でしかない。実際にはさらに整音《ヴォイシング》という繊細な技術があり、これによって個々のピアノにそれ独自の音色を、性格を、いわゆるヴォイスを与えるのである。何がいいヴォイスなのかという問題は、楽器の全音域のピッチが正しいかどうかという問題よりはるかに主観的なものであり、ヴォイスは楽器が置かれる場所によっても変化する。家庭用に整音されたピアノはコンサート・ホールのステージではよくひびかない。適切なバランスに整音するためには、調律師の技術や経験が物を言うのである。「ヴォイシングのためには、われわれはみんなそれぞれ自分なりの秘訣を入れた鞄をもっている」と、あるとき、ある調律師が言った。「いわば裸になるようなものだから、わたしが整音しているときにはそばに他人は、とりわけ同業者はいてほしくないんだ」

ピアノのヴォイスを変える手法には、たとえばハンマーのフェルトを針で刺して柔らかくして音色の鮮やかさを和らげたり、逆に、薬品を使って硬化させて柔らかすぎる音色をシャープにするという技術がある。ハンマーにヤスリをかけて、その形をかすかに修正したり、部品を熱で曲げて位置を調整したりもする。ピアノは完璧に調律されていても、適切に整音されていなければ、人間の耳には奇妙な、ときには不自然な音に聞こえるのである。

どんな調律師がいい調律師なのか、とわたしはリュックに訊いてみた。並みの調律師とちがって、すぐれた調律師にはこんな巧妙な技術があるとか、こんな信じられないようなやり方をするという答えをわたしはなかば期待していた。しかし、あとから考えてみれば、彼の答えは驚くようなものではなかった。それこそいろんな理論や実際に行なわれているあれこれを一刀両断して、調律の世界でもっとも重要なポイントを指摘したものだった。「いい調律師というのは、客がすぐに呼び戻す必要のない調律師さ」

パリの調律師には変人が多いという。調律師は気まぐれで、とんでもないことをするという話をわたしは何度となく耳にはさんだ。もっとも、たいていはすぐそのあとで、いまはもうそんなことはなく、フランス人の調律師もほかの商売人と同じで、とても礼儀正しい《トレ・コレクト》という断りがつくのだが。わたしは偶然見つけたこんな話をリュックにした。一八八九年にエッフェル塔が完成すると、ギュスタヴ・エッフェルは塔の上の小部屋にプレイエルのアップライト・ピアノを運びこませ、それを調律させるために調律師を呼んだ。ところが、塔へのぼろうとして入場料を払えと言われた調律師は、自分の仕事がまともに評価されていないと腹を立てて、それを拒否して帰ってしまったのだという。『フィガロ』紙が調律師に味方するかたちでこの話を報道した。

リュックはクスクス笑って、最近では調律師の奇癖といえば、客とベッドで親密になる傾向があるということだと言った。配管工や郵便配達夫についてよく言われる冗談は調律師にも当てはまる。彼らは昼間他人の家に入りこみ、かなり長時間そこにいる必要があり、仕事は複雑で、少なくとも素人にはよくわからない。そして、客はしばしば家にひとりでいる。わたしがそういう条件をならべたてると、いつも実際的なリュックが言った。「そうさ。実際には十五分しかかからないのに、四時間もいたりする調律師もいるからね。彼らはピアノを磨いてばかりいるわけではないだろう。しかし、そういう連中は」――この世は奇妙なところだと言いたいとき、フランス人がよくやる仕草だが、彼は手のひらを外側に向けながら肩をすくめた――「まったく金を稼げない」

それを聞いて、わたしはリュックから聞いた別の話を思い出した。調律ピンを最小限しかまわさないのがもっとも優秀な調律師だという説である。言い換えれば、すぐれた調律師は仕事が速いということである。いい耳と確かな手をもっていれば、ふつうのピアノなら一時間か一時間半で調律できる。時間が長くかかればかかるほど（メカニズムに問題があって余分な時間がかかるときは別だが）、ピアノにとっても調律師にとってもよくないのだという。「ピン板がすり減るし、自分も疲れるし、耳もフレッシュでなくなるからね」

最近まで、調律は親方のもとに弟子入りして学ぶしかなかった。いまでは専門学校や調律師養成コースが増えてきているが、それでもその道の熟練者からじかに伝えられる経験に勝るものはないとだれもが認めている。調律師といえば以前は男と決まっていたが、最近では女性でもこの資格をとる人が増えてきた。とはいえ、これは独特の伝統や伝説を抱えた世界であり、その一部はいまでもピアノの内側に隠されていると言えるのではないだろうか。

シュティングルを初めて調律したとき、わたしはその内側に隠されていたメッセージを発見して好奇心をそそられた。リュックが鍵盤のふたを取り外し、象牙を被せた先端から奥へ伸びている長い木製の鍵盤を剝きだしにした。すると、鍵のひとつに細いきちんとした字体で、鉛筆書きの名前とピアノの製造番号が記されていた。〈A・ウェイチャキー、3 2 3 2 4〉リュックによれば、ピアノの内部に名前や日付が書いてあるのはよくあることで、ときには簡単なメモが残されていることもあり、調律師や職人の名前が最後に調律・整音した日付といっしょに記されていることもあるという。それは仲間の職人のための一種の記録のようなものらしい。それほどよくあることではないが、ほかの目立たない場所の部品にも名前や日付が書かれていることがあるそうだ。

どういうわけでピアノの内側に名前を記すなどという奇妙な風習があるのだろう？　楽器が解体されないかぎり人目にふれることはないはずなのに。こういう走り書きは演奏者のためではないし、ディーラーのためでもありえない。おそらくリュックの説明がいちばん現実に近いのかもしれない。「わたしの考えでは、それは寺院の彫刻をした石工と同じようなものだと思う」

巨大なカトリック寺院を飾る彫像や怪物像《ガーゴイル》の多くは、正面のはるか高い場所にあるため、それを近くから見られるのはほかの石工に限られる。隣の列の彫像を彫る職人とか、何百年かあとに修理や清掃をする人だけなのだ。リュックが面白いと思うのは、はるか上方にある石像が地上の目につく場所にあるものと同じようにていねいに作られていることだという。「彼らは神のために作るのだし、神はすべてを見通しているからだと教会は説明している。たしかに、信仰心も理由のひとつではあるだろう。しかし、わたしは彼らはおたがいのためにもそうしていたんだと思う」ピアノに記された名前にも、やはり同じように時間の支配への挑戦という意味合いがあるのだろう。すぐれたピアノを再生した熟練した職人は、そのピアノが自分の死後も生き延びていくと考えても不思議ではないのだから。

一八一七年にピアノ製作者、ジョン・ブロードウッドからベートーヴェンに贈られた有名なグランド・ピアノに、英国音楽界からの特別な贈り物として、ロンドンの一流ピアニスト五人が署名した。もっと個人的で、ちょっと変わっているのは、エドワード・エルガー所有のブロードウッドのサウンドボードに見つかった文字だろう。そこには彼がこの小型ピアノで作曲した『ジェロンティアスの夢』を含むいくつかの作品名といっしょに、〈ミスター・ラビット〉と記されていた。エドガーの筆跡なのは確かだが、彼の作品にはそんなタイトルの曲はない。娘のペットの名前だという説もあるが、たしかなことはだれにもわからないのである。

ときおり署名が見つかるのは木製の部分とは限らない。リュックはあるとき鋳造人の署名のあるピン板を見せてくれた。かがみこんでよく見ると、十九世紀風の細い書体で、紫のペンキをインク代わりにして、〈レゲシエ〉と記されていた。調律ピンの穴にはそれぞれ同じ繊細な字体で〈A〉〈#〉〈♭〉などと金色の塗装の上に紫色で書かれていた──古い陶器の表面の細かいひび模様みたいだった。「ごく古いタイプのピアノにはよく見かけるんだ。職人が部品をひとつずつ手で作っていた時代で、ひとつひとつに署名するのがふつうだった。プレイエルはまさにそうで、金属部品でさえそうだったのさ」

わたしの友人のカリフォルニア在住の調律師は、家族の歴史が刻まれたピアノを調律したことがあるという。そのピアノの内側には、いろんな人の筆跡で家族が生まれた日、死んだ日、結婚した日などがびっしり書きこまれていた。それこそ一家のバイブルのようなもので、秘密とはいわないまでも内輪の目にしかふれない場所に人生の区切りになる日付が記録されていたわけである。演奏者が自分の使ったピアノに署名を残すこともある。パデレフスキが大成功を収めた新世界での演奏ツアーのとき、アメリカ大陸の端から端まで引っ張っていったスタインウェイのコンサート・グランドが、ワシントンのスミソニアン博物館に収められている。その金色に塗装されたフレームには、黒インクの繊細な文字で、「このピアノは一八九二――一八九三年に七十五回のコンサートでわたしによって演奏された。I・J・パデレフスキ」と記されている。

ニューヨークのスタインウェイのショールームに行ったとき、わたしはヘンリ・スタインウェイの姿を見かけた。この会社の創業者一家の最後のメンバーであるこの人は、熱心な客のひとりのために、塗装された金属フレームにフェルトペンでサインしてやっていた。野球選手がボールに、作家が本にサインするのと同じようなもので、まさに有名人の時代を思わせる光景だった。

そのあと、ニューヨークのスタインウェイ工場を見学したとき、わたしは従業員が新しいピアノの隠れた場所にサインすることがあるのかと訊いてみた。「もちろん、はっきり確かめる方法はありませんし、公式に奨励されているわけではないんですが」と工場のガイドは言った。「お客様の目にふれない場所にしるしを残すのは古くからの非公式な伝統で、最近またそれが復活しているようです」公式に認められていないことはすべきではないという考えがある一方で、職人というきわめて個人的な世界で行なわれてきた慣習は尊重すべきだという考えもあるからだろう。そのときガイドはこの後者のほうに天秤を傾けることになった逸話を話してくれた。

ある日、整音の見習い工がスタインウェイの工場に出てくると、ふだんはめったに感情をあらわにしない職工長が涙を流していた。職工長は再調整するため工場に送られてきた古いスタインウェイ・グランドの解体したアクションの前に立っていた。「どうしたんですか?」と見習いが訊くと、「これが泣かずにいられるかい?」と職工長は言った。ピアノからアクションの部分を取り外すと、その内側に別のスタインウェイの職人の名前が見つかったのだが、それが彼のいまは亡き父親のサインだったというのである。

いまでは、職工長はピアノの隠れた部分に自分のイニシャルの入ったスタンプを押すことを認められている、と工場のガイドが説明した。その実物をひとつ見せてくれたが、それは日本の版画の片隅に押されている落款《らっかん》を思わせる、四角い、デザイン化された、控えめなものだった。わたしはどちらかというと職人がペンを取り出して、自筆でサインしたほうが趣があると思う。サインは紙にするものと考えている人々にとっては、ちょっと突飛な考えかもしれないが、金属と木材からわたしたちがピアノと呼ぶあの複雑な奇跡を作り上げ、調律し、整音するという能力をもっている人間がいったいどれだけいるというのだろう? 高貴な仕事には高貴な身振りが似つかわしい。わたしたちが手にする楽器を修理した人の筆跡が読めるというのは、貝のなかに真珠を見つけるような、じつに貴重な発見ではないだろうか。ひとりの職人がいて、心をこめて楽器を修理し、ただ〈自分がそこにいた〉というだけのメッセージをそっと忍ばせて、いずことも知れぬ場所に送り出したのだと知ることは。

15

その場にふさわしい言い方

　ある金曜日、わたしは夕方ちかくにアトリエに立ち寄った。うちのピアノに欠けているペダル支え棒について、リュックの意見を聞きたかったからである。ウィンドの小さい手書きの看板に閉店時刻は六時三十分とあったが、それはおおよその目安にすぎず、そのころになると古い金属のシャッターを下ろして鍵をかけることが多いというだけだった。ドアを閉めると小さな鐘が鳴ったが、リュックは出てこようとせず、店の奥から大声でどなった。「入ってくれ！　わたしたちは奥にいる！」

　アトリエへのドアをひらくと、リュックは他の三人といっしょに古いキャンバス地の布をかぶせたベビー・グランドを囲んでいた。布の上にはフランスの午後の遅い時間の典型的なスナックがならんでいた。半分がすでに輪切りにされている太いサラミソーセージ《ソシソン》、肉屋が使う包装紙のなかにチーズが二種類、二本のバゲットのうち一本は半分がなくなっており、ワインのボトルが二本ならんでいて、指をかける丸い輪のついた古い真鍮の燭台に小さなロウソクまで揺らめいていた。

「ほら、近所のアメリカ人が来たぞ！」とリュックが親しみをこめて言い、わたしにグラスを渡してくれた。

彼はわたしをほかの人たちに紹介してくれた。大きな笑みを浮かべた三十代の黒髪の女性、マティルドは「この店の客で、友人」、フランソワという丸顔の、金髪の巻き毛を後光みたいにいただいた小柄な男は「音楽狂《メロマーヌ》」、エレガントな服装をした年配の女性、ダニエルはただ単に「隣人」だということだった。わたしは自分のグラスにワインを注いで、中断された話が再開されるのに耳を傾けた。

マティルドが子供時代から若いころまでずっと持っていたピアノのことを話していた。どういう事情からか——わたしはそこは聞いていなかったので、理由ははっきりしなかった——彼女はこの愛用のピアノを失ってしまったが、いつかそれを取り戻したいと思いつづけているのだという。「わたしはそれがまた見つかるのを夢見ているの。ある日ドアをあけると、そこにそのピアノがあるというイメージがいまでもよく浮かんでくるのよ」

彼女はなんとも言えないほど哀しそうだった。大切にしていた宝物を失った人に共通の、あの慰めようのない失望感をただよわせていた。長い沈黙のあと、リュックがそれまで聞いたことのないなだめるような低い声で言った。「そのピアノは忘れなくちゃだめだね。なくなってしまったんだから。いっしょに別のピアノを見つけよう」

彼女は初め反発するような眼差しで彼を見たが、やがてその目がやわらいだ。「イギリスで行方不明になったのよ。もしかするとだれかがこっちへ送り返して、あなたが中古で手に入れることになるかもしれないわ」

「その確率がどのくらいあるのか、わかっているのかい？　イギリス人はこっちにはガラクタしか送らない。いいものは手放そうとしないんだ」

それから音楽狂のフランソワが、別のピアノがなくなった話をはじめた。パリの代表的なコンサート・ホールのひとつに、よく知られた運送会社の名前の縫い取りのあるシャツを着た六人の男が現われた。約束どおり、修理のためにコンサート・グランドを受け取りにきた、と彼らはホールの管理人に言った。だれもそれに疑問をもたず――昼休みがはじまったばかりで、ホールの支配人はいなかった――彼らは舞台の袖からスタインウェイ・モデルDを運び出した。作業はせいぜい十五分くらいしかかからず、彼らは大型トラックで走り去って、その行方は二度と知れなかった。そのピアノは控えめに見積もっても五十万フランはするものだったという。

その策略の大胆さと手際のよさに驚いて、わたしたちはにやにや笑ったが、リュックがそれをさえぎった。「その話にはひとつだけ問題がある。世界中のほとんどの都市を舞台にしたバージョンがあるようだが、ディテールが偶然にしてはよく似すぎているんだ。ピアノはいつもスタインウェイのモデルDだし、男たちは決まって五、六人で、かならずレンタルのトラックで逃走している。だが、長さ二・七メートルもある高価なピアノがどこで売れるというんだい？　隠すのも輸送するのも大変だし、そのうえ買い手はきわめて限られている。それに、金属フレーム以外にも、ピアノにはいろんな隠された場所に製造番号がつけられているんだ。だから、調律させたり整備させたりすれば、そのとたんに見つかってしまうおそれがある」

リュックはそれがよくできた話であることは認めたが、現実に詐欺にあうのはもっとふつうのピアノで、やり口ももっとありふれたものだと主張した。未亡人になったばかりの女性が夫の残したピアノを査定してもらおうとして、業者に引き渡すと二度ともどってこなかったり、教会や学校がピアノを再生させると、似たようなずっと安物のピアノがもどってきて、だれもそれに気づかなかったり、大きなホテルやコンベンション・センターで、年末にピアノの在庫をチェックしたら一、二台足りなかったり。

「いいかい、ピアノは洋服ダンスより大きくて重たいし、同じくらい隠しにくい。こそ泥が最初に目をつけるようなものじゃないんだ。ピアノを盗んだりするのはたいていは業界の人間、すばやく処分できる方法を知っている人間のしわざなのさ」

「あなたみたいにね！」と、ワイングラスをふたたび満たしながら挑むような微笑を浮かべて、ダニエルが宣言した。

「まあね。しかし、わたしはそういう企みには歳をとりすぎているし、のろますぎる。それに、これ以上悩みの種を抱えたくないし」

「それじゃ、このアトリエでは盗品のピアノは扱ったことがないというの？」

「それと知っていて扱ったことはない、ただの一度もね。しかし、わたしが買い取る中古ピアノの出所がすべてはっきりわかっているわけでもない。わたしは正直に買い取って、正直に売るのをモットーにしているが、オークションや在庫処分セールで入ってくるピアノの出所を一台一台調査している暇はない。自分にできることをやって、それでよしとするしかないんだよ」

彼の言い分はもっともだとわたしは思った。わたしはパンとサラミに手を伸ばした。アトリエの片側には巨大な——きわめて醜い——薪ストーヴがでんと坐っていたが、わたしたちはそのストーヴから遠くない場所に立っていた。ストーヴから上に伸びている煙突が大小のパイプとY字形金具の巨大な構造物になって、暖められた空気ができるだけ部屋のなかを循環するようになっている。すべてメタリック・グレイに塗装してあるが、長年の埃や疵や錆だらけで、もう使われていない奇怪な機械か、人里離れた森のなかでつい最近発見された、むかし行方不明になった飛行機の残骸みたいだった。

暖房機としての効果は疑わしかったが、それはたいして問題にはならなかった。アトリエにはこれしか熱源はなかったし、冬の夕方はとてつもなく寒かったからである。ピアノや部品類はけっしてストーヴには近づけなかったので、ほぼ円形のスペースのまんなかにぽつんとストーヴだけが置かれ、その周辺がほんのり暖かいだけだった。寒さでピアノが悪くなることはないが、直接熱が当たるのは致命的だ、とリュックはいつも言っていた。だから、彼は冷たい手をストーヴで温めにきて、それからまた寒いコーナーにもどって仕事をするのをいとわなかった。

この怪物じみたストーヴを見ると、わたしはよくリュックをからかったものだった。フランスの公園や広場で見かける悪趣味な現代彫刻を思い出さずにはいられなかったからである。ブランクーシのパリのアトリエの写真に似たようなストーヴが写っているのを見つけて、彼に見せてやったこともある。

リュックは少しも感心した顔をしなかった。「現代彫刻だって？　とんでもない。今世紀の初めには、これはキッチン・テーブルと同じくらいありふれたものだったんだぞ。その写真はアーティストでも寒いときは寒いということを示しているだけさ」そこまで言うと、彼はふいに共犯者みたいな顔をして付け加えた。「しかし、ブランクーシも寒さを凌ぐため、そのストーヴに木製の彫刻作品をいくつか投げこんだろうと思うと、ちょっと面白くなくもない」

彼はにやりと笑った。束の間の現実的必要のため芸術が煙になって消えていくというパラドックスについて考えているようだった。だが、その二、三日後、アトリエで彼がストーヴに木切れを放りこんでいるのを見るまでは、彼の言葉に二重の意味があったとは気づかなかった。それは十二月の初めのことで、一晩のうちに、いきなり秋から冬になっていた。身を切るような寒風が咆吼《ほうこう》をあげて裸の木々を震わせ、激しい雨が道路をたたきはじめて、カフェは最後のテーブルを店内に避難させていた。「外は零下だと思うよ。ちょっとストーヴに当たらせてもらってもかまわないかい?」

「もちろん、かまわないよ。それに、一九二五年はイギリス製のピン板の当たり年だし!」

わたしが驚いて彼の手のなかの木切れを見ると、彼はこらえきれずに笑いだした。一方の端に規則正しい間隔で穴があいているのを見れば、ピアノの調律ピンが差しこまれる分厚い木製部品の一部にちがいなかった。「そんな人食い人種を見るような目つきで見ないでくれ。わたしは凍えて死なないようにしているだけなんだから。それに、こうすれば、死んだピアノがバーゲン・セールに出品されるのを防げるんだからね」

ピアノに生命を吹きこむのを仕事としているこの男にも、やはり死んだピアノというものがあったのか。最期を迎えた、けっして回復不可能な、確実に死んでしまっているピアノが。実際には、まったく修理不可能なピアノが入ってくることが思いのほか多い、と彼は言った。たいていは悪くないピアノとまとめて売りに出されていて、引き取らざるをえないのだという。どうしても演奏できる状態にできないことがはっきりすると、解体して、使える部品は取り外し、残りは焚きつけとしてストーヴのそばに積み重ねておくことになるらしい。

リュックが修復不可能なピアノを燃やしていることは、その場にいるだれもが知っているようだった。リュックはそれを〈燃料《レ・コンビュスティーブル》〉と呼んでいた。彼は信じがたい煙突を天窓に伸ばしている奇怪なストーヴに歩み寄った。その重たい鉄の上ぶたに手をやって、厳粛さを装った口調でみんなのほうを振返った。「わたしの遺体もこうしてほしいと思っているんだ。ほかの人たちに場所をあけなくちゃならないからね」

「そうね、あなたが死んだら、ここのピアノを全部積み上げて、その上にあなたをのせて燃やしてあげるわ。わたしたちはそのまわりで踊って、月に向かって吠えるのよ。『ジークフリート』と『春の祭典』をいっしょにしたお祭り騒ぎをしてあげる」隣人の女性、ダニエルはこのジョークが気にいったらしく、なんだかひどくはしゃいでいた。

リュックもみんなといっしょに笑った。「しかし、それじゃ、いいピアノが無駄になるような気がする。見こみのないやつだけを使ったほうがいい。そういうのはいつだっていくらでもあるんだから」

「だめよ。英雄にはそれなりの、心が痛むような生け贄が必要なんだから。それに、あなたにはあの世でもいいピアノが必要でしょう?」

「ときどき、天国にはピアノなんかないほうがいいと思うことがある」リュックはゆっくりとワインを味わってから、まわりの顔を見まわした。「もっとも、それはきょうみたいな日に限られるけど」

そう言って、彼はその日の午後の出来事を話しだした。先週、ある女性から古いエラールを売りたいという電話があったので、きょう昼食のあと見にいった。それは古いオペラ座の近くの、小さなアパートに住んでいる年配の婦人だった。ピアノは一八八〇年代のアップライトで、慎ましいサロンに誇らしげに置いてあった。少女時代からもっているピアノで、その前は叔母さんのものだったという。「わたしはもう弾けないんです」とその婦人は言った。「この手を見てちょうだい」婦人の手は関節炎で変形して麻痺《まひ》していた。「この楽器にいくらかでも価値があるなら、わたしの墓石にするよりは、人の世話にならずに生きていく足しにしたいと思いましてね」

ちょっと見たところでは、そのピアノはいい状態にあるように見えた。その小さな居間のほかの重厚な家具と同じように、ピアノも定期的に磨かれワックスをかけられていた。だが、内部を見ようとして上のパネルをあけると、あらわになったのは恐怖のカタログだった。「前面のパネルのヒンジをまわしたとたんに、それが板から外れて、手のなかにうっすらと木の粉が残った。しかし、最悪なのは臭いだった。まるでトイレが詰まったようなひどい臭いで、たちまち胸がむかむかした。しかし、老婦人はそれには全然気づかないようだった」内部をのぞくと、ピアノはかなり前から虫に喰われているのがあきらかだった。フェルトはほとんど完全に蛾の幼虫に食いつくされ、木はキクイムシで蜂の巣状になり、何年も前からネズミが快適に暮らしていたらしく、腐りかけた死骸があって、それが猛烈な悪臭の原因らしかった。演奏してみると、音が狂っているだけでなく、弦が切れていてまったく音が出ない鍵がいくつもあった。「完全にどうしようもないガラクタだったが、外側の箱だけは見られるかたちを保っていた。過去五十年間一センチも動かしていないのは確かだったね」

「それで、あなたはその人にどう言ったの？」マティルドがみんなが聞きたかった質問を口に出した。

それを思い出すだけでも体のどこかが痛むかのように、リュックはちょっとたじろいで、ゆっくりとワインを飲んだ。「鍵盤のふたの代金として千フラン提供すると言おうかと思った。あの時代のエラールのネーム・プレートにはそれなりの価値があるからね。しかし、わたしには、それ以外は文字どおりなにひとつ回収できるものはなかった。どうしてもほんとうのことを告げる気になれなかったから、こういうタイプのピアノは扱ってないと言うしかなかった」

アトリエがふいにしんと静まりかえり、わたしたちは落ち着きなく身じろぎした。だれもがリュックを、その老婦人を思いやり、事態をうまく収める解決策がなかったことを悔やんでいるようだった。

「しかし、ある意味では、たしかにそのとおりなんだから……」とわたしが言った。

「ある意味ではね」とリュックはそっと反復して、ワイングラスを見つめた。

「それで、そのぼろぼろのエラールはどうなるの?」ダニエルが知りたがった。

「ああ、ル・コックに電話して、事情を説明しておいたよ。彼が象牙や鍵盤のふたやもしかするとペダルも回収することになるだろう。老婦人には二千か、ことによると三千フランくらい入るかもしれない。しかし、あのピアノは持ち上げようとしたとたんに焚きつけの山になってしまうだろう」リュックは渋い顔をしてわたしたちを見まわした。「わたしはそういうところは見たくないんだ」老婦人にはパリ郊外に住む娘がいて、遠からずその娘の世話にならざるをえないだろうということだった。

もっと胸が痛むのは、ピアノを売ろうと決心しながら、まだそれと別れる覚悟ができていない人たちの場合だという。彼らはしばしばかわいがっていたペットを里子に出さざるをえなくなった人たちみたいに心配そうな顔をする。ピアノを引き取る相手が、長年愛用してきたその人生の同伴者を大切にしてくれるかどうか知りたがるのだ。リュックはもちろん商売人だが、安堵と悔恨のあいだのこの不確かな領域では、多くの人にとって、彼がどんな態度をとるかがきわめて重要らしかった。

ときにはきわめてデリケートな話になることもあり、そういうときには言葉をひとつずつ吟味しなければならないという。リュックの態度が少なくとも値段と同じくらい重要になるからである。「そういう場合には、その場にふさわしい言い方を見つけなければならない。その家族の一員としてのピアノのポエジーを尊重しなければならないんだ」ピアノにかつてそれを愛用していた故人の面影が刻みこまれているときには、話し方がむずかしくなることが少なくない。

もう何年も前だが、リュックはある未亡人が売りたいというピアノを見積もりに行った。美しいプレイエルのグランド・ピアノだったが、アクションと音質をチェックするため彼がシューマンの『トロイメライ』を弾きだすと、未亡人がわっと泣きだした。「ごめんなさい」と、彼女はすすり泣きながら言った。「主人がむかしわたしのためによくその曲を弾いてくれたんです」

音楽とひとつに溶け合った記憶ほど強烈に人の心を締めつけるものはない。さまざまな事情からピアノというじつに持ち運びにくい持ち物を手放さざるをえなくなったとき、自分が愛用したピアノ、友人や家族の思い出と結びついたピアノと別れるのがむずかしいのは少しも不思議なことではない。パリやニューヨークのいくつかの業者からも、わたしはほろ苦い話を聞いたことがある。費用はいくらかかってもかまわないから、ある特定のメーカー、モデル、仕上げの中古ピアノを探してほしいと注文する客がいるのだという。戦争という災厄の犠牲者、難民や移民はひとつの世界全体をもぎとられ、それと同時にしばしば愛する人を失っている。物質的な状況がよくなると、彼らがまず最初に欲しがるのが家族の中心になっていたのと同じモデルのピアノらしい。だが、実際には彼らの期待どおりに事が運ぶことはめったにないようである。

あるニューヨークの業者は一九二〇年代のグロトリアン＝シュタインヴェーグのグランド・ピアノを再生した。これはアメリカでは非常にめずらしいドイツ製の楽器だった。客は大喜びで、ヨーロッパで少女時代に愛用していたピアノとまったく同じモデルのこの楽器を自宅の居間に据えつけた。だが、それを演奏し、それといっしょに暮らしはじめると、似ているのは外見だけだとわかった。たとえどんなに忠実に再生されていても、彼女が失った懐かしい特徴は金では買いもどせなかったのである。

「ピアノはあまりにも個人的なものでありすぎるんです」とその業者は言った。「実際に人が覚えているのは──軋るような音、高音部の軽さ、かすかに張りつくペダル──世界に一台しかないそのピアノ独特の癖なんです。それは専門家が再生するとき直してしまうような種類の癖なんですよ」

わたしたちはピアノに夢をまつわりつかせ、通りがかりにさわったり、好きな写真や大切なオブジェをのせたりして、一種の家庭内の祭壇のようなものにしてしまう。だから、それが生活のなかからなくなってしまうと、別のもので置き換えることはできないのだ。人生を生きていく過程でそれにまつわりついてきたものがあるからである。時は流れ、ピアノもわたしたちと同様にすり減っていき、ときには運命の渦に巻きこまれて破壊される。わたしたちはやりなおしができるし、いい楽器さえ見つかれば、音楽の世界への道はふたたびひらかれるだろう。けれども、この巨大な木と鉄の塊がわたしたちにさまざまな思いを呼び起こす力は、ひとつひとつの楽器のなかに宿っているのである。

自分が出くわした扱いにくいケースをいくつか話したあと、リュックの顔にまたいつものいたずらっぽい表情がもどった。「ときには、わたしはピアノを解体して燃やすための最低限の値段でさえ引き取らないこともある。客が事実を直視できると思うときには、ありのままを教えてやるんだ。裏庭でバーベキューをやって、自分たちの手でピアノを燃やしたらどうかってね。隣人やそのピアノを愛用した家族全員を招待して、ソーセージを何キロか買ってきて、それでパーティをすればいい。それを自分たちのためのひとつの儀式にしてしまうほうが、はした金を受け取って汚い仕事を他人にやらせるよりいいことなんだから」

あの老婦人の痛々しいケース、適当な解決法のない夢の残骸と比べれば、こっちのほうがずっと苦痛ではないらしく、リュックはいまやリラックスした顔をしていた。古いピアノの死を一種のお祭りにして、にぎやかなアイルランド風の通夜みたいに、完結した人生を祝い、思い出を分かち合うほうが彼の性に合っているのだろう。火葬の薪の山を囲んで食事をするというアイディアは少しも驚くべきことではなかった。ほとんどあらゆる儀式にかこつけて物を食べるというのは、まさにフランス人らしい考えなのだから。「もちろん」と彼は付け加えた。「塗装の部分が燃えきってからソーセージを焼くように注意しておいたけどね。味が悪くなるから」

会話がしだいに下火になり、わたしたちはピアノの上に残っていた食べ物を片付けはじめた。リュックが店を閉めているとき、わたしはピアノのペダル支え棒のことを訊いてみた。彼はスペアが見つかるかどうか調べてみると約束してくれたが、あまり激しく使わないかぎり、ペダルはリラだけでも十分しっかりと保持されていると請け合ってくれた。

全員がぞろぞろ歩道に出ると、たがいに「よい週末《ボン・ウイークエンド》を」と声をかけあい、次にアトリエで会ったとき議論のつづきをする約束をして別れた。わたしが後ろを向いて帰ろうとしたとき、リュックとマティルドが反対の方向にふたりで歩いていく姿が目の端に入った。

16

スコラ・カントルム

わたしがアンナとのレッスンをはじめてしばらく経ったころ、わたしの娘がいまやわが家の居間の片隅に鎮座する巨大な楽器に興味を示すようになった。部屋にだれもいないときポロポロ鍵盤を弾く程度だったが、アパートのほかの場所にいてもそれが聞こえ、そういうとき、わたしたちはなるべく邪魔をしないようにした。ピアノのレッスンを受ける気はあるのかと訊いてみると、娘はためらいがちに、楽しいかもしれないなと答えた。ためらっているときに無理強いするのはよくないとわかっていたので、それじゃいちおう考えてみてやろうとだけ言っておいた。

アンナに教えてもらってはどうかとも思ったが――アンナの個人レッスンの生徒は大人も多かったが、子供もいた――パリ郊外のアパートまで通う時間を考えるとちょっと無理があり、もっと近くにいい先生を見つける必要があった。パリ市立の音楽学校にも子供向けのレッスンはあったが、妻もわたしもこれには通わせたくないという点では同意見だった。こういう学校は競争心をあおる教え方をすることで有名だったが、わたしたちが見つけたかったのは娘が音楽の楽しさを発見するのを助けてくれる先生だった。

これは簡単ではなかった。フランスは音楽教育には真剣に取り組んでいる。それ自体は敬服に値することではあるが、あまりにも公式的でアカデミックな教育法ばかりが重視される傾向がある。かなり早い段階から理論が重視され、ソルフェージュ——読譜法と歌唱法の同時的な練習——がほとんどかならず要求される。これは非常に総合的な音楽教育の基礎にはなるが、その恩恵にあずかれるのは往々にして十分やる気があり才能もある子供たちに限られる。やる気や才能そのものを育むためにはあまり役に立たないのである。多くの子供はしばらくのあいだ音楽のレッスンを受け、理論と実践の面白くもない授業に辛抱強く通うが、強制されなくなるとすぐに離れていってしまう。わたしたちは娘に音楽の基礎をしっかり身につけさせたかったが、同時に、冒険と発見の感覚を体験してほしいとも思っていた。練習するのは教師や親を感心させたいからではなく、音楽が好きだからでなければならない。それだけに第一歩がきわめて重要だった。

まだ先生を探していたこの時期のある日、カルチエ・ラタンの友人のアパートから帰ってくるとき、わたしはわざと回り道してお気にいりの教会、ヴァル＝ド＝グラースのある狭い道を通った。この教会のあるサン＝ジャック通りは、狭いわりには騒々しい抜け道で、パリがまだローマ支配下のルテティアという町だったころから、南へ向かう街道だった。現在の名前は中世にスペインのサンチアゴ・デ・コンポステラ（フランス人はサン＝ジャック＝ド＝コンポステルと呼ぶ）へ向かう道筋だったことに由来する。ヴァル＝ド＝グラースは大規模なルネサンス後期の教会で、パリではこの時期の教会はめずらしい。活気あふれる彫刻で飾られた生き生きとした正面《ファサード》はむしろローマ的で、この町でもっとも美しい丸屋根が、ゆったりと波打つ淡黄色の石造りの建物に優雅な趣を添えている。

にぎやかな狭いサン＝ジャック通りの歩道を歩いていくと、ふいに通りが広がって、頭を金色に塗られた杭の背後に、このルネサンスの栄光がそびえ立っているのが見える――わたしはそれが気にいっていた。これはオスマンが造った広大な大通りや凱旋記念の遊歩道のパリより、むしろローマを思わせる、無茶苦茶で、官能的で、じつに壮大なくせに不思議に親しみがもてる空間だった。

わたしはこの光景をじっくり眺めた。ときどきしか会わない古い友達を訪れたような気分だった。それからまた小さな広場の反対側につづく狭い通りに入っていくと、大きな入口の上の壁にブロンズで鋳造された〈スコラ・カントルム〉というラテン語がはめこまれていた。重そうな木の扉の片側に小さい真鍮のプレートがあって、〈音楽・ダンス・演劇専門学校《エコール・シュペリユール・ド・ミユジーク、ダンス、エ・ダール・ドラマティーク》〉と書かれている。これはどんな学校なんだろうと考えていると、走りすぎる車の音が一瞬とだえて、壁の背後からヴァイオリンの音が聞こえてきた。通りの反対側に渡ってよく見ると、壁の向こうに四、五階建ての古い建物が見えた。正面には、十七世紀から十八世紀に建てられたパリの古い邸宅、いわゆる〈オテル・パルティキュリエ〉によく見られる優雅な彫刻が施されている。窓は優美でスレートの屋根は急勾配だったが、飾り立てられた邸宅というにはほど遠く、片側には非常階段が取り付けられ、通りに面した上の階の窓に空っぽの椅子と譜面台が半円形にならべられているのが見えた。

この学校のことを訊ねると、ある友人は「非常にしっかりしているし、とても想像力ゆたかだ。ほかの音楽学校の出世競争とはちがう」と言った。それとは別に、古臭いという意見もあったが、詳しく訊いてみると、これは音楽の教え方というより、建物がうらぶれていることを指しているようだった。あるアメリカ人の友人によれば、第一次大戦後コール・ポーターがそこで学んだということだった。最後に、わたしはリュックにもこのサン=ジャック通りの学校のことを知っているかと訊いてみた。「もちろん、知ってるよ。パリでも最高の音楽学校のひとつだからね。ドビュッシーや、メシアンや、ほかにもいろんな人が教えていたんだ。なによりもまず音楽に気をつかっているという評判だ。ただ、私立の学校だから」――と言いながら、彼は肩をすくめた。――「あまりお金がないんだけどね」

　リュックの言い方からもわかるように、この点では、フランスはアメリカとは正反対だった。アメリカでは、私立の施設――学校、芸術学校、病院、大学など――のほうが金持ちで、名声も高い場合が多いのだが、フランスではめったにそういうことはない。国立の芸術学校には資金がふんだんに注ぎこまれるが、私立の学校は――民間の基金があまり存在せず、国の務めだとみなされている活動に寄付をする習慣のほとんどないこの国では――なんとか自力で資金を調達しなければならないからである。

　わたしはスコラ・カントルムに電話して、わたしのふたりの子供がレッスンを受けられる可能性があるかどうか相談するため、学校を訪ねることにした。次の週、昼食のあと仕事をちょっと一休みして、わたしはそこまで歩いていった。今度は大きな木の扉がひらいていて、砂利を敷いたこぢんまりした中庭が見えた。奥の建物の質素な入口を入ると、玄関ホールは十九世紀末にフランスで流行《はや》ったステンシル・デザインのタイル張りの中央ホールにつながっていた。ならんだドアの背後から、かすかに楽器を演奏する音が聞こえた。

　玄関ホールから建物の裏側に抜けると、雰囲気ががらりと変わった。床は玄関のようなタイル張りではなく、方形の白い大理石だったが、歳月を経てすり減って、ひびが走り灰色がかっていた。ホールの奥に長細い螺旋階段があり、その内側に均整のとれたエレガントな鋳鉄製の手摺りがついていた。壁の下のほうにはいろんな濃さの白や灰色に塗られた板が張られ、その上の漆喰《しっくい》の部分にはあちこちに手のこんだ飾りがついている。そのひとつに大きなホタテ貝があったが、これはたぶん何世紀ものあいだサンチアゴ・デ・コンポステラへの巡礼者が自分たちの紋章として使っていたものと同じだろう。仰々しいほどではないが、かなり堂々たるスペースだった。ただし、手入れが行き届いているとは言えず、階段の踏み板のなかには取り替えたほうがいいものがあったし、壁のペンキも塗り替えが必要で、漆喰の飾りは端が欠けていた。

階段の片側に一対のガラス扉があって、そこから入ると、表通りからは隠された広々とした中庭があった。パリの標準からすればかなり広く、三百坪もあるだろうか、建物が建てこんでいるパリのこのカルチエでは、ほとんど想像を絶する贅沢さだった。とはいえ、パリの町にはときどきこういう驚きがある。表通りから建物を隔てて反対側には、まだ新しい建物や駐車場に占領されていない古い中庭があったりする。スコラの庭にちょっと驚かされたのは、エレガントな階段もそうだったが、手入れが行き届いていないことだった。むしろ、かつてはお洒落《しゃれ》な庭だったが、いまやなかば自然に任されているように見えた。これはパリでは非常にまれで、いまでも私有地として残されているわずかな庭はたいてい形式を整えようとするフランス的情熱にさらされて、きちんと計画的に整理されている。わたしは静かな庭をぶらぶら歩き、ベンチのひとつに腰をおろして、玄関ホールで見つけたスコラの歴史に関する小冊子を読みだした。

この建物――少なくともその敷地――には長い歴史があるようだが、ここはパリのなかでももっとも古い一角だったから、それ自体は少しも驚くべきことではなかった。元来はイギリスのベネディクト会修道院としてはじまり、十七世紀後半には、スチュアート朝時代の王党派の避難所になった。その後、宗教が戦争につながる英仏の関係と絡み合って、この建物もじつに複雑な変転をたどった。小冊子によれば、一七〇一年にジェームズ二世の遺体がここに埋葬されると、その墓が巡礼の対象になったが、やがてそこにさらに神秘的な要素が加わった。「神がジェームズ二世の墓のそばで奇跡の治癒をもたらされた」のである。とはいっても、どんな病人が治癒したのか具体的には書かれていなかったが。

ベンジャミン・フランクリンがこの僧院に滞在して、アメリカ独立宣言の前文を書いた。フランス革命のときに僧院は刑務所になり、それから紡績工場として使われ、さらに理工科学校《エコール・ポリテクニーク》の予備校になって、一八九六年からは私立の音楽・ダンス・演劇学校になった。サティ、ドビュッシー、アルベニス、メシアンなどがこの学校に関わり、学校としては形式張らない進歩的な教育をめざしているという。わたしがとくに気にいったのは、競争主義の伝統を放棄するという原則を打ち出していることだった。「わたしたちはだれかに対抗するために音楽をやるわけではありません」

わたしは庭に坐ったまま、樹木のあいだからスコラを振り返った。中心になる建物は十八世紀のフランス建築によくある淡黄色の石造りで、各階に床から天井までの窓がついている。スレート葺《ぶ》きのマンサード屋根、窓辺には繊細な鋳鉄の手摺り、上の階の単純な装飾、いかにも啓蒙主義の時代に属する建物らしかった。革命のとき刑務所になったこの建物はどんなふうに見えたのだろう？　熱狂的な社会の激動がパリに集中するなかで、この静かな中庭が言葉で表わせないほど絶望的な、人を狼狽《ろうばい》させる場面を目撃したことを想像するのはむずかしくなかった。

ここもまたリュックのアトリエみたいに秘められた場所なのだろう、とわたしは思った。ここは過去を内側に抱きながら、それに埋もれてはいなかった。古いけれど息苦しくはなかったのである。ここを古臭いと評した友人は建物が「うらぶれている」とも言ったことを思い出したが、わたしはそうは思わなかった。老朽化しているのは確かだが、古い邸宅によくある取り澄ましたみすぼらしさはなかった。外見から判断するかぎり、自由になる資金はすべて音楽の教育に使われているようだった。あらゆる年齢の生徒たちが楽器を抱え、音楽についておしゃべりしながら階段を急いでおり、空気には生気があふれていた。ベン・フランクリンがこの中庭から見上げて、あるいは波形模様の窓ガラス越しに中庭を見下ろして、あの当時よりはるかにスピードが速くなった世界の喧噪や性急さから一歩退いたところで、この小区画がどんなものになっているかを知ったとしても、そんなに失望しなかったのではないだろうか。

息子はリコーダーをやりたいと言い（「手で持てるものがいい！」と彼は言い張った）、娘はピアノを選んだ。初めて先生と話したとき、先生はすぐわが家にピアノがあるか、妻かわたしが演奏するかと訊いた。ピアノはあるし、わたしは最近またピアノをはじめたと答えると、彼女は熱っぽく言ったものだった。「家庭のなかに音楽があるほうがずっと教えやすいんです」

九月になると、子供たちをスコラに連れていって、それぞれの先生に引き合わせた。寮母みたいにどっしりした女の先生がにこにこ顔で娘に挨拶して、すぐにちょっと旧式なフランス語の愛着をこめた言い方で〈おちびちゃん《マ・ビュス》〉とか〈バンビちゃん《マ・ビッシュ》〉とか呼んだ。レッスンは砂利の敷かれた中庭の両側にある小さな別棟の一階で行なわれた。ピアノはエラールのアップライトで、三十分のレッスンがはじまると、窓越しにふたりがならんで——娘はピアノの椅子に、先生はその横の背もたれつきの椅子に——坐っているのが見えた。はるかむかしマダム・ガイヤールの隣に坐っていた自分自身を見ているような不思議な気分だった。もっとも、既視感《デジャ・ヴュ》というほどのものではなく、ただ親として、音楽のはるかな道程でこの第一歩がどんなに大切かを思わずにはいられなかっただけである。レッスンのあとでどうだったかと訊くと、娘は「だいじょうぶだった」とどうとも取れる答え方をした。しかし、その後数日、時間があると音楽ノートをひらいて、しきりに練習しているようだった。

子供たちのレッスンが終わるのを待つあいだ、わたしは玄関ホールや天気のいいときには中庭で本を読んで時間をつぶした。しかし、ときには、上の階に人のいない練習室を見つけて、そこに置かれているピアノを弾いてみたりもした。ピアノの多くはプレイエルのグランドだったが、それにしても練習室にあるピアノのほとんどがいまでは生産されていない古いピアノだとは、異常とまでは言わないにしても、じつにフランス的だと思った。ピアノはそれぞれタッチも音色もはっきりと異なり、個性とでも言うべきものがあって、ケースもひとつとして同じものはなかった。天井の高い、暖炉のある、歴史を感じさせる古い部屋に坐っているのは楽しかったし、いろんな鍵盤でわたしの慎ましいレパートリーを試せるのはじつに興味尽きなかった。

水曜日にスコラ・カントルムに通うのがわたしの毎週の習慣になり、理由は少し違ったが、そこへ行くのがアトリエに立ち寄るのと同じくらい楽しみになった。アトリエではリュックが中心であり、わたしは彼やその友人や客たちと話せるのが楽しかった。スコラのほうはそれほど個人的ではなかったが、あらゆるかたちの音楽を尊重するという意味では、リュックの店と通じるところがあった。両方ともただそこにいるだけで楽しいすてきな場所で、日常のパターンから一歩抜け出して、それとは違うリズムを呼吸し吸収できる場所だった。

秋の学期の中頃、わたしがスコラのオフィスにいると、校長のムッシュー・ドニが入ってきて自己紹介した。ちょっぴり猫背ぎみの中年の紳士で、小さな私立校の責任者がたいていそうであるように、慢性的に心配そうな顔をしていたが、話しはじめるやいなや、その顔に生気がやどった。彼はフランスの教育関係者や経営者に共通の制服――ブルー・グレイのスーツ、グレイのVネックのセーター、白いワイシャツに、ダーク・ブルーのネクタイというでたちだった。わたしの子供たちのことを名指しで話して、順調に進歩しているという報告を受けていると言った。校長が初心者の生徒をそんなによく知っていることに驚いた、とわたしが言うと、スコラの生徒のひとりひとりが大切だと思っているし、初心者はいずれ「上級者」になるものだと言った。音楽にかぎらず他の科目でも、フランスの教育にはもっと柔軟性が必要だ、と彼は言った。「システムを上から下まで変える必要があるんです。スコラはそのパイオニアになりたいと思っています」

彼自身がスコラに通ってピアノとオルガンを学んだのだという。この学校と関わりのあった有名作曲家のことを訊くと、たしかに多くの有名な人物がここで教えたのは事実だが、過去の栄光にばかり頼っているわけにはいかない。彼の最大の課題は建物や設備に必要な改善を施して、第一級の音楽学校としてのレベルを保つことだと答えた。彼が受け継いだこの建物は祝福であると同時に呪いでもあるが、この学校をほかの諸々とはっきり区別し、共同体の感覚を養うのには役立っているということだった。

学校中にあるいろんなピアノについても同様で、さまざまな種類の楽器があることをひとつの強みにしたいと思っている、と校長は言った。学校によっては、ピアノはすべてスタインウェイとかヤマハでそろえたりしているが、スコラではそれはできない。けれども、「ピアニストはふつう、ヴァイオリニストやフルート奏者のように、自分の楽器を演奏するわけではありません。だから、いろんな楽器に対応できることがピアニストには必要な条件のひとつなのです」たとえそれが当代最高の楽器ではなくても、プレイエルのアクションやシンメルの音色の違いを感じとることを通して、ピアニストは聞き方や演奏の仕方について多くのことを学ぶ。これは少なくともテクニックそのものを身につけるのと同じくらい重要なことで、それこそ鍵盤楽器による音楽の表現そのものに深く関わることだというのである。

中央ホールにあるスタインウェイのコンサート・グランドはどうなのか、とわたしは訊いた。どうやら新品らしかったし、しかもケースがありきたりでないのは確かだった。彼はうなずいて、「じつに美しい楽器でしょう？」と言った。ニューヨークのお客の注文で作られた特製のウォールナット・ケースだという。どうやってそれがスコラの手に入ったのかとわたしが訊くと、彼は勘弁してくれというように両手を上げげた。それは彼が自分で購入したのだが、非常に運がよかったのだという。細かいことはともかくとして、この超一流の楽器がこの学校にやってくることになった事の次第を一言で言えば、と机越しに身を乗り出して、「離婚」と彼は小声でささやいた。

その二、三週間後、わたしはムッシュー・シャヴァットと知り合いになった。スコラのピアノの調律と整備を担当する調律師兼修理屋である。四十代の引き締まった体付きの男で、黒い髪をきちんと刈り、いかにも好奇心旺盛な顔をして、トラブルがあると呼び出される専門家の自信にあふれていた。椅子の傍らに道具鞄が広げてあった。長年の使用で黒光りしている革の鞄で、工具はどれもぴかぴかに磨かれ、革の輪で然るべき場所に収められている。だらしない身なりにいい加減な道具というジョスとはこれ以上ないほど対照的で、毎日午後に赤を一杯やる習慣はなさそうだった。

そのとき目の前にあった二台のピアノはこの種のものとしては最高の楽器だ、と彼は言った。ヤマハはどんなタイプの演奏者用にセッティングしてもすぐれている卓抜な楽器だし、スタインウェイのコンサート・グランドは名演奏家用の楽器としてはこれを凌ぐものはない。ライヴのリサイタルでもスタジオでの録音でも、アーティストがこれほど一律にスタインウェイを選ぶのは驚きだ、とわたしは言った。ムッシュー・シャヴァットは肩をすくめて、肯定も否定もせずにこう言った。「スタインウェイの音は美しいが、それは一種類の音にすぎませんからね」

スタインウェイというメーカーは例外的な存在で、プロのピアニストからも一般の人々からも等しく模範的なピアノと見なされている。スタインウェイのピアノは最初から革新的な設計、新しい方式による製造法、比類のない技術レベルをセールスポイントにしていた。こういう利点に加えて、スタインウェイ一家は賢明な販売手法を採用し、当代の巨匠たちの好みに絶えず配慮を怠らなかった。一八〇〇年代末には、スタインウェイはすでにこの分野で他から抜きんでていたから、その後一世紀以上ものあいだその地位を保っていることになる。スタインウェイがとびきりすぐれた楽器であることを本気で疑うものはだれもいない。リュックのアトリエを通過していったスタインウェイは、設計面でも実際のできでも、ほかのピアノとは別のカテゴリーに属する楽器みたいだ、とわたしも何度となく彼から聞かされていた。それほどほかのどんな楽器よりすぐれているというのである。

絶賛されるいわゆる〈スタインウェイ・サウンド〉はたしかに非常に魅力的である。低音は力強く、高音には透明感があり、さらに――たぶんこれがもっとも重要なのだが――余韻をいつまでも維持する計り知れない能力をもっている。いまでは大量生産のメーカーでさえこのスタインウェイ・サウンドを再現しようとしている。だが、この音色がそれほど圧倒的にいいものなのだろうか？

ある意味では、この問題は、再生された年代物の楽器で演奏される音楽を聞くことにどんな価値があるのかという問題と似ている。たとえば、ハイドンを当時のウィーン製の楽器で聞くことに意味があるなら、現在のいろんな種類のピアノの音を聞くことにも意味があるにちがいない。ベヒシュタイン、ヤマハ、ベーゼンドルファー、その他いくつかのメーカーが、スタインウェイとは大きく異なる音質の、すばらしいピアノを作っている。異なる種類のピアノはそれぞれ異なる音の美学を提起する。音を送り出す楽器が違えば、わたしたちの耳に聞こえるものも当然違ってくるのである。

あちこちの練習室に配置されているピアノの多くは古いプレイエルやエラールだが、どれもまだフランスのピアノが最高だった時代のものだ、とムッシュー・シャヴァットは指摘した。「いまでは、みんな孤児になってしまったが、たとえ古くなってはいても、いまでもまだすばらしい音がする。はっきりと違いのわかる独特の音色をもっているんです」

フランスのピアノ産業は事実上死にかけている、と彼は説明した。十九世紀半ばには、技術革新が進んで品質も頂点に達したが、ドイツやアメリカのメーカーが進出して以来、長い下り坂をたどっている。パプ、エラール、プレイエル、ガヴォーはかつてはスタインウェイやベーゼンドルファーに匹敵するメーカーであり、二十世紀に入ってからもかなりのあいだ生き延びてすぐれたピアノを生産していたが、商業的にはあまり成功しなかった。最後にはエラールとプレイエルとガヴォーが合併して伝統を引き継ごうとしたが、新会社が独立を保ってやっていくためにはすでに時期が遅すぎた。一九七一年に、この会社はドイツの有名ピアノ・メーカー、シンメル社に買収され、すぐれたフランス製ピアノの時代は終わりを告げたのである。

「残念ながら、このすばらしい音色は永遠につづくわけじゃない。ピアノは繊細な木工製品であると同時に機械でもある。機械はやがて摩耗して、いずれはわたしがもはや修理できない状態になってしまうんです」

いまの時期にスコラに通えるのはいいことだ、とわたしは思った。学校が楽器を買い替えるときには、よほど特別な事情でもないかぎり、スタインウェイやヤマハのようなものを選ぶだろう。これらはすぐれたピアノであり、最良のものではあるけれど、そのすばらしい音質に馴れてしまうと、ちょっと均質すぎて驚きがないという一面もある。プレイエルやガヴォーはまだしばらくその独特な音色や特別なタッチを提供してくれるだろう。日常的なレッスンや練習のなかでこういう楽器を知る幸運に恵まれた生徒たちは、まさにこの世界から消えかかっているものを知ったことになるのである。

17

まだ煙の出ている拳銃

夏の終わりに、アンナからベヒシュタインを調律できる人を知らないかという電話がかかってきたとき、わたしはすぐにジョスのことを考えた。彼がかつてベルリンのベヒシュタイン工場で働いていたのも幸運な偶然の一致のような気がして、わたしはジョスがどんなにすばやくみごとにわたしのピアノを調律したか話して聞かせた。そして、ちょっと変わったところのある男で、電話できる一定の住所はないことを説明し、アトリエの番号を教えて、リュックを通せば連絡がとれるのではないかと言ってやった。

次の週にレッスンに行くと、ドアをあけたアンナはひどく動揺した顔をしていた。そして、わたしが荷物を置くのも待たずに、自分がどんな目にあったかを猛然としゃべりだした。ジョスが二時間半以上もいて、たったいま帰ったところなのだという。彼はほとんど一時間ちかく遅れてアンナの家にやってきた。彼は酔っぱらっていたか、少なくともかなり酩酊にちかい状態で、顔は真っ赤だったし、言葉は不明瞭で、家に入ってくる足取りはふらついていた。「ずっとにこにこ満面に笑みを浮かべていたわ。お酒が入っているのは匂いでわかったけど、それがこの人のふつうの状態なのかもしれない、変わったところがあるとあなたが言ったのはこのことかもしれないと思ったの。なかには、そういう状態のとき集中力が高まる人もいるというから。で、すぐにピアノの調律に取りかかってもらったのよ」

まるで陰険で容赦ない拷問者の手にかかった苦しみを物語るかのように、あきらかにひどく動揺した状態で、アンナはそれにつづく二時間のことを話した。彼女はキッチンで忙しく働いて、廊下のすぐ向こうから聞こえる調律の音をできるだけ聞かないようにしていたが、聞かないわけにはいかなかった。調律師はそれぞれ独自な仕事のやり方をするが、彼のやり方はまったく違っていた。「ひとつひとつの音を思いきりたたいたのよ。わたしが聞いたこともないほど、最大のフォルティッシモよりもっと強くたたきつづけたの」

彼女はいかにも辛そうな顔をして、かすれ声で話していた。まるで親しい友達が攻撃されているような気分だったにちがいない。「三十分してもまだ中音域でぐずぐずしていたから、ほんとうになにかおかしいと思ったわ。だから、表の部屋から聞こえる恐ろしい音が耳に入らないようにラジオをできるだけ大きくかけておいて、昼食を作って食べたのよ」

二時間経つと、アンナは思いきってジョスのところへ行って、まもなく生徒が来るのでそろそろ切り上げてほしいと頼んだ。彼はだれにでも何にでも興味津々らしく、アンナのベヒシュタインはとりわけ気にいったようで、何度となくそれを「黒い美人」と呼んだ。それから低音域を十分くらいいじったが、そのあいだに弦を一本切ってしまった——いちばん低いGの弦で、交換にお金のかかる長い弦だった。

ようやく作業が終わり、彼を追い払えるだけでもありがたいと思いながら三百フラン支払うと、彼女は腰をおろして泣きだした。

彼女はいまにもまた泣きだしそうで、わたしはどう慰めていいかわからなかった。そもそもジョスを紹介したのはわたしの責任だった。わたしはおずおずとこの大失敗の実際的な面に話を移そうとした。

「調律はどのくらいひどいんですか？」

彼女は非難と驚きと軽蔑の入り交じった目をわたしに向けた。「演奏不可能の一言よ。自分で弾いてごらんなさい」

〈どんなにひどいというんだろう？〉と思いながら、わたしはピアノの椅子に腰をおろした。〈そうはいっても、適切な調律にかなり近いにちがいない。せいぜいいくつかの音が狂っている程度で、そこを調律しなおせばなんとかなるのではないか〉わたしは単純な音階を四オクターヴ上昇下降してみた。それから和音、アルペジオ、三連音符、あらゆる組み合わせを試してみたが、結果はまったく同じだった。

それはいくつか狂った音があるという、いや、たくさん狂った音があるという問題ですらなかった。鍵盤全体の音がずれて、歪んでいたのである。にもかかわらず、そこには奇妙な、解読不可能な構造があり、細心な計算に基づいてすべてを微妙に歪ませたように聞こえた。長調の音階でさえ、本来の鍵盤の音をねじ曲げた、カリガリ博士の映画にしか使えそうもない、擬似的な音階みたいな音だった。このピアノを調律したのは常軌を逸した狂信者か、西洋音楽の知識をまったくもたない人間か、さもなければ酔っぱらいにちがいなかった。

アンナが冷やかな笑いを浮かべながら言った。「低いGの音を弾いてごらんなさい」

わたしがその鍵を押すと、ひどくうつろな音がした。二本の弦のうち一本しか鳴っておらず、もう一本は切れているようだ。「これはめちゃくちゃだ」とわたしは認めた。「リュックに話して、どうすべきか相談してみます」

どんなメロディを弾いてもまともには聞こえなかったので、今回のレッスンは指の運動とペダルの使い方の練習にすることにした。わたしは椅子に坐って、足をペダルに伸ばし、アンナが譜面台に用意してくれた一連の三連音符を弾く態勢を整えた。そして、最初のいくつかの音符を弾き、ダンパー・ペダルを踏むと、驚いたことに、ピアノの下からドスッという音がして、なにかがゆっくり転がりだした。アンナとわたしは目を丸くして、たがいの顔を見つめあった。わたしたちがベヒシュタインの下をのぞきこむと、ペダルの機構を収納するリラのそばからワイン・ボトルがゆっくり転がっていく。ボトルは不揃いな木の床をゆっくり転がりつづけ、コツンと壁に突き当たって止まった。

アンナはいかにも困惑した顔をした。ばかげているが、どうしようもないことに直面したとき、彼女のレバノン人の友人たちが見せるのと同じ表情だった。彼女はわたしを振り向いて、訛りの強い英語でにこやかに言った。「たしか、あなたのお国では、決定的な証拠のことを〈まだ煙の出ている拳銃〉というんじゃなかったかしら」

こういう場合どうすべきかについてリュックの意見を訊きたかったので、わたしはアンナの家からまっすぐにアトリエに向かった。アンナのピアノは生計の手段であると同時に、彼女のいちばん貴重な所有物だった。できるだけ早くきちんと調律する必要がある。ジョスがもたらしたこの惨状の責任がリュックにあるとは思わなかったが、彼がその辺を理解してくれるかどうか心配だった。ジョスについてあれほど警告されていたにもかかわらず、自分のときうまく行ったせいで、アンナの場合も問題ないだろうと信じこんでしまったのがまずかった。

わたしの顔を見ると、リュックはわたしが来た理由を知っていたかのようにこう言った。「彼はここにはいないよ。へべれけに酔っぱらっていたから、追い出してしまった」

「それはかえって都合がよかった。ちょっと相談したいことがあるんだ」

リュックは事の次第にじっと耳を傾けたが、ペダルの背後に隠されていたワイン・ボトルのところに来ると、にやりと笑った。「彼の大胆さには感心するが、そこまでやるとはね」

「いや、じつは、それどころじゃないんだ。わたしが費用を負担するから、彼女のピアノの調律をやりなおしてもらえないだろうか？」

「彼女は金を払ってしまったのかね？」

わたしはアンナがひどく神経を苛立たせられていたこと、あまりにも奇怪な状況に少なからず怖くなっていたことを説明した。三百フランは彼女にとっては少ない金額ではなかったが、ジョスを追い払えるのなら高くはないと思えたのだ。しかし、ジョスが奇妙に歪めてしまった楽器では、レッスンをつづけることも、自分で演奏をすることもできずにいる、とわたしは言った。

ジョスがもう一度しらふでもどって、ベヒシュタインをきちんと調律すべきだ、とリュックは断固として主張した。真面目に仕事をすれば、彼にまさる調律師はいないのだし、彼は自分のヘマ《ベティーズ》（というのがリュックの言い方だった）の結果を直視すべきだというのがリュックの考えだった。ジョスのことを話していると、リュックの声は高くなり、苛立ちが高じてアップライトの上ぶたをピシャリとたたいたが、そんな彼を見たのは初めてだった。しかし、怒りを含んだ声はすぐに鎮まって、ゆっくり首を振りながら「まったく、しょうがないな《サ・アロール》」とつぶやき、保護者みたいに、ほとんど父親みたいに腕を振った。ジョスがもっときちんとした生活をして、その並々ならぬ才能を広く認められるようにしてやれないのが、いかにも哀しそうだった。「わかってるだろうが、ほんとうは彼はいいやつ《アン・ブラーヴ・ティップ》なんだ」と彼は言った。これはなんでもない言い方だが、じつはリュックがめったに口にしない褒め言葉だった。なにか口実を見つけてわたしがジョスをアンナの家に連れていき、しらふでいるのを確かめたうえで、あらためて正しく調律させてはどうか、と彼は提案した。翌朝アトリエに来れば、ジョスと会えるだろうという。「ただし、夜行列車でクレルモン＝フェランに行ってしまっていなければだが」

「どうして彼がそんなところに行ったりすると思うんだい？」

ジョスがよくパリの主要駅の引き込み線に停めてある車輛に寝泊まりしていることを、リュックはわたしに思い出させた。ときには、夜のうちにその車輛が長距離列車に連結されて、地方のどこかで目を覚ますことがあるのだという。ナント、トゥールーズ、マコン——どこに行ってしまうかわからないが、列車から追い出されると、そこからパリまでヒッチハイクでもどってくるしかない。いつでもなんとかなるものの、リュックの言う〈思わぬ出来事《アヴァンチュール》〉には事欠かない。「ともかく、朝、ここに寄ってみるがいい。そうすれば、彼が顔を見せるか、どんな状態かわかるだろう。そのピアノをきちんとしないうちは、うちのピアノにはさわらせないつもりだ」

翌朝十時にアトリエに行くと、ジョスはリュックといっしょにいた。わたしを見ると、困惑した顔をしたが、アンナのピアノを調律しなおす必要があると言うと、彼は信じられないという顔をした。「きのう、わたしがあそこを出てきたときには、ちゃんとしていたのに」

「いいや、ジョス、ちゃんとしてはいなかったよ。ひどく音が狂っていたし、いまでもそのままだ。すぐに調律する必要がある」彼は問題があるとは思えないと言い張り、わたしは弾ける状態ではないと主張して、わたしたちはしばらく押し問答を繰り返した。こんなことになって彼は当惑し、怯《おび》えてさえいるようだった。プロにあるまじきことをしたことに対する口実が必要なのかもしれない、彼が泥酔していたという周知の事実を体よく不問に付してやるべきなのかもしれない、とわたしは思った。「ジョス、ひょっとすると、前の晩にちょっと浮かれすぎたんじゃないのかな」

彼がショックを受けたような、ほとんど感情を害されたかのような顔をしたので、わたしは計算違いをしたのではないかと怖れた。〈ドアをあけてやることはできるが〉とわたしは思った。〈むりやり入らせることはできない〉だが、やがて少しずつ事態を察したのか、侮辱された顔が気弱く認める顔に変化した。「そういえば、あの晩はちょっと浮かれすぎたかもしれない」彼はフランス語で〈お祭りをした《ジュ・フゼ・ラ・フェット》〉と言ったのだが、これは友達と静かに酒を酌み交わすことから、羽目を外して大騒ぎすることまで含む幅の広い表現だった。

「きょういっしょにアンナのところへ行って、ベヒシュタインに本来のひびきを取り戻させられるかやってみちゃどうだい？　わたしは楽譜を忘れたから取りにいかなきゃならないし」

「そうだな。ほんとうにその必要があると言うんなら、そうしてもいいかもしれない」

わたしはすぐにアンナに電話して、細かいことを決めた。ジョスが前の晩に楽しみすぎた余波を被っていたことにするという話に彼女も合わせてくれることになった。「忘れないでほしいのは」とわたしはささやいた。「いまは非難している場合じゃないということです。ともかく彼に都合のいい逃げ道を与えてやって、それでうまくいくことを祈りましょう」

「ピアノがきちんと調律されさえすれば、あとはどうでもかまわないわ」

わたしはアトリエの奥にもどって、ジョスにすぐに出かけなければならないと言った。彼は驚くと同時にほっとしたような顔をした。とんでもないことをしてしまったことを認めるのは抵抗があるが、それでも過ちを正す機会が与えられたのはありがたいと思っているかのように。彼はぼろぼろのジーンズのジャケットを着て、わたしたちはいっしょに戸口に向かった。店を出ていくとき、わたしは彼が手ぶらなのに気づいた。「ジョス、道具は要らないのかい?」

彼はいたずらしているところを見つかった十歳の子供みたいな顔をして、これは大変だとばかり手で口をふさぐと、道具鞄を取りにアトリエのなかに引き返した。それを待っているあいだ、わたしは彼がいまどんな状態にあるのかふと疑問になり、こうやっていっしょに出かけても、彼がつくりだした問題がほんとうに解決されるのだろうかと自問せずにはいられなかった。

メトロの駅に着くと、ジョスは道具鞄を腋に抱えて切符売り場の前を通りすぎた。切符を買わずに改札のバーを跳び越えるつもりらしかった。わたしは急いで四枚――彼のために二枚、わたしに二枚――切符を買った。「ジョス、ほら、行きと帰りの切符だ。面倒を起こさないようにしようよ」

彼は驚いたようにわたしの顔を見た。切符を買ってメトロに乗るなんて理解しがたい奇怪な考えだとでも言いたげだった。「そんな必要はないんだがね、ほんとうに。おれはどこにでもこうやって行っているんだから」

そうだろうよ、とわたしは思った、夜行列車でクレルモン＝フェランやボルドーに行くくらいなんだから。しかし、ともかくいまは何事もなしに彼をアンナの家まで連れていきたかった。彼がバーを跳び越えるまえに、わたしは彼の腕をつかんで、すぐそばに寄り添い、その手のなかに緑色のメトロの切符を押しつけた。「ジョス、今度だけはわたしに合わせてくれないか、頼むよ」

彼はしぶしぶ承諾すると、跳び越えようと身構えていた体から力を抜いた。そして、体に有害なものでもあるかのように切符を受け取り、まともな市民と同じようにメトロに乗るという考えに自分を馴らそうとしているようだった。

メトロに乗ると、ジョスは興奮してしゃべりだした。彼が帰ったときには、あのベヒシュタインにはほんとうになんの問題もなかった。だから、調律したあとに、アンナがなにかしたにちがいない。いずれにせよ、たとえちょっと浮かれすぎたとしても、完璧に調律できないなどということはありえない。以前にも、そういうことはやったことがあるんだし云々。

そういう彼を見ていると、なにか悪いことをしたあと、両親に連れられて相手の家に謝りにいく少年が目に浮かんだ。彼は弁解したり、後悔したり、傲慢になったり、怯えたり、挑戦的になったりを繰り返した。顔がラディッシュみたいに真っ赤になっているのを見て、こんなに心配したり当惑したりしていたら、ものすごく酒が飲みたくなるんじゃないかと不安になったが、わたしにできるのはともかく彼の注意をそらさないようにすることだけだった。へたをすれば、彼は落ち着きを失って、逃げだしてしまうのではないか。そんなことになれば、すでに生じた損害をなんとか埋め合わせようとしているわたしの努力は水の泡になる。アンナの家のそばの駅に着いたときには、わたしはへとへとに疲れていた。彼女のアパートへの短い道のりを歩きながら、わたしは目に見えない鎖で彼を引っ張っているような気分だった。

アンナはなにひとつ不都合はなかったかのようにわたしたちを迎え入れた。わたしは多少遠まわしになるにしても、ここで問題をはっきり口に出しておくほうがいいだろうと思った。「アンナ、ジョスはきのうの調律のあともう少し調整したほうがいいというので来てくれたんだ。わたしは忘れた楽譜を取りに来たんだけど」

アンナは疑わしげな顔をしそうになるのをむりやり抑えて、ベヒシュタインに歩み寄った。「どの辺に問題があるのか、ちょっと音を出してみますね」彼女はピアノの前に坐ると、低音部から高音部まで鍵盤全体で音階を弾いた。それからオクターヴごとに下降しながら、あきらかに狂っている音のところで止まって、その音を強く弾いた。そうしながら、わたしたちを振り返って、ひどく狂っているでしょうと言わんばかりにぎごちなく首を振った。彼女が弾きおえたときには、問題はこれ以上になく明白になり、わたしたちは静かな部屋のなかに消えていく音にじっと耳を澄ますばかりだった。

ジョスは到着してから一言も口をきいていなかった。足下の擦りきれた絨毯を見つめるばかりで、一度も目を上げようとしない。その瞬間、何が起こっても不思議はなかった。そこで、わたしはここでフランス人の言う〈一気に決着をつける《トランシェ》〉ことにした。空気を切り裂いて、事を進めるつもりで、「それじゃ、ジョス、わたしたちは仕事の邪魔をしないほうがいいだろう。なにか必要があったら、わたしたちは奥の部屋にいるからね」

ジョスは急にほっとした顔をして、薄っぺらな道具鞄をテーブルに置き、道具を取り出しはじめた。アンナとわたしは小さなキッチンに避難して、ドアを閉め、たがいに笑みを交わした。薄い壁を通してピアノの中音域の音を不規則にたたく音が聞こえはじめ、なんとかデリケートな関門は通過できたようだった。

「切れた弦は修理できるのかしら？」とアンナが訊いた。

「それは思っていたより複雑なことらしいんです」驚いたことに、リュックの話では、切れたピアノの弦を替えるのは、たとえばギターみたいに、ただ新しい弦を買ってくれば済むわけではないらしかった。ピアノはメーカーごとに弦の張り方が異なり、鍵盤の全音域にわたって異なる弦を使っている。たとえば、ベーゼンドルファーの低音のAの弦はスタインウェイやヤマハのそれと同じではない。メーカーや個々のモデルによって、弦の長さも太さも異なるのである。たまたま南仏に古いピアノの弦を作っている業者があり、そこなら必要なベヒシュタインの弦があるのは確実だが、物が手に入るまでに二週間ほどかかるかもしれないし、費用も百フランくらいになるだろうということだった。

ピアノに弦を取り付ける際も、その弦を調律ピンに巻きつけて、正しい音程になるまで締めれば済むというものではないらしかった。ピアノの弦にはとてつもない張力がかけられるので、新しいあいだは弦は徐々に伸びていくため、落ち着くまで何度も調律する必要がある。正しい音を保つためには、最初の数カ月に二、三回は調律しなければならないのだという。ハンマーでたたいても音の出ない切れた弦は、とりあえず結んでおくという暫定的な修理法もあるが、見た目はひどいものになるし（カバーをあけると、それが露骨に見える)、すぐれたピアノにはそういうことはすべきでない。「ベヒシュタインにはそれはやめたほうがいいだろう」とリュックは言った。また、ピアノを調律するとき、弦が切れるのはそれほどめずらしいことではないともリュックは指摘した。今回の場合、その弦がもともと弱く、引っ張る力を増しただけで切れたのかもしれないし、あるいは、ジョスがふつうの状態ではなく、通常よりはるかに強く締めつけて切ってしまったのかもしれないが、どちらだったのかはっきりさせることは不可能だろうという。

そういうすべてをわたしはアンナに説明した。彼女はわたしにオレンジ・ジュースとジンジャー・ビスケットと濃い紅茶を出しながら、それを聞いて深いため息をついた。「弦が切れても、それはなんとか我慢できるわ。わたしはただピアノがまたちゃんと弾ける状態になればいいんです」

調律をはじめて三十分もすると、ジョスは中音域を終えて、高音域に移っていった。全体の音がまともになっているのかどうかはまだなんとも言えなかったが、少なくとも彼は系統的にかなり速く作業を進めているようだった。アンナが冗談めかして言った。「もしもまだ音が狂っていたら、この手で彼を絞め殺してやるわ」

「でも、あなたは死体を絞め殺すことになりますよ。そのときはわたしのほうが先に彼を殺しているでしょうから」

そうやってキッチンに坐っているあいだ、彼女はわたしに語ってくれた。子供のころから、彼女にとっては、ピアノや音楽の世界はいつでも音を出しさえすればたちまち逃げこめる場所だった。「家族とか、政治とか、思春期の悩みとか、病気とか——どんなものでもその特別な場所に入ってしまえば、後ろに置き去りにすることができたのよ」いまでもピアノは日常の世界を変形し超越する不思議な力をもっている、と彼女は言う。「いまでは、むかしよりちょっと意識的になる必要があるわ。そうしたい、どこか別の場所へ行きたいと意識的に考える必要があるの。でも、いまでもすぐにそうできるし、そうすることに決めると、ほかのことはわからなくなってしまうのよ。汽車に乗るようなものね――駅を離れたとたんに、もうどこかほかの場所に行っているんだから」

調律がはじまってから四十五分ほどすると、表の部屋から聞こえる音が少なくなり、ときおり聞こえるのは低音部の音だけになった。ジョスは仕上げにかかっているにちがいなかった。わたしはアンナを目でうながして、キッチンのドアをあけ、彼女のあとから居間に出ていった。ジョスは弦から消音用のフェルトを外し、チューニング・ハンマーを小さな鞄にしまっているところだった。「終わったのかい？」

「ああ。何本か緩んでいる弦があったけど、いまはもうだいじょうぶだ」

アンナがピアノの前に坐って音階を弾き、それからショパンのバラードの一節を演奏した。ベヒシュタインは以前の美しい音を取り戻していた。カリガリ博士はどうやら研究室にもどったようだった。彼女は椅子から立ち上がり、これでいいというようにうなずいた。「わたしのピアノを取り戻せてうれしいわ」

18

取引

リュックがアトリエにあるスペア部品のなかから〈ペダル支え棒〉を見つけてくれた。かすかに曲がっているので、近所の屑鉄屋でまっすぐにしてもらってからピアノのケースに取り付ける必要がある。片方の端に蝶番《ちょうつがい》式の部品が付いているが、それも溶接して固定したほうがいいという。「あんたの家の通りから角を曲がったところにある錠前屋が屑鉄屋もやっている」と、彼はこのときもこのカルチエに関する無限の知識の一端を披露してくれた。「わたしに言われて来たと言えばいい」

屑鉄屋《フェライユール》はパリのどんなカルチエにでもある鉄材を扱う店で、ちょっと村の鍛冶屋のような趣がある。常に火が入っていた鍛冶屋の炉はいまでは大半が近代的な設備に代わっているが、それでもたいていは薄暗い無秩序な店である。なにかを溶接してもらいたいとか、一階の窓に鉄格子をつけたいとか、コンロの上に金属製の換気用フードを取り付けたいといったとき、わたしたちはこの屑鉄屋の世話になる。たいていは錠や鍵を専門に扱う錠前屋をかねており、屑鉄屋はどこのカルチエでも日常生活に欠かせない店のひとつである。

　このカルチエの屑鉄屋は四十代のルーマニア人で、裏通りにあるその店に入っていくと熱烈に歓迎してくれ、わたしが頼みたいことを説明しているあいだ、忍耐強く耳を傾けてくれた。持参した曲がった金属棒をまっすぐに伸ばしてもらい、蝶番式になっている端の部品を溶接して、ペダルとピアノの本体に四五度の角度で取り付けられるようにしてもらいたい、とわたしは説明した。彼はそんなことをして何になるのかと考えこんでいる様子だったが、これはピアノのペダルには非常に重要なものなのだと強調すると、その仕事を引き受けてくれた。「ただし、申し訳ないが、ちょっと時間がかかるよ」

「どうして？」

「この種の溶接に必要な部品がいま手許にないんだ」

「その部品はいつ手に入るのかな？」

　彼はフランス語で「近いうちに《ダン・レ・ジュール・キ・ヴィエンヌ》」と答えたが、これは英語でそれを文字どおりに翻訳した「近いうちに《イン・ザ・ディズ・アヘッド》」よりはるかに漠然とした言い方だった。とはいえ、わたしのシュティングルはもう何カ月も――ひょっとすると何年も――支え棒なしだったのだから、さらに何日か延びてもべつに害はないだろう、とわたしは思った。わたしはそれを店に預けて、一週間後に寄ってみることにした。

　作業そのものは比較的単純なはずだったが、この愛想のいいルーマニア人の屑鉄屋は、わたしがどんなふうに訊いてみても、支え棒の修理ができる日をはっきりとは言わなかった。店に行くとたいていはドアに鍵がかかっていて、ガラス戸の向こうに〈緊急の修理のため留守にしています〉という手書きの看板がかかっている。錠前屋も兼ねているのだから、そういうことも十分ありうるだろうとは思ったけれど、こんなにいつも緊急の仕事があるとは信じられなかった。ごくまれに店に居合わせると彼は大声で愛想よく挨拶し、こちらが訊かないうちに例の溶接用の特別な部品がまだ手に入らないと言う。わたしが支え棒を取り戻したい気持ちを抑えたのは、別の屑鉄屋を見つけるには別のカルチエまで行かなければならず、この男は仕事の腕がいいとリュックが言っていたからだった。

事の次第をリュックに逐一説明すると、彼は面白がっているような顔をした。わたしがなかなか屑鉄屋に会えないと聞くと、彼はおどけて渋い顔をして見せた。「そろそろけりをつける必要があるな！」

彼はおもむろにアトリエを横切って、ありとあらゆるピアノ部品や書類や生地の巻きものが山積みになっている棚に歩み寄った。その山のなかに肘まで腕を突っこんで、まるで檻《おり》のなかの小動物を手探りでつかみ出すみたいに探っていたが、ふいに奇妙な形をした機械の部品みたいなものを取り出した。「これをルーマニアの友人のところへ持っていくがいい」と彼は言った。「わたしがすぐに修理してくれと言っていたと言うんだ」

「わかった。これが何なのか彼に訊けばいいのかい、それとも、黙ってこれで彼の頭を殴ればいいのかな？」

「これで頭を殴るのはやめてほしいな。これはふたつとないものなんだから」彼はそこで口をつぐんで、それをゆっくりと回転させた。「それに、これがどういうものなのかも、これから説明するところなんだから」

その奇妙な金属製の部品みたいなものは〈ルーピング〉の道具だとリュックは言い、ピアノの弦を調律ピンに巻きつける前に、弦にループ状のそりをつけるために使う精巧な道具だと説明してくれた。彼はその奇妙な道具を大きなビニール袋に入れて、わたしの手のなかに押しつけた。「これがすぐ必要だとわたしが言っていたと言うがいい」と彼はもう一度繰り返した。「そうすれば、少しは違うはずだ」

翌日わたしが屑鉄屋に立ち寄ると、店の主人はまるでわたしが現われるのを待っていたかのように勢いこんで挨拶した。溶接機の部品に関するいまではお馴染みの弁明が終わるのを待ってから、わたしはビニール袋をカウンターに置いて、リュックの壊れたルーピング・マシンを取り出した。

「デフォルジュのリュックに頼まれて持ってきたんだけど、ここのフックを修理してもらいたいということなんだ」とわたしが壊れている部分を教えると、彼はそれを取り上げて細かく観察した。

「これは溶接する必要があるな」その道具を手のなかで回転させながら、わたしにというより独り言みたいにつぶやいた。それから顔を上げて、「ムッシューはこれがいつまでに必要なのかね？」と訊いた。

「すぐにだと言っていたよ。仕事に欠かせない重要なものらしいけど」とわたしはちょっと尾鰭《おひれ》をつけたが、言ったとたんにその必要はなかったことを悟った。

屑鉄屋は気づかわしげな顔をした。まるでリュックの頼みがほかのすべてに優先するかのようだった。「ムッシューにはあしたできると言ってください」と彼は言い、そのあとから思いついたように、「あんたの棒もそのときにはできてるよ」と付け加えた。

次の日わたしが店に行くと、彼はカウンターの背後からその両方を取り出して、どんなふうに修理したかを説明した。ルーピング・マシンもペダル支え棒もみごとに修理されていた。その足でまっすぐアトリエに立ち寄ると、リュックは奥の部屋にいた。わたしが修理された道具の入ったビニール袋を渡すと、彼はその道具を取り出して注意深く調べながらうなずいた。「リラーナはいい腕をしている」

「そう、やる気になったときにはね。ところで、訊いてもかまわなければだけど、あんたのための仕事になると、どうして彼は急にあんなにやる気になるんだろう？」

「われわれは前に取引をしたことがあるんだ。彼にはわたしの役に立ちたいと思う理由があるはずだとだけ言っておくよ」

リュックが特別扱いされていることが腹立たしいとは思わなかったが、これも外国人が入りこむのはきわめてむずかしい地域の人間関係の複雑なネットワークの一部なのだと悟った。リュックのアトリエに入りこむのがむずかしかったように、このカルチエの店の主人たちにわたしの注文を優先させるのも容易ではないだろう。けれども、こういう相互信頼と恩義が複雑に絡み合った世界で、リュックがわたしの後ろ盾になってくれていると思うと心強くもあった。彼がわたしをどれほど信頼してくれているかを悟ったのは、ある日、わたしに取引の現場に立ち会うことを許してくれたときだった。それまでにはそういうことは一度もなかったのである。

その日は運送屋がふたり店に来ていて、表に停めたトラックから何台かのピアノを運びこんでいた。わたしはぶらぶらしながら新しく到着したピアノを眺めていた。リュックはあけたドアを押さえながら、手押し車にのせられた最後のアップライトが狭い道板をのぼって、ドアの後ろの所定の場所に収められるのを見守っていた。若いほうの男がなにかを期待しているような顔つきで、リュックと話したがっているようだった。まだ午前十一時だったにもかかわらず、彼の相棒がじつにフランス人的な提案をした。

「一杯やっていく暇があるかい？」

若いほうの男は、二十代後半か三十代前半のがっしりした体付きの男だったが、うなずいて先に行けと手を振った。「角のカフェに行っててくれ。あとからすぐ行くから」それから、リュックを振り返って、低い声で言った。「一八二〇年代のすばらしいエラールがあるんだがね。完璧なルイ十八世モデルなんだ」

　男は配達したばかりのプレイエルの背面に寄りかかって、リュックのすぐそばに顔を近づけた。そして共謀者のような口調で、けさ、それを見たばかりなのだが、非常に特別な楽器だという。角張った木製ケースにはふんだんに象嵌細工が施され、金箔まで使われていて、白鍵は象牙、黒鍵は黒檀で、さらに――男は何度もこれを強調したが――むくのマホガニーの美しい先細りの脚が三本付いているという。一通り説明を終えると、男は声をひそめて平然とささやいた。「キャッシュで二万五千フランだ。あしたここに届けられる」

　リュックは驚きもしなければ、むやみに興味も示さなかった。その代わり、彼は一連の質問をした。脚は具体的にはどんな形なのか？　象嵌細工はどんなデザインか？　金箔はどこに使われているのか？　鍵盤の数はいくつか？　三本の脚は全部きちんと接地しているか、それとも、ケースにたわみがあるのか？

　リュックがそういう点に関心をもっていたのは事実だろうが、同時に、時間を稼いでいるようだった。そうやってあれこれ訊きながら、どんなかたちで取引が可能か探りを入れ、ほんとうにそれが〈特別〉かどうか確かめているのだろう。一連の質疑応答にきりがつくと、若い男が言った。「リュック、おれに交渉が任されている証拠だ。二万三千にするよ」

　リュックは口をつぐんで考えた。それから、それはアトリエまでの運送費込みの値段かと訊いた。男は運賃込みだと請け合ったが、リュックはそれでもまだあごひげを掻きながら考えていた。「写真を見せてもらうわけにはいかないのかね？　簡単なポラロイドでも、もっとはっきりすると思うんだが？」

若い男はとっさに答えた。「いや、それはできない。この客は写真は許可しないだろう、それは確かだ。客を怖がらせて、話を引っこめさせたくないんだよ」

リュックは気むずかしい顔をして、押し黙ったままだった。いよいよデリケートな瞬間に差し掛かったのを察して、わたしはそっとアトリエの反対側に遠ざかった。ふたりはそのまましばらくにらみ合っていたが、やがて強く哀願するようなささやき声が聞こえた。「わかった。これが最後の値段だ。二万一千フラン。写真はなし。きょうキャッシュで支払い、あしたここへ運びこむ」

リュックはすぐにアトリエの片隅に隠された窪んだ場所に姿を消した。すると、この若い商売人はリュックが再生中のハープシコードの二段鍵盤の上にかがみこんで、立ったまま美しいバロックの小曲──クープランの曲だったような気がする──を演奏した。それはわたしが思ってもみなかったことだった。このラグビー選手なみの体格をした、いかにも抜け目のなさそうな商売人が、その堂々たる体軀の前では玩具みたいに見える楽器で、十七世紀の対位法の華やかなメロディを自信たっぷりに演奏して、取引の成立を祝おうとは。

リュックは分厚い封筒を手にしてもどってきた。ふたりはいっしょにピアノの背後で背をまるめ、リュックが札を勘定した。それが終わると、若い男がもう一度自分で数えなおし、札束をポケットに突っこむと、あきらかにわたしにも聞こえる声で公式な通告をするかのように言った。「これで決まりだ。それじゃ、あした九時十五分にここで会おう」

長い握手があったあと、男は角のカフェで同僚と一杯やりにいった。彼がやるのはふつうの赤か、それともカルヴァか。カルヴァドスはノルマンディ産の強烈なアップル・ブランディで、地元では、この日みたいに寒い朝には好んで飲まれるのだが。

表のドアを閉めてから、リュックはわたしのほうを見て、首を横に振った。「わたしは大きなリスクを冒しているんだ」

「どんなリスクがあるんだい？　想像しているモデルと違うかもしれないからかい？」

「それもある。しかし、それより、二度とあの男にも札束にもお目にかかれないかもしれないからさ」

そういう留保をつけはしたが、彼が後悔している様子はなく、神経質になっているわけでもなかった。むしろ、状況を分析しながら、この二十分間に起こったことを面白がってさえいるようだった。ありふれたアップライトの配達にすぎなかったものが、ひょっとしたら面白い展開になるかもしれなかった。あと彼がやるべきことは、あすの朝を待ち、どんな運命が待ちかまえているか確かめることだった。どうやらこれがリュックの商売のやり方らしかった。ある意味では、そういうギャンブル性こそ仕事への情熱を維持するために彼が必要としているものなのかもしれない。アップライトはいつでも転がりこんでくるけれど、彼の想像力を刺激するのはめったにないピアノであり、予期しない取引なのだろう。リュックは後ろを向いてアトリエのほうに歩きながら、肩越しに言った。「まあ、どうなるか見てみよう《オン・ヴェラ・ス・コン・ヴェラ》」

19

ベートーヴェンのピアノ

二日後、わたしはまたアトリエに立ち寄った。リュックの衝動的な取引がどんな結果になったのか興味津々だったのである。わたしが入っていくと、彼はすぐに奥の部屋に呼び入れた。なにかやっている最中らしかった。「完璧なタイミングだ。ピアノを動かすのを手伝ってもらいたいんだ」

奥の片隅になめし革の色をした古いグランド・ピアノが見えた。ケースは角張っていて、幅が狭く、丸みのある縦溝付きの微妙に先細りになった三本の脚で支えられている。リュックはほかのことで頭がいっぱいらしかったが、わたしは単刀直入に訊かずにはいられなかった。「これがこのあいだ危ぶんでいた例の一八二〇年代のエラールかい？」

「そうさ。ルイ十八世じゃなくて、シャルル十世だったけど。古くて美しいことに変わりはない」

わたしは、アトリエにあるほかのピアノとはまったく違うこの愛らしいオブジェをもっとよく見たくて仕方なかった。それに、取引が成立した翌日どんなふうに事が運んだのかも知りたかったが、リュックはあまり気乗りしないようだった。フランス人の多くがするように、彼も各時代を当時フランスを支配していた国王の名前で区別していたが、エラールがそのどの時代に属するかはいまやそれほど重要ではないようだった。「隣にもっといいものがあるんだ」ピアノの移動に必要な台車やクッション用の毛布を集めながら、彼が非常に興奮しているところを見れば、どうやらエラールは――まだ魅力的なことに変わりはないが――もっと特別なもののせいで影が薄くなっているらしかった。

わたしはリュックのあとについて歩道に出て、彼が店の入口の隣にあるドアの鍵をあけるのを待った。鍵があくと、彼はあとからついてこいという身振りをした。わたしが入っていくと、小さな薄暗い部屋にアップライトが所狭しとならんでいた。ひとつしかない窓には金属製の鎧戸が付き、電灯はないらしく、半開きになったドアから射しこむわずかな光に目が馴れるのにちょっと時間がかかった。やがて、長い、ほっそりしたグランド・ピアノが平らな側を下に横たわっているのが見えた。リュックが反対側にまわって、ふたりでそれを持ち上げ、彼が持ってきた台車にのせた。嵩張るし、取り扱いにくい形ではあったが、重さは現代のグランド・ピアノと比べようもなかった。大きさのわりには驚くほど軽く、ふたりで軽々と持ち上げられた。次に、リュックから指示されて、わたしが入口のドアの前に小さい木製の道板を置いた。これを使って台車を一段下の歩道に下ろすのである。その準備が整うと、彼が後ろから押し、わたしが前から引っ張って、この荷物をどんより曇ったパリの朝の淡い光のなかにゆっくりと引き出した。

節のある木でできた長いしなやかなカーヴは鼈甲色で、表面にかすかなざらつきがあり、非常に古い合板の表面にときとして見られる粉をふいたようなもろさが感じられた。カーヴの全長にわたって、対称的な装飾を施された幅広い帯状のパネルが接ぎ合わされ、三十センチくらいの間隔で継ぎ目があって、木目が際立っている。わたしは鍵盤の側を持っていたのだが、このピアノの最大の特徴は凹形の長いカーヴが反転して第二の小さなカーヴを描き、そのバロック風の凸形の曲線が鍵盤の右側をつつみこんでいることだった。この貴重な荷物をそろそろ動かし、一段下の歩道に下ろすことに成功すると、わたしは体を起こしていまや全体がよく見える楽器を観察しはじめた。だが、リュックは背を丸めて押しながら、引っ張りつづけてくれとわたしを急き立てた。「あとで、あとで！」と彼はどなった。「アトリエのなかに入れてしまったら、あとは好きなだけゆっくり眺めていいから」

べつにこそこそしていたわけではないが、だれかに見つかるのが心配だと言わんばかりに、リュックは早くピアノを室内に運びこみたがった。大屋根と脚は取り外され、弦も半数はなくなって、鍵盤はひどく黄ばんでおり、鍵の半数は壊れている。よほどの鑑定眼をもつ人でなければ、この楽器が貴重なものだとは思ってもみないだろうし、何も知らない通行人にそれがわかるはずもないのだが。

リュックはわたしに台車を支えていてくれと言い、わたしのまわりをぐるりとまわって、いま出てきた戸口に置かれていた道板をアトリエのドアの前に移した。それから、ふたたびピアノの細いテール側の位置にもどると、わたしに声もかけずにいきなり押した。台車が前に傾いて、ピアノがずれて倒れかかり、危うく〈駐車禁止〉の標識の鉄柱にぶつかりそうになった。わたしは必死になってピアノにかじりつき、繊細なケースが鉄柱にぶつかるのを防いだ。自分がしたことを悟ると、リュックは大きく顔をしかめたが、彼の側からはなにもできなかった。わたしはピアノの幅広い側にかじりついてその場に凍りついていた。ふいに揺すられて弦がたてた虚ろな金属的な音の余韻がいつまでもただよっていた。やがて、わたしがピアノをつかんでいた手の力をゆるめると、リュックとわたしは顔を見合わせ、心の底からほっと息をついた。それから、ピアノをあらためて台車のまんなかにもどした。「落ち着いて」もう少しでとんでもない惨事になるところだったと悟ると縮みあがって、わたしは低い声で言った。リュックはうなずいて「そうだ、そのとおり。落ち着いて」と言った。

なかに入って、服や手の埃をはらうと、リュックが後ろへさがって、この最新の獲得物をほれぼれと眺めた。「ほら、見るがいい、これがベートーヴェンのピアノだ！」わたしはかがみこんで、この十八世紀ウィーン製の美しい創造物を観察した。鍵盤の上のパネルに、淡いクリーム色の小さい楕円形の陶製の円盤が付いていて、細い黒い文字で〈ヨハン・ゴッティング、ウィーン〉と記されている。豪華な木の表面には何カ所かふくれているところがあり、合板の表面の板が剝がれかかっていた。残っている弦はすべてピン板からまっすぐに伸び——これは交差弦が登場する以前の楽器だった——そのため、低音の弦がまっすぐ伸びる楽器の左側が特別に長くて細かった。持ち上げたとき比較的軽かったのは鋳鉄製のフレームが使われていないせいで、こうして見ると、機械の時代が到来する以前の太い木製の支柱がよく見えた。細部まで手で作られた大型のハープシコードみたいだったが、メカニズムは紛れもなく本格的なピアノのそれだった。

「どうしてこれがベートーヴェンのピアノだったとわかるんだい？」

彼の言葉をあまりにも文字どおりに受け取ったわたしを、リュックはやさしく笑った。そうだという証拠があるわけではない、と彼は言った。ただ、さまざまな条件からみて、ベートーヴェンがこのピアノを弾いた〈可能性〉があるのだという。ウィーン製で、名高いメーカーのものだし、十八世紀末に作られたもので、グランド・ピアノの最新の技術的成果を採り入れている。「重要なのは、有名になる前、ベートーヴェンはこういう種類のピアノを使って演奏し作曲したはずだということだ。あの両手がこの鍵盤を思いきりたたいたと想像してみるがいい！」

わたしはあらためて目の前にある楽器を眺めた。いまやそれは非常に繊細に見え、巨大な果物の箱を横に寝かしたように見えた。そこに剝きだしになっている細い木片にあのパワーが打ち下ろされたところを想像すると、フレームが鉄の支柱で補強され、いちだんと豊かで大きな音が出せるようになったとき、ベートーヴェン——や同時代のほかの音楽家——がどんなに興奮したかわかるような気がした。

復元にそうとうの手間がかかるのがあきらかなこんなめずらしいピアノをいったいどんな人が買うのだろう、とわたしはリュックに訊いてみた。すると、このピアノはすでに引き取り手が決まっている、と彼は言った。ベルギーの収集家で、リュックはこれを収集家の所有するすばらしいアール・デコ調の装飾付きの二十世紀のスタインウェイ・モデルOと交換する約束なのだという。

「シャルル十世時代のエラールのほうは？　あれも引き取り先が決まっているのかい？」

彼はにやりと笑って、まだだと答えた。それから、そのピアノをめぐるつい最近の出来事を話してくれた。そのエラールを売った若い男が奥のアトリエでほかのピアノを見ているとき、たまたまそれを買う可能性のある客が表の店に来た。リュックはふたりを引き合わせたくなかったので、店とアトリエのあいだのドアを閉めて、「わきの小さいドアから出て、表の店にまわったんだ」という。

アトリエから隣の保管庫——わたしたちがついさっきウィーン製の宝物を運び出した倉庫——に通じる小さい秘密の扉があることをわたしは知らなかった。倉庫を通って歩道に出て、店の表から入ってくることで、リュックはたがいにもうひとりの存在を知らせずに、ふたりと話をすることができたのである。ただ、表の客には「隣でチェックすることがある」と言い、奥にいるもうひとりには「オフィスの書類を見てくる」と言って頻繁に席を外さなければならず、ちょっと心配になったことが何度かあったし、奥の男が帰りかけたときには彼の興味をひくものを持ち出しておいて、急いで表の客を引き取らせなければならなかったというのだが。「まさにモリエールの芝居だったよ！」と言って、彼はクスクス笑った。

わたしたちがおしゃべりしていると、ドアの小さな鐘が鳴って、ちょっと前にアトリエで会った黒髪の女性、マティルドが奥のわたしたちに加わった。彼女が入ってくると、リュックの顔がふいに明るくなった。彼はあらためてわたしたちを紹介し、マティルドもわたしのように奥の部屋によくやってくるようになったのだと説明した。

「こういう美しい古いピアノは麻薬みたいなものね」彼女はため息をついた。「見に来ないではいられないのよ。あなたもリュックの古いピアノのコレクションを見せてもらった？」

「ウィーンから来たやつを動かすのを手伝ってもらったばかりだ」とリュックが言った。

「あれが見られなくなるのは哀しいわ」とマティルドが言った。「あなたはもうあの音を聞いた？」

「動かしたときちょっと音がしたけど、演奏するのはまだ聞いていない」とわたしは答えた。

「少しだけでも音を聞いてみるべきよ。わたしにはピアノの音というより教会の組鐘《カリヨン》みたいに聞こえるけれど」

残っている弦のうち何本かを慎重に締めた、とリュックは説明した。マティルドが両側に置かれたピアノの隙間を擦り抜けて、ゴッティングの鍵盤に手の届く場所に入ると、右手でそっと和音を弾き、それから左手で低音部の和音を弾いた。たしかに独特なひびきだった。柔らかい、とても鐘に似たひびきで、かすかに金属的な倍音の余韻が残る。騒々しさや鋭さとは無縁のひびきで、ハープシコード特有の引っかくようなアタックがないことを除けば、音色はハープシコードにとても似ていた。

それからマティルドは一オクターヴの音階を弾いたが、欠けている音がいくつもあって、妙に歪んだ不完全なひびきだった。彼女は穏やかな失望をたたえた顔をして鍵盤から顔を上げた。「このすてきな柔らかさをとらえたくて、わたしは小さいテープレコーダーを持ちこみさえしたのよ！」最後にもうひとつだけ音を鳴らし、手振りで天窓のほうを示しながら、彼女は言った。「でも、網で月の光をつかまえようとするようなものだったわ」

リュックといっしょにこのピアノを移動しているとき、これが二世紀以上も前に作られ、しかもほとんどすべて手作りだったのかと思うとわたしは非常に感嘆した、と彼らに言った。

「忘れないでほしいのは、このピアノを作るために使われた木はおそらく十六世紀末に植えられたものだということだ」

マティルドとわたしは啞然としてリュックの顔を見た。そんなことまでわかるなんて信じられなかったが、もしそれが事実なら、樹齢何年の木がこの楽器に使われたことになるのか頭のなかで計算していた。リュックの説明によれば、ドイツでは中世から木工職人の伝統がほぼ完璧に確立されており、職人組合や職人の一家がのちの世代に適切な木材を提供するために、定期的に木を植えていたのだという。たとえば一五二〇年に祖先が植林した小さな森から、二百五十年後に木を切り出して使うというのもめずらしいことではなかった。木材は伐採してから十年から四十年乾燥させたはずだから、実際に用いるのは十八世紀末になり、リュックが「この小さな傑作」と呼ぶ楽器が製作された時期になるというわけである。

　彼はフランス語で「この小さな傑作《セット・プティット・メルヴェイユ》」と言いながら、乱雑にならんだ楽器のあいだから突きだしているそのケースの曲線をそっと撫でた。その仕草には深い敬意とほとんど母親のようなやさしさが込められていた。この木工職人の傑作への道を準備した人間の一連の企てに、彼は深く心を動かされているようだった。

「これは何の木なのかな？」とわたしが訊いた。

「どうやら一種の果樹らしい。これを復元するつもりでいるベルギー人の話では、たぶんプラムかナシの木じゃないかということだ」その木はじつにすばらしく、このアトリエを通過していったほかの十九世紀の楽器とはまったく異なる材質で、最高級の楽器にも見たことのないものだった。慎重に選ばれ、すぐれた技術で丹念に仕上げられたこれだけの樹齢の木はほかのどんなものとも比較できない、と彼は言った。「こういうものはいまではもうけっして作れない。十九世紀ですらめずらしかったが、いまわたしたちが住んでいるこの世界からは完全に姿を消してしまったんだ」

　有無を言わさぬ言い方だったが、きびしく咎める口調ではなかった。むしろ、木を植えて、何百年もかけて育て、貴重な木材を収穫するという人間の営みがいまではなくなってしまったことを悲しんでいるようだった。

　リュックはマティルドのぼんやり夢見るような顔に目を向けた。「きみは何を考えているんだい？」

「その数百年のあいだの小さな森のことを考えていたのよ。そういう木の下でいったいどんなことがあったんでしょうね！」

マティルドの顔を見れば、たわわに実る果物の木の下で恋人たちが密会した様子を思い浮かべているにちがいなかった。リュックがその夢見るような雰囲気をナイフで切り裂くように言った。「森は恋や花にあふれていたと想像しているんだな！」と彼は言った。「しかし、そういう木にマルティン・ルターが小便をかけたかもしれないということも知っておいたほうがいい！」

20

マスター・クラス

大人になってからふたたびピアノの世界に足を踏み入れたことで、わたしは自分を訓練するということについて少しずつだがいくつかの発見をした。なかでも、強烈な印象が残ったのは、この分野では権威とされるふたりの教え方をじかに目にしたことだった。アンナとのレッスンをはじめて数カ月のあいだに、わたしは先生につくということそのものの楽しさを再発見した。世間にはほんとうに独学で鍵盤楽器をマスターしてしまう人もいるが、それは数少ない例外で、わたしにはむりなのはよくわかっていた。作曲や即興演奏を除けば、音楽の演奏はあらかじめ与えられた構造——楽譜——とその独自な解釈の不思議な混合物である。楽譜に記されたすべての音符を弾けるようになるのは出発点にすぎない。ほんとうに大変なのは、作曲家の意図するものが透けて見えるようなかたちで自分自身を付け加えることなのだ。大人になってから楽器の修練にもどるのは非常に屈辱的なものだが、不思議なほどわくわくするものでもある。演奏を無限に完璧なものに近づけていく旅に出られるようになるためには、どうしても教師による後押しが必要なのである。

レッスンの初めの数ヵ月、アンナはわたしに自信を取り戻させてくれたが、同時にきびしい要求をした。曲の解釈に頭を煩わせる前に、集中的に基本をたたきこまれたのである。わたしの読譜力はひどくお粗末なものだったし、長調と短調の関係についての知識は皆無に等しかった。それでも手には独自の記憶があるらしく、ある種の練習曲や楽節は思ってもいなかったほどしっかりと演奏できた。はるかむかしにマスターしたはずの技術を呼び戻せないこともあったが、反対に、自分でも驚くほど簡単にできてしまうこともあった。なんだか不思議な、ちょっと不安になる経験だった。

わたしが初めからさせられたのは、肩や腕や手をリラックスさせるための一連の練習曲で、これは鍵盤の前に坐ったとき、彼女の言う〈自然な姿勢〉を保てるようにするためだった。彼女はそれを〈ペーターの練習曲〉と呼んだが、まもなくそれがアンナの崇敬するロンドン在住の有名なピアノ教師、ペーター・フォイヒトヴァンガーの考案した練習曲だということがわかった。この練習曲は意識的に腕と手をリラックスさせ、それから、アンナの言い方を借りれば、特定の音に指を〈投げる〉ものだった。

これは見かけは単純だった——音符そのものは簡単に演奏できた——が、重要なのは指や腕の運動の質で、エネルギーをとつぜん爆発させ、手を投げだして、ただちにもとの休止状態にもどらなければならなかった。そういうふうに見ると、わたしにとってこれは非常にマスターするのがむずかしい練習だった。わたしは運動を予測してすぐ腕に力を入れてしまった。すると、そのたびにアンナがわたしを止めて、わたしの腕をつかみ、力が抜けるまで軽く振るのだった。「休んで、投げて、休む！」と彼女は何度も繰り返したが、そもそも最初の休止状態に到達すること自体がわたしにはむずかしかった。しかし、定期的にやっているうちに、この練習曲が鍵盤の前に坐るだけで緊張してしまう状態をいかに切り崩そうとしているかがわかってきた。ミス・ペンバートンのレッスンのときからすでにわたしのなかに形成されていた習慣を、この練習曲は変えようとしていたのである。

ある日、レッスンが終わったとき、ペーターが翌月パリに来て三日間のワークショップを開催することになっている、とアンナが言った。これは音楽界ではマスター・クラスと呼ばれ、有名な専門家が数日間にわたって連続的にレッスンするもので、学生はだれでも参加でき、ときには一般の人にも公開される。わたしは生徒として参加するのはまだ時期尚早だが、聴講生として出席するのは歓迎されるだろう、とアンナは言った。それからの数週間、アンナが彼から受け取る英語のファックスの翻訳を頼まれたこともあって、彼女が冗談半分に導師《グル》と呼ぶこの教師の大まかな経歴がわかってきた。

ペーターは思春期に独学の天才として見いだされ、その後現代最高のピアニスト――フィッシャー、ギーゼキング、ハスキル――に師事した。そして短期間コンサート・ピアニストとして華々しい活躍をしたが、やがてピアノ教育に専念するようになり、多くのコンサート・ピアニストを育てた独創的な教師として高く評価されている。「物事のやり方にはいろいろあるが、自然なやり方はひとつしかない」と彼は書いているが、それこそアンナがわたしに教えこもうとしていた考え方をみごとに要約した言葉だった。

ワークショップは三連休の週末――金、土、日の連休――に開催され、十五人の生徒がアンナの小さなアパートに集まって、威光を放つベヒシュタイン・グランドを囲んで一日中レッスンを受けた。ペーターはすらりと背の高い、賢者みたいな風貌の人だった。はっきりした顔立ちで、厳格そうな感じがしたが、分厚い眼鏡の奥で活発に動く表情ゆたかな目や、定期的に顔をよぎる困惑と好奇心と楽しさが入り交じったかすかな笑みがその気むずかしさを和らげていた。

ピシッと背筋を伸ばした姿勢はいかにも気高い雰囲気だが、ひとたび腕を振りだすと、その動きは流れるようになめらかで――まるで木の幹にいきなり翼が生えたみたいで――わたしは驚いたが、非常に楽しかった。年齢は不詳で（たぶん六十歳くらいか）、年取って萎《しな》びているように見えたかと思うと、次の瞬間には、それより二十歳も若い人のようにエネルギッシュに動き、表情も若々しくしなやかになった。

マスター・クラスは朝の九時からで、わたしたちはピアノに向かってならべられた椅子やソファに陣取った。わたしの友人のクレールが最初の生徒だった――彼女はヨハン・セバスティアン・バッハの『平均律クラヴィア曲集』からいくつかの前奏曲とフーガを演奏し、わたしたちは注意深く耳を傾けた――ペーターは彼女とならんで腰をおろし、自分の楽譜をたどりながら演奏を聞いていた。何度かむずかしい場所でためらったりミスしたりしたものの、全体的にはとても説得力のある、なかなかみごとな演奏だった。演奏が終わると、わたしたちは盛大な拍手を送った。ペーターは黙って椅子から立ち上がり、自分の楽譜を隣の楽譜の山の上に置いた。

彼はまずクレールにいくつか質問することからはじめた。この曲をどのくらい前から練習しているのか、なぜこの曲を選んだのかといったことである。それから、何度か深呼吸させて、彼女が少しリラックスすると、曲の一部をもう一度演奏するように言った。彼はクレールの背後に立ち、演奏がはじまると、たいして進まないうちに止めた。「ちょっと腕を調整してやる必要がある」と彼は言った。両手が無駄のないリラックスした動きをするようになる必要がある。心の準備なしに自然に流れるように動かなければならない、というのである。音楽学校では間違った音をたたかないように準備することを強調しすぎる傾向がある。皮肉なことに、心の準備をすると緊張が生まれ、その結果ミスを犯すことになる。「たしかに自然な動きのほうが危険が大きい」と彼は認めた。「けれども、人生には危険が付きものだし、音楽は人生の一部なのだ。だから、音楽にも危険は付きものなんだよ！」

ペーターはクレールに楽譜のなかのフォルテの和音を弾かせ、望む音を出すためにはどんなふうに腕と手を動かせばいいのか具体的に教えた。「手をひらく速度が速ければ速いほど、音はそれだけ強くなる。わかるね？　まったくなんの準備もせずに素速く、リラックスした動きをするんだ。カメレオンが蠅を捕まえるときみたいにね」それから、彼はクレールの腕を両手でもって、ちょうどアンナがわたしの腕を振ったみたいに、軽く揺すった。

それから、クレールの手をそっと鍵盤の上に伏せさせた。指を曲げずに伸ばしたまま鍵盤の上に平らに置かせたのである。「たとえば、むかしからよく『指を小さなハンマーみたいに打ち下ろせ』とか『手のひらのなかにリンゴを持っているようなかたちで弾け！』と言われるが、そういう古いばかげた原則はすべて忘れてしまいなさい」と彼は言った。指を持ち上げて真上から鍵盤をたたこうとするのではない。そうではなくて、指は鍵盤の延長のようなもの、鍵盤が伸びて、流れるように動くものなのだという。彼はクレールにこういうポイントを心に留めて曲の一部を演奏するように指示した。すると、彼女の出す音色がたちまち変化したのだった。

ペーターはそのほかにもクレールに細かい注意をした。トリルや装飾音について（「装飾を付けて、それからそれを取り去ってみること。聴衆で埋め尽くされた部屋は、人が立ち去ってしまったあとも、なかなか気分がいいものだからね」）、代替的な指使いについて（「いちばん危険なのは『指の記憶』だ。曲を和声的に把握していれば、どの指を使うかは問題ではない。しかし、いざというときに指の記憶に邪魔されると、曲は完全にばらばらになってしまう」）、小節単位でアクセントをつけるのは避けること（「わたしを『ノー・アクセント先生』と呼んでくれたまえ！　シュナーベルが言ったように、縦線は――子供たちと同じで――眺めていればいいもので、耳を貸すべきものではない」）等々。

彼女が楽譜の最後のページをまったく新しいニュアンスのフレージングで演奏しおえると、ペーターは彼女の「すてきな演奏」に礼を言い、その進歩を褒め称えた。九十分間注意を集中したあと、わたしたちはほっと息をついた。アンナの小さな居間はいまや教室からパーティ会場に変貌し、五、六カ所でにぎやかな会話がはじまって、飲み物や軽い食べ物がまわされた。まだこれから演奏する人は自分の準備不足を声に出して心配し、クレールは安堵と満足と喜びに輝いていた。

わたしは郊外のアンナのこの質素なアパートがたちまち変貌してしまったことに目をみはった。彼女のベヒシュタインの存在そのものがすでにひとつの雰囲気を決定していた。それこそペーターのレッスンのレベルにふさわしい楽器だった。これほどの楽器でなければ、演奏者の問題の一部は楽器の限られた能力のせいにされ、レッスンの雰囲気も変わってしまったかもしれないが、ベヒシュタインならそんな論法が顔を出す余地はなかった。これ以上のピアノはありえないのだから、あとはすべて演奏者の問題に決まっているのである。

毎日四人の生徒が演奏した。午前中にふたり、午後にふたりである。演奏のレベルは才能あるアマチュアからコンサート・アーティストまで様々だったが、ペーターの教え方は同じように真剣で、型にはまったところはなく、鍵盤に向かっている人に合わせたコメントをした。彼は各生徒の個人的な問題にかなりの時間をかけ、そのときどきの必要に応じて教え方を変えた。「作曲家はこの曲で何を言おうとしていたのかね?」というのが何度も繰り返された質問で、彼はあらゆる識見を動員してその答えに少しでも近づこうとした。ときには、その曲のスタイルが特定の音楽史的発展の結果であることもあり、そういうときは、ペーターはその作曲家がどんな影響を受けているかについて何分か講釈した。「ハイドンをきちんと理解するためには、カール・フィリップ・エマヌエル・バッハの作品を知る必要がある。ハイドンのソナタは北ドイツ楽派の対位法にイタリア的な旋律を結びつけたものだったが、やがてそのふたつのスタイルはしだいに区別がつかなくなっていった。その辺のところを聞きとる必要がある」

また、ときによっては、やはり歴史を踏まえながらもっとそっけないコメントをすることもあり、作曲家は神ではなく人間にすぎないのだと指摘したりもした。ショパンは公の場所ではほとんど演奏しなかったし、いつも非常に静かに演奏した。しかしこれは、のちによく言われたように、大きい音を出せなかったからではなく、あきらかにひとつの選択だった、と彼は言った。ショパンはエラールよりもプレイエルのピアノを好んだが、プレイエルはそっと繊細に弾いたときだけ美しいひびきが出るからだ。エラールについては、ショパンは「なにもかもがいつも美しくひびく。だから、美しい音を出そうと細心の注意を払う必要がない」と言ったという。

ペーターはしばしばユーモアを交えて、あまりにも真剣な雰囲気を解きほぐした。たとえば、ラヴェルが彼の『亡き王女のためのパヴァーヌ』を練習しているピアニストに苛立ってこう言ったという話。

「マダム、亡くなったのは王女で、あなたじゃないんですよ！」

　彼は寛大で、甘いとさえ言えるほどだったが、それでも音楽を真剣に受けとめていない生徒がいると、ちょっと皮肉な言い方で穏やかにたしなめた。生徒のひとりがグラナドスの組曲を演奏したが、繰り返しのところでふいに演奏をやめて、「あとは同じです」とぶっきらぼうに言った。一瞬、部屋がしんと静まりかえり、ペーターはショックを受けたような顔をしてその言葉尻をとらえた。「同じ？　同じだって？　これはビデオを早送りにするようなものだと思っているのかね？　グラナドスが反復を指示したとすれば、それにはそれなりの理由が、音楽的に意味のある理由があるからなんだ。反復はけっして同じじゃない。さあ、もう一度楽譜を見てみようか？」

　別の生徒はシューベルトの舞曲の演奏でいくつか音を間違えると、「うちでは間違えないのに」と嘆いた。すると、ペーターはすぐにこう応じた。「だれが弾いても間違えないその魔法のピアノを見てみたいものだね！　実際のところ、すべての音を正確に弾くのが重要なわけじゃない。大切なのはどんなふうに音楽を表現するかなんだ。それをやってくれるピアノを見つけてくれたまえ。そうすれば、わたしも魔法を信じるだろう」

　三日間のあいだに、彼が何を嫌っているかがあきらかになった。ペーターがしばしば指摘したのは現代の歪んだレンズに起因する（と彼の言う）型にはまった奏法で、とりわけ彼が苛立ったのは、すべてを大きな音で演奏しすぎる傾向だった。クレッシェンドと指示された楽節をできるだけ大きな音で演奏するのは、ここ百年のあいだに広まった常套的な奏法だと指摘し、何度となく生徒をていねいに指導して、美しい音色でフォルテを演奏できるようにさせた。そういうニュアンスの音色で演奏するためには、自然な動きで演奏するという基本原則に立ち戻らなければならない。彼はそれを話し言葉のリズムや多様性になぞらえ、話し言葉ではタイミング、イントネーション、ジェスチャーが非常に重要で、しかも、わたしたちはそれを自然に駆使していると説明した。

昼食のあいだ、ペーターはわたしたちをいろんな逸話で楽しませてくれた。たとえば、バッハの名演奏家のひとり、ロザリン・トゥレックがクラヴィコードを演奏するのを聞いたとき、「初め、それはほとんど聞こえなかった。騒がしい世界のなかのささやきみたいなものだった。ちょうど暗い部屋に入っていくと、感覚が馴れるまでしばらく時間がかかるようなものだった」と彼は言った。

それに関連して、彼はヴァンダ・ランドフスカとロザリン・トゥレックの議論を思い出した。ピアノはバッハの音楽を演奏するのにふさわしい楽器か、それとも、ふさわしいのはハープシコードだけかという議論である。「あなたはバッハを自分の流儀で演奏している」とランドフスカがトゥレックに言った。「わたしはバッハを彼の流儀で演奏するつもりです」じつに興味深い名言だ、とペーターは言ったが、のちに一般的になったのはトゥレックの考え方だった、と彼は指摘した。

その週末のあいだにグループのなかに親密さが生まれ、日曜日の午後マスター・クラスが終わりに近づいたときには、そのまま別れるのが惜しい雰囲気になっていた。これはわたしが長いあいだ嫌っていた発表会とはまったく違うものだった。わたしにはまだ人前で演奏する自信はなかったけれど、試してみるのも悪くないかもしれないと思いはじめたのはこのときだった。あとで聞いて非常に興味深いと思ったのは、ペーターはこの同じレッスン法——とりわけ彼の練習曲——を一流のコンサート・ピアニストを指導するときにも使っているということだった。

アンナの家に集まった人たちは、だれもが自分の演奏を向上させたいという意欲をもち、ひとりひとりがその手段としてこの公開レッスンと先生を選んでいた。ペーターの演奏へのアプローチは身体的で、いわば鍵盤に向かって上体でダンスをするようなものであり、体操選手の集中力としなやかさが要求された。彼はそれに作曲家自身の意図に関する知識を土台とする、きわめて個性的な音楽観を組み合わせて、驚くべき効果をあげていた。

ペーターのワークショップが終わってからほどなく、わたしはそれとはまたまったく違うマスター・クラスに出席する機会があった。こういうかたちのレッスン形式では定評のあるジェルジ・シェベックのクラスである。一九九九年に他界するまで、シェベックは七十代になっても現役のコンサート・アーティストとして演奏活動をつづけながら、同時に教育活動も行なっているという例外的な存在だった。

わたしが初めてシェベックの有名なマスター・クラスのことを聞いたのは、カナダで夏のアート・フェスティヴァルを運営している友人からだった。シェベックは毎年そのフェスティヴァルで教えていたのである。「面白いのは見学者がピアニストやミュージシャンだけじゃないということだ。作家や画家や近所の人たち——音楽について特別な知識をもたない人たちがたくさん見学する。もちろん、彼はピアノを教えるんだが、同時に、人生についてなにか深い意味のあることを教えてくれるからだろう」彼がアムステルダムのスヴェーリンク音楽学校でひらくマスター・クラスが一般公開されるという記事を読んだとき、この機会を逃す手はないとわたしは思った。

会場にはあらゆる年齢の人たちが七十人ほど集まり、たいていは二、三人ずつかたまって坐っていた。

あきらかにその音楽学校の別の専門分野の生徒らしい人たちがいて、ヴァイオリンやさまざまな金管・木管楽器のケースが床や空席に置かれていた。クラスに参加する生徒の担当教授らしい人たちの姿も見えた。けれども、そのほかは一般の人たちで、これは音楽創造の魔法がどんなふうに伝達され、教授されるのかを見たいという外部の人々の好奇心に応えようとする非常にめずらしい――きわめてオランダ的な――試みだった。毎年ひらかれるこの五日間のピアノのマスター・クラスでは、ほんのわずかな入場料を払えば、だれでもなかに入ってさまざまなセッションを見学できるのである。

二十人の生徒が選ばれてこのクラスに参加する名誉に浴していたが、激しい競争があったらしく、選ばれた生徒はそれぞれ何カ月も前からこのレッスンのための曲を練習したようだった。各演奏者に一時間十五分が与えられ、まず最初に生徒がコンサートでのようにその曲を通して演奏し、それから、シェベックが具体的な問題点について生徒を指導する。聴衆はその一部始終を見学できるのだった。

ステージには二台のスタインウェイのグランド・ピアノが置かれていた。聴衆に近い側にはモデルD、大部分のリサイタルで使われている定評あるコンサート・グランドである。そしてその隣に、一台目のピアノの鍵盤の延長線上に鍵盤をならべるかたちで、コンサート・グランドよりは若干こぶりなモデルB。ピアノの椅子の後方の壁際に小さなテーブルが用意され、すぐそばに椅子が置いてあった。

最初の生徒はベートーヴェンの初期のピアノ・ソナタ『悲愴』(作品13)を演奏した。わたしの耳には、それはすばらしい演奏に聞こえた。まったくてこずっている様子のない流れるような演奏で、生徒の年齢をはるかに超える自信にあふれていた。演奏が終わると、一瞬静寂が流れ、それから盛大な拍手が起こった。テーブルの横に坐ってじっと耳を傾けていたシェベックは、満足そうな笑みを浮かべて立ち上がった。そして、若い演奏者の隣のピアノの椅子に腰を下ろすと、拍手が鳴りやむのを待った。彼は隣の若いピアニストしか目に入っていないかのようだった。「きみの計画について話してくれないかね」「この曲のための、という意味ですか？」と生徒が訊き返した。

「いや、いや。きみ自身の将来の計画さ」

どの生徒に対しても、彼はそういうごく一般的な、と同時にきわめて個人的な質問からはじめた。「きみ自身のことを話してくれたまえ。きみはどこの出身なのかね？　どうして音楽の道に進むことになったのかね？」

そのたびに、生徒はちょっと面食らったようだった。だが、シェベックが彼らの音楽家としての生活についていくつか具体的な答えを引き出していくうちに、徐々に信頼関係が形成されていった。「アムステルダムに来る前、わたしはマドリッドの音楽学校で勉強していました」「わたしは去年日本でひらかれた全国コンクールに出場したんですが、最終選考まで残れなかったんです」「わたしはこの曲をすでに何度かコンサートで演奏しているんですが、まだどうしてもしっくりこないんです」

生徒の答えは率直で、包み隠しがなく、信頼しきった口調だった。まるでわたしたち聴衆――さまざまな友人や他人やライバルや教師たち――がふいにその場から消えて、ほとんど告白に近いこのあけっ広げな会話を聞いてはいないかのようだった。シェベックがこんなふうに型やぶりな会話でレッスンをはじめるのには、じつは巧みに計算された意味があった。実際のところ、生徒はふつうの聴衆以上に鋭い耳と深い見識をもつ人々の前で演奏したばかりだった。十五分か二十分のあいだ、演奏に全身全霊を打ちこんだばかりであり、それが終わった直後には、血液中をアドレナリンが駆けめぐり、安堵と興奮と不安が強烈に入り交じって、競技を終えた直後の世界的な陸上選手みたいな顔をしていた。シェベックはコンサート・アーティストとして人生を送ってきた人間であり、そういう瞬間がいかにデリケートなものか、シューベルトやドビュッシーの世界のなかにほぼ完璧に浸りきり、すぐそのあとで分析と理解と学習の世界にもどってくることが、どんなに目のくらむようなことかをよく知っていた。このふたつの世界のあいだに橋を渡してやる必要があったが、シェベックの方法は拍子抜けがするほど簡単だった。彼はたったいま終わった演奏とはなんの関係もないことをゆっくりあれこれ質問して、音やクレッシェンドの奔流がわたしたちの心のなかで鎮まり、肩にかかる絹のヴェールのように薄らいでいくまで、少しずつ生徒の気持ちを落ち着かせていくのである。

やがて、ほとんどそれと気づかないうちに、話は演奏のことになっていく。彼はしばしばなんらかのかたちで生徒の演奏を褒め称えた。「これはわたしが完成品と呼ぶものに非常に近い」とか「出だしの四つの音を聞いただけで、きみがすぐれた音楽家であることがわかった。きみはテンポを提案したが、それを押しつけようとはしなかった」「ほとんど言うことなしだ。脱帽《シャポー》だね!」とか。

それから、それぞれの生徒の演奏について、まず作品の全体的なコンセプトから検討していく。ベートーヴェンのピアノ・ソナタ第三〇番ホ長調(作品109)の力強い演奏をした若者には、彼はこんなふうに警告した。「ベートーヴェンがわたしたちに語るすべてが重要なわけじゃない。すべてが同じように重要だと、わたしたちの感覚は麻痺してしまうものなんだよ」

その演奏は、彼がまだハンガリーにいた少年時代、久しぶりに会った叔父が厳粛な顔をして自分をわきに呼んだときのことを思い出させる、と彼は言った。叔父はわたしの目をまっすぐのぞきこんで、意味深長な大声でこう訊いた——とシェベックはその口調を真似て言った——「元気かね？」ふいに会場の空気がなごみ、シェベックはこの演奏の重要なポイントについて説明した。ベートーヴェンは常に真面目で深遠なわけではない。彼の音楽にはさまざまな表情があり、厳粛さを重んじすぎると、それが逆効果になって演奏が平板になってしまう。

シェベックのサポートに勇気づけられて、生徒は自分がすっきり納得できない点について質問した。彼はフィナーレをどう演奏すべきかよくわからないという。「楽譜どおり正確に弾いても、これだと納得できる演奏にならないんです」

表現を意味あるものにするためリズムをかすかに変えることを怖れるな、とシェベックは言った。「ベートーヴェンは偉大な天才だった。だが、そのベートーヴェンでさえ十六分音符と三十二分音符のあいだの音は指定できなかった。そういう記譜法はないからだ。つまり、楽譜は近似的なものにすぎないということだ。だから、かすかに速度をゆるめ、それからかすかに速度を上げるといったことは許される」彼は自分のピアノでその楽節を弾いて、いま言ったことを実際にやってみせ、それからうなずいて、生徒にも同じところを演奏させた。

「ちがう、ちがう。税金を二度払うようなことをしてはいけない！　テンポをゆるめて、しかもフレーズの最後に間を入れてはいけないんだ」叱責するというよりは忠告する口調だった。生徒にその考え方を理解してもらいたいと願っているのがよくわかった。生徒はもう一度やりなおし、今度は満足できる結果になった。「そう、それでいい。いわば先にテンポの頭金を払うことで、選択の自由を買い取っておくようなものなんだ」

シェベックはしばしばジョークを使って自分の言わんとすることを説明した。たとえば、参加者のひとりがシューベルトのソナタのまとまりのない演奏をしたとき、彼は訊いた。「パリの理工科学校《エコール・ポリテクニーク》というのを知っているかね？」

その生徒は困惑して首を横に振った。

「フランス最高の高等専門学校《グランド・ゼコール》のひとつで、ほんとうに頭脳優秀な人しか入れないんだ。その学校について、フランス人が何と言っているか知っているかな？　理工科学校の学生《ポリテクニシァン》はすべてを知っているが、そのほかのことはなにも知らない」シェベックは会場のクスクス笑いが鎮まるのを待って、憂わしげな顔をしてつづけた。「いいかね、知りすぎるということもあるんだ。この曲では、それがきみの問題なのかもしれない。きみの演奏には非常にすばらしい部分がある。しかし、それがちょっと現われてはすぐ消えてしまう。まるで楽譜のそれぞれの部分について別々の知識をもっているかのようだ。作品を全体としてとらえてみようじゃないか。最初の第一楽章を演奏するとき、きみは何を伝えようとしているのかね？」

ときには、拍子抜けするほど無邪気な質問もあったけれど、彼は生徒をばかにしたり、観客の受けをねらったりはしなかった。「どうすればそんな跳ねるようなタッチで弾けるようになるんですか？」と、ブラームスのソナタを演奏した日本人ピアニストが訊いた。

「それはむずかしい質問だ。いいかね、レオナルド・ダ・ヴィンチは何年もかけて体のあらゆる部分のデッサン帳を作った。彼は耳を描き、肘を描き、手を描いた。体のすべての部分をできるかぎり多くの視点からデッサンした。それから、それをすっかり忘れて、目に見えたとおりに描いたんだ。それと似たようなことをする必要があるということだろうね」

ドビュッシーの非常に柔らかい、ほとんど霊妙な音色の楽節に苦労している生徒に対しては、楽器にも責任の一端があると指摘して安心させた。「忘れてはならないのは、ドビュッシーのエラールは非常に軽いタッチだったということだ。鍵盤に息を吹きかけても音が出るくらいだった。それと同じピアニッシモをスタインウェイで演奏するのはそんなに簡単なことじゃない。鍵盤を動かすのにはるかに力が要るからだ」

曲を細かく分析し、いろんなテクニックを試したあと、シェベックはそれぞれの生徒といっしょに演奏した。これから弾くぞと宣言することなく、自分が選んだ瞬間にふといっしょに弾きだすので、いつも軽い驚きがあった。生徒が自分の曲を全力で演奏しているとき、ふいにシェベックがいっしょに弾きだしている。生徒とならんで自分のピアノの前に坐って、励ますようにうなずきながら、生徒と同じ音を弾いているのである。

四小節や八小節の短い楽句をお手本として弾くのではなかった。演奏はしばしば一分から二分にもなり、曲想やテンポがはっきり変わってもしばらくつづいた。生徒たちは不意打ちをくらったようなものだった。会場から見ていても、彼らがふいにシェベックのほうを振り返って、自分の耳に聞こえているものを確かめようとする様子から、それがわかった。

この生徒との共演はいろんな意味で驚くべきものだった。生徒はそれぞれの曲目を表から裏まで知り尽くしていた。彼らはこの日のために何カ月も前からその曲といっしょに生活し、分析し、練習していたのであり、めったに楽譜は見なかった。しかし、シェベックも、ごくありふれたシューベルトのソナタやショパンのバラードだけでなく、生徒が演奏する曲はすべて暗譜しているようだった。ほとんど知られていない曲目でさえ、生徒が演奏をはじめるやいなや彼の指先によみがえるらしく、楽譜が用意されていたにもかかわらず、めったにそれを見ようとはしなかった。だからこそ、彼は生徒やその演奏のニュアンスに全神経を集中させることができたのである。

会場のわたしたちは大勢でのぞき見しているようなものだった。わたしたちは言葉で表現できないほどすてきな、じつにすばらしい出来事を目のあたりにしていた。その瞬間、ふたりの人間がピアノを弾いているのだが、わたしたちの存在はその場から消えていた。それは非常にまれな魔法的な瞬間だった。わたしたちの多くが――たとえ間接的なかたちでも――けっして経験することのない瞬間であり、じつに不思議な、すばらしい瞬間だった。それはデュエットでも連弾でもなかった。それはいわば同じひとつの曲の二重演奏であり、シェベックの長年の経験によって形作られたなんとも言えない演奏だった。

セッションのあいだの休憩時間に、そういう瞬間が会場のわたしたちに感じられたほど特別なものなのかどうか、何人かの生徒に訊いてみた。シューマンの『クライスレリアーナ（八つの幻想曲）』を演奏して、シェベックに感性豊かなフレージングを褒められた若者は言った。「陳腐な言い方に聞こえるでしょうが、彼がいっしょに弾きはじめると、ちょっと奇妙なことが起こったんです。まるで彼の手から放出されたエネルギーが自分の手にしみこんでくるような気がしたんです」彼は自分の言い方に自分でも笑いながら、それでもあくまで言い張った。「あの瞬間がマスター・クラス全体でいちばん強烈な瞬間でした」

この特別な瞬間はふたりのピアニスト――教師と生徒――をだれも行けない場所に連れていくのだろ

う。フランス人はこういう共有、こういう心の出逢いを〈共謀《コンプリシテ》〉と呼ぶが、これはふたりのピアニストがいっしょに音楽の極地を探索するとき、たちまちできあがる特別な絆をよく表わしている。室内楽を、いくつかのヴォイスが絶えずやりとりを繰り返しながら重なったり離れたりする対話になぞらえるとすれば、これはまさに完璧な同時性の世界であり、完全に同じ動きをするダンサーのデュオに似ている。ある種の驚くべき化学作用が起こって、ふたりのピアニストが完璧に同調するのである。

　のちにシェベックから聞いたところによれば、ある段階では、この同時演奏はひとつの作品の演奏をまとまりのあるものにするために非常に有効だという。「それは個々の生徒が演奏曲目をどの程度自分のものにしているか、こういうアプローチに対してどれだけオープンかによって決まってくるが、ほとんどの生徒は歓迎してくれる」ある生徒が彼の手からエネルギーが自分の手にしみこんでくるような気がすると言ったという話をすると、彼は笑って自分自身のもっているイメージを教えてくれた。「わたしはステージ上で彼らに輸血しているようなものさ。何といっても、わたしは〈血の伯爵夫人〉と同じハンガリー人だからね」

　マスター・クラスでいちばんむずかしいのは、生徒の心を空っぽの状態、自分のやっていることがよく聞こえる静かな状態にしてやることだ、とシェベックは言う。「ぼんやりした状態ではない。空っぽの状態なんだ。若い人にはこの微妙な違いがわからないことがあるんだがね」音楽はピアニストのなかから流れださなければならないが、そのためには静かな中心とでもいうべきものが必要なのだという。

　テクニックはそれだけを切り離して過大評価されている、と彼は感じている。最高のテクニックは存在しないテクニック、消えてしまうテクニックであり、ほんとうに重要なのはそのテクニックが生まれてくる場所、内側の静けさ、ほんとうに聞けるようになる空の状態なのだという。「それはリラックスするのと同じではない」と彼は警告した。「わたしはリラックスしろとはけっして言わない。リラックスしてショパンを演奏することはできない。わたしはむしろ怖れについて話す。愛や憎しみやさまざまな人間の感情と対立するものとしての怖れについて話す。音楽はさまざまな人間の感情から生まれるんだが、怖れがそれを堰き止めてしまうんだ。それがマスター・クラスでわたしたちがしばしば立ち向かわなければならない障害なんだよ」

シェベックは自分自身を例にあげて、完璧な演奏はありえないことを何度となく強調した。ただ生涯にわたって音楽の道程をたどっていくことができるだけだという。テクニックを適切にマスターできたとしても、さらに、作品をどんなふうに解釈して演奏すべきなのか自分で決定しなければならない。伝えるべきことはけっして単純ではないのである。

「一語ずつに解体できる書物がありえないように、一音ずつに分解できる音楽など存在しない。要するに、すべてが曖昧なものなのだということを認めなければならない」と、マスター・クラスの最終日に、シェベックは生徒のひとりに言った。わたしたちが成熟していく過程で学ばなければならないこれ以上基本的な教訓があるだろうか？　わたしの友人が言っていたように、彼は単に音楽についてだけでなく、人生全般について語っていたのかもしれない。

21

あそびは機械の魂

屑鉄屋《フェライユール》がペダル支え棒をまっすぐにする作業を完了すると、今度はわたしがそれをピアノのペダル・ケースに取り付ける段になった。わたしはこの作業にかなり不安を抱いていたが、リュックはどういうことはないと断言した。彼がひとつだけ警告したのは、ペダル・ロッド——各ペダルからピアノのアクションまで伸びている鉄の棒——にある程度のあそびを残せということだった。わたしはペダル・ロッドはきっちりガタツキがなく取り付けられているものと思っていたが、彼はほんのわずかにあそびがあるのが望ましいと繰り返した。そして、わざと深刻な顔を装って、低い声で宣った。「あそび《ル・ジュ・エ・》は機械の魂《ラーム・ド・ラ・メカニーク》なんだ」リュックはそれが彼の基本原則のひとつだと力説した。なんであれ、とりわけ古いピアノの場合は、締めつけすぎてはならないのだという。

支え棒のまっすぐにしてもらったほうの端はリラの下部の穴にすっと入ったが、蝶番式部品の付いているほうは二本の木ネジで固定しなければならなかった。ピアノの底にもとの支え棒が取り付けられていたネジ穴があいていたが、そこに取り付けるのは得策ではない。となると、ピアノの底に差し渡されている横木に小さいネジ穴をふたつあけて、必要な角度に固定する必要がある。たとえ小さな穴でも、ドリルでピアノに穴をあけるのはためらわれたが、リュックがやり方をていねいに説明してくれた。ちょっと怖かったが、べつに魔法が必要なわけではない。

リュックに言われたように、わたしはリラを前に引っ張って、支え棒の端を横木に合わせ、ドリルで慎重に小さなネジ穴をあけた。まるで愛する人に容赦なく武器を突きつけているような、ちょっと奇妙な気分だった。深さ三センチもない小さな穴をふたつあけたとき、まるで香を焚いたような濃密な香りがただよった。初めは電気ドリルの摩擦で木が焦げたのかと思ったが、音が止んでおが屑がはらはら散り落ちると、強烈な香りは木そのものから出ているのがわかった。妻は部屋の反対側にいて、とくにこちらに注意を払っていたわけではなかったが、強烈なシーダーの香りに気づいて顔を上げた。

それは不思議な瞬間だった。ドリルを片手に、ピアノの下の床に寝ていると、ふいにエキゾティックな未知の香りにつつまれたのだ。これはシーダーなのだろうか？　べつに問題はないのだろうか？　その芳香を嗅いでいると、リュックがいつか言っていた、古い特別な木材を相手に作業する喜びが想像できるような気がした。わたしはちょっとピアノを弾いて、ペダルを試してみた。どうやら問題はなさそうだった。これでもうピアノのアクションを傷める心配をしなくてすむだろう。わたしは心からほっとした。

二日後、友人のクレールがシュティングルを弾きにきた。彼女はマスター・クラスのためにシューマンの組曲――『森の情景』――を練習中だったが、ワークショップで別のピアノを弾く前に、自分のピアノ以外の楽器でも演奏しておいたほうがいいのではないかとわたしが提案したのである。彼女は喜んでそれを受け容れ、妻とわたしはすばらしいプライベート・コンサートを楽しませてもらうことになった。この作品は九つの独立した曲で成り立っていたが、クレールはそれを一気に弾いた。『森の入口』の軽快な歌うようなメロディから『孤独な花』の憂いにみちた牧歌的なひびき、この作品のなかでいちばんよく知られた『予言の鳥』のふいに飛びまわるアルペジオまで、音の大きさやひびきは曲の雰囲気によって大きく変わった。一曲目が終わったときはべつに奇妙なことには気づかなかった。だが、それよりはるかに活気あるフィナーレで二曲目が終わると、驚いたことに、音がしばらく鳴りやまなかった。それからいくつかの曲の終わりでも同じことが起こったが、低音部の柔らかな深いひびきで終わる最後の曲では、最後の和音のひびきがいつまでも消えなかった。初めのうちは、各曲の終わりでクレールが――奇妙なことではあるが――しつこくダンパー・ペダルを踏みつづけているのかと思った。しかし、この最後のときは、彼女が椅子から立ち上がってピアノから離れても、ピアノはまだ鳴りひびいていた。彼女はライオンの調教師が鞭を振るう手つきを真似て、「もどりなさい、ライオン《シンバ》!」と言うと、わたしたちのほうを振り向いた。「この楽器がじつはオルガンだったなんて言ってくれなかったじゃないの!」

　わたしが低音部の鍵を試してみると、指を離したあともしばらく音がひびきつづける鍵がいくつもあり、そのうちふたつはいつまでも鳴りやまなかった。調べてみると、ダンパーが完全に下りておらず、ダンパー・ペダルをずっと踏んでいるのと同じことになっていた。どうやら支え棒の取り付け方と関係があるようだった。一瞬、わたしはうろたえて、とんでもないことをしてしまったと思ったが、わたしたちが突き止めたふたつの鍵を除けば、それはごくかすかなものにすぎないとクレールが指摘して、このピアノの音色や鍵盤のタッチを褒めてくれたので、わたしはなんとか落ち着きを取り戻した。

次の朝、自分でピアノを弾いてみると、とてつもなくひどい音に聞こえた。ピアニストが鍵盤の前を離れたあともずっと鳴りつづける、呪われた奇怪な楽器みたいだった。その原因をつくったのが自分自身だと思うと、居ても立ってもいられなかった。ともかくリュックの意見を聞いてみる必要があるだろう。

彼はアトリエでひとりでシャルル十世時代のエラールの調律をしていたので、わたしは自分がやったことその結果を説明した。よかれと思ってやったことがとんでもない結果になった顚末《てんまつ》をわたしが話すのを、彼はエラールの上にかがみこんで、チューニング・ハンマーをまわして弦を調律しながら聞いていた。やがて、彼はハンマーを置くと、苛立ったような顔をわたしに向けた。「あんたはわたしが言ったいちばん重要なことを忘れたんだ」

わたしが一瞬ためらってから、支え棒を取り付ける前にリラを手前に引っ張るのは忘れなかったと抗弁すると、彼はそんなことはどうでもいいと言うように首を横に振った。「あそびが機械の魂なんだ」それは自明のことなのだと言いたげに静かに言って、それでもまだわたしが困惑した顔をしていると、彼は簡単に説明してくれた。「いいかね、どうやらあんたは支え棒をしっかり取り付けようとしすぎたようだ。支え棒はリラをしっかり支えなければならないが、完全に固定してしまうわけじゃない。動くすべての部品にはあそびが必要なんだ。あんたのピアノは七十歳の老人だと考えてみるがいい。そんな歳の人間を力ずくで引っ張りまわせば、どこか怪我をさせずには済まないだろう」

この最後の言葉はあきらかに戒めの言葉だった。わたしが自分のピアノのこの繊細な側面をわざと無視したかのようだった。戒められて神妙になりながらも、ほかの数多くのピアノといっしょにアトリエを通過したわたしのピアノの年齢をリュックがどうして覚えていられるのだろう、と思わずにはいられなかった。わたしのピアノがどのくらい深刻なダメージを被ったおそれがあるかと訊くと、彼は苛立たしげにわたしの心配を片付けた。「頭を使うんだ。症状はなにかをしたあとに現われる。だから、やったことをもとにもどして、その症状が消えるかどうか見ればいい。そのくらい単純なものなのさ。おそらくまず恒久的なダメージはないだろう。支え棒を取り外して、もう少しゆるく付けなおしても、すべてが元通りにならなかったら驚きだね」

もちろん、費用は払うつもりだが、わたしの家に来て修理してもらえないか、とわたしはリュックに訊いた。すると、彼は仕事から顔を上げて、ゆっくりと首を横に振った。「自分でわたしが言ったように取り付けなおして、どうなるか見てみるがいい。それでだめなら、またそのときに考えよう」リュックはなんだかいつになく機嫌が悪いようだった。わたしが支え棒の取り付けをしくじったり、大げさに心配したり、いろいろくどくど質問したのがよくなかったのかもしれない。

まだ話している途中で、リュックはわたしにウォールナット製のアップライトを移動するのを手伝ってほしいと言った。鍵盤のふたには〈グンター〉とあるだけで、都市の名前は記されていなかった。わたしの訝《いぶか》しげな顔を見て、リュックは肩をすくめた。「これは正真正銘のドイツ製ピアノさ」その気のない言い方がすべてを物語っていた。彼はあけた上ぶたの内側にこぎれいにはめこまれている金色のプレートを指さした。〈優秀賞受賞〉と書いてあるが、ほかにはなんとも書いてないので、だれがその賞を出したのかわからない。「これがこのピアノのいちばんの売りなんだ」と彼は言った。

持ち上げるため裏側に手を伸ばしたとき、フレーム全体がこまかい金網で覆われていることに気づいた。おかげで横木に手をかけることができなかったのだ。「じつにドイツ的なやり方だが、ネズミが入るのを防ぐためさ」

暗い閉ざされた場所ならどこでもそうだが、ネズミはピアノのなかにもすぐに巣を作るし、フェルトやダンパーや木部さえ囓《かじ》る。しかし、それはピアノが使われず演奏されずに置かれている場合で、リュックにしてみれば、楽器を放っておけばそうなるのが当たり前だった。だから、それを予測して防護策を講じるというのはちょっとやりすぎなのだ。「そんなことをするなら、そのうち洪水があるかもしれないんだから、わたしたちは毎日救命具を付けて歩いたほうがいいということになる」

わたしたちは凹凸のある床の上を苦労してそのピアノを移動し、それが終わると一息入れた。

「実際のところ、ドイツ製のピアノは非常に優秀で、これは例外なんだ。ドイツはピアノ製造の分野で、いまでも本物の職人の伝統が残っている唯一の国だからね。ベヒシュタイン、グロトリアン、シュタイングレーバー、ブリュトナー、イバッハ、フェルスター、シンメル、テュルマー、ザウター、ザイラーといったメーカーを考えてみるがいい。すべてすぐれた楽器だよ。それに、ハンブルクの工場製のスタインウェイもわたしはドイツ製だとみなしているんだがね」それがアメリカ人に対する親しみをこめた挑発なのはわかっていたが、わたしはそれには乗らなかった。

それから、「とりわけアメリカ人にとっては、すばらしいもの」があるから見にこいとリュックは言った。わたしがあとについていくと、古いピアノが横向きに置いてあった。というより、ピアノ・ケースとサウンドボードが置いてあったと言うべきかもしれない。弦もなければ、脚もなく、アクションの機構もまったくなかったからである。鉄のフレームは完全に外されて、こちらに裏側を見せている別のピアノに立てかけてあった。「これが何だかわかるかね?」彼の声の調子からそれが特別なものらしいのはわかったが、わたしにはまったく見当がつかなかった。「これは百年以上も前のチッカリングだ。アメリカ製のチッカリングなんだよ!」そのメーカーの名前を聞くと、わたしは思春期の終わりに逆戻りして、ミセス・パーマーから彼女の偉大なピアノをそっと弾きすぎるとがみがみ言われているところが目に浮かんだ。その場面が消えると、わたしはまたリュックとアトリエに立っていた。

これはばらばらに分解されたままここに来たのだが——なぜ、どんなふうにしてやってきたのか、彼は説明しようとはしなかった——これを組み立てる技術と意欲をもつある人に〈現状のまま〉売るつもりだという。彼は二台のピアノの隙間に体をねじ入れて、チッカリングのサウンドボードを手のひらで強くたたいた。澄んだ、シンプルな音がひびいた。それから、今度はにぎったこぶしでたたいて、にっこり笑った。一世紀以上も経つのに、まだ十分にすぐれたピアノの心臓部になりうるこの木工品の堅固さとその音に満足していたのである。

「これはじつに頑丈だ! この音を聞いてみるがいい! 多くのアメリカ人の問題は、スタインウェイしか知らないことだ。すぐれたアメリカ製ピアノと言えば、スタインウェイで決まりだと思っている。しかし、二十世紀の初めには、アメリカではたくさんの優秀なピアノが作られていた。チッカリング、クナーベ、メイソン・アンド・ハムリン、ステック。なぜアメリカ人はスタインウェイしか知らないんだろう?」

それから、リュックはコンソール・ピアノを見せてくれた。どれも明るい色の木でできていて、四台がまとめて置かれていた。これから客がそのうちの一台を選びにくるのだという。わたしたちはそのうちの二台を動かして、近づきやすくした。彼がいちばんいい位置に置いたのは美しいガヴォーで、鍵盤のふたが上にひらくふつうの方式ではなく、複雑な仕掛けでスライドして引っ込むようになっていた。「これはほんとうの逸品だ」と彼は言った。「あの人たちはたぶんこれにするんじゃないかと思う。非常に趣味のいい人たちだからね」

彼は到着してまもないこれらの楽器の背後に早くもたまりだしていたスペア部品や書類の山を片付けはじめ、わたしにタオルを放って、ガヴォーのケースを拭いてくれと言った。わたしが言われたとおりにすると、彼は「いちばん重要な部分はわたしがやる」と言って、四つん這いになってそのガヴォーのペダルを磨きだし、真鍮がピカピカ光りだすまで勢いよく磨きつづけた。

彼が何をやっているのかを悟ったとき、わたしは彼がジョークを言ったのだと思った。「まさかペダルがこの楽器のいちばん重要な部分だと言うつもりじゃないだろうね！」

リュックは真面目な顔でわたしを見上げた。「いや、もちろん、そうさ。疑いの余地なしだね」それから、ちょっと表情をゆるめて、「驚いたかね？」と言った。

ピアノを売るときにペダルが重要だとは思えないとわたしが言うと、いや、これはきわめて大切なのだと彼は断言した。ペダルはピカピカでなければならないし、できれば、真鍮製のキャスターや脚のリング、鍵穴や鍵盤のふたにはめこまれているプレートまで、金属製の部分はすべて磨き上げられていることが望ましい。しかし、なによりも決定的なのはペダルだという。

どうしてピカピカのペダルがそんなに重要だと言えるのかとわたしが訊くと、彼は肩をすくめて、前のオーナーのデフォルジュからそう教わったのだと言った。かなりむかしのことだが、デフォルジュ老人はパリのピアノ販売店で働いていた。何百という新品や中古のピアノが展示されている店で、数人の販売員がそれぞれ数十台ずつ担当していたが、デフォルジュはいつも他の同僚よりはるかに多くのピアノを売ることに成功した。それはいつもペダルをピカピカに磨いておいたからだ、と老人はずっと主張していたというのである。

「いいかね、ならんでいるガラクタのペダルを磨いても、それでなにかが変わるわけじゃない。しかし、ペダルが磨かれていると、生き生きしているように見えるし、多くの人は自分でもそれと意識せずにそういう楽器に好感を抱くんだ」

これはむかしからよくあるセールスマンの策略のひとつだろう。その意味では中古車のタイヤを黒く塗るのと似たようなものだろうが、売れさえすればいいというセールスマンの誤魔化しの要素が含まれているわけではなかった。「一目見ただけで契約が成立することはめったにないが、一目見ただけで客が興味を失うことはよくある。だから、客の興味を引き留めるために道理にかなったことはやっておくんだよ」

わたしたちは表の店にもどり、リュックは腰をおろして書類仕事に取りかかった。帰りがけに、わたしはジョスはどうしているかと訊いた。

「姿を消した」と言いながら、彼は腹立ちと悲しみが入り交じったような顔をした。

「もう二週間以上も顔を見せていないんだ。しかも、最後にここに寄ったとき、大変な問題を抱えていた」数週間前に、リヨン駅の外のジョスがねぐらにしている列車でちょっとした出来事があった。眠っているところを番犬をつれた警備員に見つかって、彼はさんざん殴られ、威されたというのである。ジョスはショックを受けたが、怪我はたいしたことはなく、たまたま運が悪かっただけで、これは頻繁にあることではないだろうと思っていた。ところが、二、三日後、別の列車にもぐりこんでいると、また同じ警備員に見つかって、今度は犬をけしかけられたのだという。「次の日にやってきたときは惨憺たる有様だった。脚は嚙《か》み傷でずたずただったし、頭は腫《は》れ上がって、まるでエレファント・マンみたいだった。そのあくどい警備員が犬をけしかけながら、殴る蹴るの乱暴をくわえたんだ」

リュックの声は怒りでしゃがれていたが、その怒りの一部が自分はなにもしてやれないという欲求不満から来ているのはあきらかだった。ジョスは自分の問題を克服して世の中に認められることのできない〈不幸な人間〉のひとりだ、とリュックは何度となく言っていた。彼は何度かジョスを公立病院のアルコール依存症治療センターに入れようとしたが、ジョスはそのたびに自分の飲酒問題を解決するための第一歩を踏みだすことを拒否していた。

「彼がいまどうしているのか、知ってるのかい?」

「彼はホテルに閉じこもっている」――リュックはそう言うと、重苦しいため息をついた――「リッツ・ホテルとはいかないけどね」

リュックの話によれば、ジョスは駅の近くの曖昧宿にいるという。一ツ星ですらないホテルで、いよいよ行き先に窮したときにやむをえず転がりこむところだった。

いちばんいいのは、というより、わたしたちにできる唯一のことは、ジョスに仕事を提供することだったが、むりに引き受けさせることはできないし、責任をもって持続的に仕事するように強制するわけにもいかなかった。アンナのところのめちゃくちゃな調律のあと、わたしはこれ以上トラブルに巻きこまれないように警戒していたが、自分のシュティングルなら喜んで調律してもらうつもりだった。呑気で破天荒な暮らし方だと思えたものが——列車のなかで眠って、目覚めるとフランスの片田舎にいるかもしれないなんて——急に不吉な雲行きになり、それを認めていたわたしたちは無責任で軽薄だったような気がした。ジョスの暮らし方を仲間内のジョークにすることはもうできないだろう。

リュックとわたしが実際にそういうことを口にしたわけではなかったが、ふたりともこの状況はどうしようもないだろうと感じており、それがアトリエの空気を重苦しくしていた。ジョスは医者に診てもらうことを拒否し、出ていく前にリュックの簡単な手当——軟膏と包帯——を受け容れただけだったという。彼がひどく落ちこんでいたというのが哀しかった。ジョスは、たとえなんの希望もなさそうなときでも、いつも驚くほど上機嫌だったからである。少なくとも、彼はいつも幸せな酔っぱらいだった。だが、今回は——とリュックは横を向いて首を振った——「いままでとは違う」。

それ以上なにも言うべきことはなかった。ジョスがアトリエに現われたら、シュティングルの調律のためにわたしに電話してもらうことにした。彼に調律を頼むという考えはわたしたちにとってひとつの救いだった。まだひょっとするとなんとかなるかもしれないという希望をもたせてくれたからである。

22

ファツィオーリ

〈この車はピアノを見ると停まります！〉というバンパー・ステッカーを作らせるわよ、と妻はよくわたしを脅したものだった。というのも、ピアノを見かけると、わたしは思わず立ち止まらずにはいられなかったからである。もっとも、パリでは、わたしはたいてい徒歩で、車に乗っていることはめったになかったのだけれど。ある晩、友人のアパートで食事をごちそうになってからぶらぶら歩いて帰ってくる途中、わたしはまた獲物を見つけた。それまで知らなかったピアノ販売店のメイン・ウィンドに目もくらむばかりのグランド・ピアノが飾られていたのである。「一分だけだから」と懇願して通りを渡ると、わたしはドラマティックな照明に照らしだされたその楽器を観察した。ゆっくりと回転する台座にのせられていたのは、シンプルな黒いケースのピアノで、鍵盤のふたはあけてあった。ゆっくりこちら側にまわってきたふたに記されていたロゴはわたしが見たことのないものだった。アール・デコ調を思わせる飾り気のない肉太の書体で〈ファツィオーリ〉と書かれていたのである。

イタリア風の名前だが、いったいこのピアノは何なのだろう？　次にアトリエに立ち寄ったとき、その不思議なメーカーの名前を聞いたことがあるかとリュックに訊くと、彼はどうしてそんなばかなことを訊くんだと言いたげな顔をした。「もちろんさ。ファツィオーリは世界最高のピアノのひとつだ。完璧にすばらしい楽器だよ」

わたしはそんな名前は聞いたことがなかったが、最近になって販売店のウィンドで見かけたのだと話した。どうしてもっとよく知られていないのだろう？　イタリア製なのだろうか？「ファツィオーリはごく新しいメーカーなんだ」とリュックは言った。「まだ二十年にもなっていないが、ある男がゼロから世界最高のピアノを作ろうと考えて創り出したものだ。基本的には手作りで、生産台数は非常に限られている」

その晩、わたしはこれまでに集めたピアノの文献を取り出して、ファツィオーリという名前を探した。わたしはまずラリー・ファインの『ピアノ・ブック』を調べてみた。これは長年の経験をもつピアノ技術者が書いた、ピアノの選び方と手入れの仕方についてのすぐれたガイドブックで、各メーカーについて誇張のない評価をしているのだが、「このピアノは途方もないパワーにくわえて、豊かな表現力と澄んだ音色を併せ持っている」と高く評価していた。デイヴィッド・クロンビーは、そのすばらしい写真入りの歴史書『ピアノ』で、ファツィオーリを「世界のピアノ・メーカーのベスト・スリーのひとつに入る」と断言していた。こういう解説を読むと、わたしはいっそう好奇心を刺激された。しかも、このメーカーはまだ創業二十年にもみたず、しかも生産台数が非常に限られているというのである。

イタリアとのつながりも、わたしが興味をもった理由のひとつだった。これまで最高のピアノはいつもドイツかフランスかアメリカ製だった。十七世紀の末にバルトロメオ・クリストフォリがピアノを発明して以来、イタリアからは第一級のピアノ・メーカーは出ていないのである。クリスマス休暇にイタリアの妻の実家を訪ねたとき、このファツィオーリについてもっと詳しいことを知るチャンスが巡ってきた。リュックのアトリエの埃っぽい空気を何ヵ月も吸ったあと、この世界に生まれたばかりのピアノを見るのはいい気分転換になりそうだった。

ヴェニスの北東六十キロのサチーレにある工場に電話すると、創業者はパオロ・ファツィオーリという人物であることがわかった。この人物を受付係は——イタリアでは敬称をつけて呼ぶのがふつうなのだが——「ファツィオーリ技師《インジェニエーレ・ファツイオーリ》」と呼んでいた。電話で見学の日取りを決めると、一週間後、ファツィオーリ・ピアノ社から分厚い封筒が届いた。何枚もの切手や大きな赤い〈速達《エスプレッソ》〉というステッカーが貼ってあった。

北のアルプス方面へ向かう小さな列車のなかで、わたしはそのピカピカのパンフレットを読んだ。沿岸部の平野の完璧に整地された平らな畑が、しだいにゆるやかに起伏する山野に変わり、列車が北東に向かいはじめると、地平線に山脈のシルエットが見えてくる。やがてその山並みが接近して、高い頂に雪が見えるようになり、通過する村々の鐘楼も、山脈の向こう側のオーストリアみたいに屋根がやや丸みをおびたものになってきた。

ファツィオーリ家は長年イタリアでオフィス家具の製造業を営んでいた。六人兄弟の末っ子、パオロはペーザロで音楽学校のピアノ科を卒業し、ローマ大学では機械工学の学位を取った。彼は自分が演奏するピアノ——最高級のドイツ、アメリカ、日本製のピアノを含めて——の質にしだいに不満を感じるようになり、音楽と工学の知識と家族の支援を武器にして、品質面であらゆる妥協を排した新しいピアノを作ろうと決意した。二十世紀末のこの時代に、たったひとりの人間がピアノというすばらしい楽器を製造するシステム全体を考えなおし、実際に、世界最高のメーカーに匹敵ないし凌駕する楽器を作ることに成功するということがありうるのだろうか？

列車は正午すぎにサチーレに着き、わたしは並木道の木陰を歩きだした。動きまわる車もなければ、歩道に人影もなかった。まさに典型的な田舎町の昼だった。町の中央に小さな川が流れていて、近くのアルプスから流れてくるのだろう、岸辺に氷のまつわりついた早瀬や滝がいくつもあった。川岸に小さな軽食堂《トラットリア》を見つけたので、そこで昼食をとりながら、ファツィオーリ工場での二時の約束までの時間をつぶすことにした。

二時十五分前に、カウンターの背後の女性に、コーヒーを飲んでいるあいだにタクシーを呼んでくれるように頼んだ。彼女は時計を見て、一瞬ためらうと、「この町にはタクシーは一台しかないんですよ」と言った。

「ともかく電話して、迎えにきてもらえるかどうか訊いてもらえますか？」どうしてそんな疑わしげな顔をするのかわからなかったが、ともかく電話をかけてもらうことにした。

しばらくすると受話器を置いて、彼女が言った。「やっぱり思っていたとおりだわ。運転手が昼食中なんです。二時半以降なら連絡がつくはずですけど」

わたしはファツィオーリのオフィスに電話して、受付係にわたしの窮境を説明した。受付係は少しもうろたえずに言った。「そうですよ。お昼休みにはタクシーは頼めないんです。十分ほど待っていてください。こちらからだれか迎えにいきますから」

十分すると、灰色のセダンがレストランの前に停まって、五十代の小柄ながら引き締まった体付きの男が降りてくると、わたしに英語で温かく挨拶した。「わたしがパオロ・ファツィオーリです。喜んであなたのタクシーになります」

スタイリッシュなスポーツコートにワイシャツとネクタイ、ナイフの刃みたいにピシッと折り目のついたスラックス。なかなかきりっとした風采《ふうさい》で、エネルギッシュな身のこなしはスポーツ選手を思わせた。わたしは迷惑をかけたことを詫びたが、彼はわたしの懸念を一笑に付した。工場までは数キロしかなかった。車のなかで、あなたはパリに住んでいるそうだが、フランス語を話すのかと訊かれた。わたしが話すと答えると、自分は英語よりフランス語のほうが強いので、フランス語で話すことにしようと彼は提案した。

工場は巨大な金属製の建物で、正面にいくつかオフィスがならんでいた。そこに到着すると、彼はわたしを質素だが明るい自分のオフィスに案内した。唯一贅沢な感じがしたのは大きなデスクで、外国産の木材をモダンな曲線で仕上げた美しい机は、この工場の家具製造業者としての側面を物語っていた。わたしはこの二十世紀末という時代に、いったい何が彼にピアノを設計し製造しようと決心させたのかに興味をもっていると説明した。彼は椅子の背にもたれると、それは音楽が好きだったからだし、家業の関係でそうするチャンスに恵まれたからだと言った。「わたしが初めて見たピアノは、ピアノ教師をしていた叔母の家にあったものでした。わたしがまだ小さかったころ、日曜日には、この叔母の家で音楽会がひらかれたんです。夕食のあと、いとこのひとりが家族の前でピアノを弾かされるんですが、いまでも鮮やかに覚えていることがふたつあります」ここで彼は眼鏡を外して目をこすり、あらためて過去をのぞいているような顔をした。「ひとつはその不思議な家具から美しい音楽が流れて驚いたこと。それから、もうひとつはいとこが——わたしとたいして変わらない年頃の少女でしたが——ミスをすると、叔母がみんなの目の前でその子を軽く平手打ちしたことでした」

叔母がこんなふうにきびしい人だったので、すばらしい音に惹かれる気持ちに怖れのようなものが入り交じり、ピアノを演奏するのは完璧にやらないかぎり危険なことだという感覚が残った。「そのころから、わたしはなんとしてもピアノを弾きたいと思っていて、父にレッスンを受けさせてほしいと頼みました。父は初めはしぶっていましたが、そのうちわたしが家具用の木材の切れ端に鍵盤の絵を描いて弾く真似をしているのを見たんです。その子供の遊びが父の考えを変えました」

父親が買ってくれたピアノの話になると、彼はうんざりだという顔をして見せた。ナポリ製のアップライトで、ドイツ風の名前がついていたが、「ひどいピアノ」だったという。金属フレームさえ使っていなかったうえ、ローマの変わりやすい天気のせいで木がひどく膨らんだり縮んだりするので、正しく調律された状態を保つのは事実上不可能だった。ただ、皮肉なことに、そういう不満があったせいで、彼は自分でピアノをあけて、内部をいじくることになったのだという。つまり、彼が初めてピアノのメカニズムを調べる気になったのは、修理できるはずもないものを修理しようとした結果だったのである。

「その楽器は設計も悪かったし作り方も悪かったけれど、わたしはピアノの仕組みに詳しくなりました。ピアノ製造者にとっては悪くない最初のレッスンでしたね」

十八歳のときペーザロの音楽学校に入学し、そこで初めて、単にテクニックを磨くという狭いアプローチではなく、音楽のあらゆる側面を理解している優秀な教師と出会った。音楽学校を卒業したあと、彼はどんな方向に進むべきかよくわからなかった。何度かコンサートをひらいたが、その方面に進んでも、自分が第一級のピアニストになれそうもないのはあきらかだった。そこで機械工学の学位を取って、家業である家具製造の仕事についた。やがて、彼はローマ工場の工場長に昇進し、さらにトリノの支社を任されるまでになった。しかし、そのあいだにも、好きな音楽と仕事を結びつける方法はないものかとずっと考えていた。

やがて、若いときピアノをいじった経験がもっと成熟した欲求に結びついた。長年のあいだ、彼は少しずつ本格的にピアノを演奏するようになったが、絶えず驚かされ、失望させられたのは――たとえ第一級のメーカーのものでも――ピアノがあまりよくできていないことだった。メカニズムとしても、音楽的にも不満が残り、やがて自分ならもっといいものが作れると思うようになった。ピアノをもう一度上から下まで考えなおして、可能なかぎり最高の楽器を作ったらどうか？　三十代になったばかりのころから、彼はこういう考えを抱くようになり、やがてそれが彼のライフワークになった。

一九七〇年代後半に、彼は音響学、和声学、木工技術、鋳造技術、楽器、その他のピアノに直接関係する専門家たちに相談をもちかけ、まったくゼロから新しくピアノを設計する計画に参加してもらえないかと打診した。当初、人々の反応は、いちばんマシな場合でも、非常に懐疑的だった。ある有名な音響学の専門家はこんなふうに懸念を口にした。「きみは頭がどうかしているんじゃないかね！　ピアノはトランペットやドラムとは訳がちがう。じつに複雑な楽器なんだぞ！」しかし、家族が家具の製造会社を経営していると聞くと、少しはまともに耳を傾けてくれるようになった。

ファツィオーリは一歩ずつ研究を進め、懐疑的な人たちを説得して、専門家のチームを結成した。父親が経営上のアドバイスをしてくれ、兄弟たちは財政面での支援を約束してくれた。一年間の大半をかけて、このチームはすぐれたピアノの製造について知られているすべてを系統的に研究した。彼らはあらゆる種類のピアノを調べ、演奏し、音響的特性を分析し、解体して、それぞれのメーカーの考え方について議論した。「わたしたちの出発点はけっして真似をしないということでした。すでにある技術を利用し、それに新しいものを付け加えて、よりよいものにすることを目指したんです。他人がすでに作っているものをコピーしても何にもなりませんからね」

一九七八年、ファツィオーリのチームは生産に着手する準備が整って、現代的な家具工場の一翼を借り受けた。一九八〇年には最初の試作品が製造された。これは全長一・八三メートルのグランド・ピアノで、なかなか期待できるものだった。「もちろん、いろんな問題がありましたが、そのほとんどは小さい問題でした。初めてそのピアノを、そのピアノが奏でる特別な音を聞いたとき、わたしは成功を確信しました」

それから二十年経った現在から振り返っても、その確信に揺るぎはないという。「しかし、忘れないでほしいのは、その最初のピアノを別にすれば、なにか驚くべき新事実が発見されて、すべてが明確になったわけではなかったということです。これは巨大なものを建設するのに似ています。一歩一歩進んでいくしかないんです。ただ、いつも同じ考えを忘れずに進んでいくだけです」ファツィオーリがいつも忘れずにいる考えとは、世界最高のピアノを作ろうということだった。実際それに成功したと思っているのかとわたしが訊くと、彼は一瞬考えてから答えた。「ええ、わたしたちが作っているピアノが世界最高だと思います」

現在、このメーカーでは六種類のモデルを生産しているが、年間の生産台数はすべてを合計しても六十台に満たない。ファツィオーリは世界でもっとも高価なピアノで、ふつうの黒いコンサート・グランドでも十万ドルをはるかに超える。基本的には一台ごとに手作りなので、ファツィオーリのピアノはまだ世界に千台も出まわっていない。これだけ台数が限られていると、多くのピアニストが自分の手でこの楽器にふれ、ほかのピアノと比較できるまでにはまだかなり時間がかかるだろう、と彼は言う。

演奏者が工場を見学にくることがあるのかと訊くと、だんだんそういう例が増えているということだった。熟練したピアニストが自分のピアノを演奏するのを間近から見るのが彼は大好きで、彼らがどんなふうに鍵盤に向かうかを見ていると、いつも新鮮な発見がある。緊張する人もいるし、リラックスしている人もいて、彼らが奏でる音もそれによって違ってくるし、テクニックにさえかなり大きな差異が出てくるという。

「いまでは、彼らが椅子に坐って鍵盤をどんなふうに眺めるかを見るだけで、どんなアプローチの仕方をするかがわかります。まだひとつも音を出さないうちに、多くのことがわかるものなんです」

工場をひとまわりしてみないかと彼が提案し、わたしたちはその小さなオフィスから工場のなかに出ていった。わたしたちがいたのは現代的な塵ひとつない巨大な鋼鉄製の建物の端で、頭上十メートルはあろうかという高い天井の下に、いくつもの部屋が独立して建ちならんでいた。

工場長はピアノの製造工程のさまざまな中間段階の作業場を見せてくれた。最初のスペースの片側には、グランド・ピアノの側板が二組スタンドにのせてあり、それぞれに六十個を超えるクランプが毛を逆立てたヤマアラシみたいに取り付けられて、内側と外側から側板を押さえつけていた。板を張り合わせて一定の形を作り、グランド・ピアノ独特の非対称的な曲線形に乾燥させているところだ、と彼は説明してくれた。

各種の作業場に立ち止まって、そのたびに彼は進行中の工程について解説してくれた。キー・ベッドの研磨、アクションの調整、塗装、サウンドボードのテスト。作業場にはそれぞれ独自の専門分野があって、同時にはひとつかふたつの部品しか扱っていなかった。機械的な組立ラインからこれほど遠いものもないだろう。少なくともこれだけ複雑な製品を均質に生産するためのものとしては。

各エリアには、胸ポケットにファツィオーリという名前のついた緑色のスモックを着た技術者がひとりかふたりいて、強烈な集中力のオーラのなかで作業していた。きわめて高度な精密作業が行なわれている研究室みたいな雰囲気だった。使われていない工具はきらきら光るホルダーにきちんとならべられ、作業場のすべて——床、壁、作業台——はスパルタ的なほど整頓され、なにひとつ散らかっていなかった。

ファツィオーリはわたしを小さな、温度がコントロールされた部屋に招き入れた。そこには会社の貴重な財産が収められているという。そこに貯蔵されていたのはファツィオーリのすべてのピアノのサウンドボードに使われているヴァル・ディ・フィエンメ産の貴重なレッド・スプルース材だった。彼は七、八センチほどの幅の板を手にとって、わたしに渡した。サイズのわりには軽かった。「木目がどんなに規則的かごらんなさい。軽いけれど、驚くほど強靭かつ柔軟なんです」

部屋の奥から、彼は同じ木でできた大きな湾曲した薄板を引っぱり出した。きれいにヤスリがけされているが、まったく塗装はされていない。どうやら一台のピアノのために完全に組み上げられたサウンドボードらしかった。彼はそれを前に傾けると、その中央をこぶしでたたいた。ちょうどリュックがアトリエで一世紀前のチッカリングのサウンドボードをたたいたように、大太鼓をたたくような感じでたたいたのだ。目の前の現代のサウンドボードからは、ドーンという低い砲声のような音が出た。ファツィオーリはいかにも満足そうにもう一度たたいた。「聞こえますか？　非常に特別なサウンドなんです」このスプルース材のもつ独特な柔軟性のために、そういう特別なひびきが出るのだという。

自分にはその違いまでは聞きとれないが、これほど注意深く加工された特別な木ならば特別な共鳴の仕方をするにちがいない、とわたしは彼に言った。工場のなかを歩きながら、彼はヤスリがけされたばかりの支柱を指先で撫でたり、鍵盤の延長部分の縁に片目を当てて狂いのない直線になっているかどうか確かめたり、塗装されたばかりの黒いカバーに息を吹きかけてむらがないか検査したりしたが、これは見学者のためにやってみせているというより、むしろ、そうするのが彼の毎日の習慣で、わたしが来たことで一時的に中断されていたにすぎないような感じだった。

最後に、わたしたちは完全に組み上げられ、重たい掛け布で覆われた四台のピアノが置かれている小部屋へやってきた。これは完成した楽器で、数日内に発送されることになっているという。部屋の表側にはこのメーカーの看板であるモデル308が置かれていた。現在生産されているピアノとしては、世界でいちばん長くて重い（一トンの四分の三を超える）コンサート・グランドで、議論の余地はあるだろうが、世界最高のピアノである。これは翌日ベルギーの購入者に発送される予定だということだった。「非常に才能のあるピアニストなんです」とファツィオーリは言った。「彼がこの楽器の持ち主になるのはとてもうれしいことです」

それから、ふいにわたしのほうを振り返って、言った。「あなたも308を試してみるべきです。じつにすばらしいピアノなんですよ」

それは質問でも命令でもなかった。ついに完成させた名器を前にして、ピアノに取り憑かれたこの男の情熱がふと口をついて洩れたのだ。わたしはそんなことは考えてもいなかったし、願ってもいなかったが、失礼にならないように断るのはむずかしそうだった。わたしはそんなに本格的なピアニストではないとかなんとか口ごもったが、パニックと好奇心が混ぜこぜになって、その弱い抗議の言葉は上辺だけ謙虚さを装っているように聞こえた。こういう態度には馴れているのだろう。彼はたとえ相手がどんなピアニストだろうと、こういうすばらしい喜びを与えられると思っただけで自分でもわくわくしているようだった。

彼は作業員をふたり呼んで、巨大なピアノを前に出させ、掛け布を取らせて、大屋根を大きくひらかせた。部屋の壁際から詰め物入りの椅子のひとつを持ってくると、ファツィオーリが鍵盤のふたをあけ、わたしにピアノの前に坐るように身振りで示した。「なんでもかまわないから弾いてごらんなさい。鍵盤のタッチとこの楽器の音色を試してもらいたいんです」

そのときになって、わたしは彼が数分前に言っていたことを思い出した。自分の目の前で演奏する人のピアノに対する姿勢は、たとえ才能あるアーティストでも、彼らがどんなふうに鍵盤を眺めるか見ているだけでわかる、と彼は言った。その基準に照らせば、わたしがどんなに緊張し躊躇しているか、彼はとっくに見通しているはずだった。実際、わたしは相反するふたつの衝動に身を裂かれる思いだった

——逃げだしたくもあり、演奏してみたくもあったのである。

部屋はしんと静まりかえり、床に絨毯もなければ、壁に飾りもなかった。わたしはピアノを動かした作業員たちがその場を立ち去っていないことに気づいていた。彼らはあけたままのドアの外側に立って、期待する顔をしていた。カーネギー・ホールの満員の聴衆を前にした空っぽのステージでもこれより悪くはないだろう。だが、ここまで来ていまさらやめることは絶対にできなかった。わたしは九歳にもどったような、初めての発表会でミス・ペンバートンのメイソン・アンド・ハムリンの前に坐っているような心境だった。

わたしの視界は狭まって、目の前の三メートル四方の輝く弦と金属部品しか見えなくなり、いくら伸ばそうとしても指は鉤爪みたいに縮まった。わたしがためらっていると、まるで——多くの演奏者が華々しい名演奏に突入する前に必要とする——沈思黙考をしているかに見えることに気づいた。ぐずぐずすればするほど、事態は悪化するにちがいなかった。わたしは思いきって弾きはじめた。

まず一連のアルペジオの和音を長調から短調へ、鍵盤の左から右へと弾いていった。鍵盤を押した瞬間、わたしが驚かされたのはその音量の豊かさと音色の透明さだった。たとえ大屋根を完全にあけていても、シュテイングルではこうはいかなかったし、アンナとのレッスンのときに演奏する二メートル近いベヒシュタインともかなり違っていた。海岸で突然大波に襲われたかのように、膨大な量のサウンドが襲いかかってきたのである。鍵盤をちょっと押しただけで、こんな結果が生じるとは信じがたかった。

最初の基本的には心地よいショックが収まると、次に気づいたのは自分が弾くすべての音が鮮明に聞こえることだった。そのとき弾いていた単純な和声進行でさえ、ひとつでも間違った音があれば、その音がはっきり飛び出して聞こえた。音色はきわめて豊かで、満足のゆくものだったが、わたしの耳には間違えた音ばかりが聞こえ、その結果異常なほど自意識過剰になった。片目で真下の地面を見つめながら高いところで綱渡りしているようなもので、しかも目の前にはリムジンかヨットみたいな、じつに巨大な塊がひかえているという感じだった。

わたしはいくつか音階を弾いてみたが、鍵盤全体にわたってタッチは均一で精確だった。サスティン・ペダルを踏んでフォルティッシモで和音を弾くと、部屋のなかにオーケストラがいるようなひびきがとどろいた。とてつもないパワーに圧倒され、その迫力にそぐわない自分の演奏に困惑して、わたしはそこで演奏をやめた。和音のひびきがまだただよっていたが、わたしはファツィオーリを振り返って言った。「たしかに、パワーは申し分ないですね」彼は熱心にうなずくと、ウォームアップが終わったのだから、演奏をつづけてくださいと言った。

わたしはほんとうに残念でならなかった。もしもそこでベートーヴェンの後期のソナタを優雅に弾きだし、このならぶもののないピアノにふさわしい自信と情熱あふれる演奏ができて、そのあとでそれを作りだした男とその楽器のよさについて知的な会話ができたなら、どんなによかったことだろう。

わたしは曲を演奏する準備はできていないが、このコンサート・グランドの感触とひびきはとても気にいった、とファツィオーリに言った。それより本格的なミュージシャンが演奏する音を聞きたいので、彼が演奏してくれないかと頼んでみた。彼は一瞬ためらったが、わたしが椅子から立ち上がると、入れ代わりに坐って、寛容にわたしを解放してくれた。「これほど大きなピアノを演奏するにはある程度の馴れが必要です。とくに大音量で演奏するときにはね」

そう言うと、彼は両手を鍵盤に打ち下ろして、ショパンの『ポロネーズ第一番嬰ハ短調』の冒頭の部分を弾きはじめた。それはじつに驚くべきひびきだった。音量はとてつもなく豊かでありながら、音色の透明感は少しも損なわれていなかった。それにつづく半音階的な楽節では、震えるようなひびきがいつまでも空中にただよい、次々とひびきを重ねても音色が曖昧になったり濁ったりはしなかった。彼はあきらかに才能あるピアニストで、しかもどんな曲を演奏すればこの楽器の特色を最大限に表現できるかを知悉《ちしつ》していた。彼はモーツァルトのソナタの一部を演奏し、それからちょっとシューマンをやって、リストをほんの少しだけ弾いた。それぞれが異なる音色だったが、宝石の切り子面のように鋭い透明感は共通していた。わたしがピアノのケースに手をあてがうと、わたしの体のなかを制御された地震みたいな振動が走り抜けた。

それから、彼はファツィオーリ・コンサート・グランドの独特の特徴であるハンマーを弦に近づける第四のペダルを使ってみせたいと言った。これはハンマーを横にずらして一本の弦だけをたたくようにする従来のソフト・ペダルとはちがって、高音域でも三本の弦をたたくようになっているため、驚くほど複雑なひびきのピアニッシモの演奏が可能なのだという。彼はドビュッシーの『月の光』を弾きだしたが、高音域で演奏されたテーマはたんに柔らかいだけでなく、不思議なほど澄んだ音色で、さまざまな倍音を含んでいた。これはいままで聞いたことのない音だ、とわたしは思った。このピアノの柔らかい音は、ふつうの抑えられた音とはまったく音質が違っていた。

演奏が終わると、ファツィオーリは立ち上がって、308を音響効果のいいコンサート・ホールで聞いてみてほしいと言った。彼が鍵盤のふたを閉じたとき、ほとんどわからないくらい軋む音がした。彼は片手を上げて——ネズミの音に耳を澄ますみたいに——静かにという身振りをすると、三度矢継ぎ早にふたの開け閉めを繰り返した。そのたびに、ぴりぴりした沈黙のなかにかすかな軋み音が洩れ、彼の表情は失望に沈んだ。彼は作業員のひとりを呼びつけると、その不愉快な仕草を繰り返し、どんな叱責の言葉よりも決定的な非難の目で一瞥した。「いいかね、これはあした発送されるんだぞ」と彼は興奮してイタリア語で言った。それから、わたしたちはこの希有な四台のピアノ——これがこの工場のほぼ一ヵ月の生産台数だった——が発送されるのを待っている部屋をあとにした。

オフィスにもどってから、ピアノにとってもっとも重要なのは何だと思うかとわたしが質問すると、彼は躊躇なしに答えた。「演奏するときどんな音が出るかということです。じつに単純なことですよ。したがって、ピアノを作ろうとするとき重要なのは、あらかじめどんな音を目指すか知っていることです」彼は鮮やかで、透明感のある、安定した音、大音量でも歪みのない音を目指したのだという。工学的な見地からみれば、人間に聞こえる音は基音とそれより高い周波数で共鳴するすべての倍音が組み合わされた音である。そのバランスを適切なものにすることがピアノ製作者の技術の核心なのだという。

あるひとつの鍵をたたいたとき、わたしたちの耳に聞こえる音には倍音が含まれている。基音より高い複数の音がずっと弱くひびいているのである。ふつう、わたしたちはこういう微妙な音は意識していないが、これは個々のピアノに独特の音色を与える重要な要素なのである。わたしがファツィオーリに、倍音を聞き分けることができるのかと訊くと、彼は長年の経験からほかの人たちには聞こえない音を聞き分けられるようになったと答えた。彼の仕事の大きな部分がそのバランスを適切なものにすることに関わっているという。ほかの人々には必ずしもわからない差異になぜこだわるのだろう、とわたしは思った。「それはそうするのが正しいことだからです」と彼は言った。「しかし、そういう原則論はともかくとして、実際のところ、ピアノの音について判断するとき、わたしたちは意識的には聞いていないたくさんの音を考慮に入れているんです。そういう音がファツィオーリがファツィオーリらしく聞こえるための重要な要素なのです。いわば、極上の年代物のワインのあらゆる繊細な特性がわかる専門家とちょっと似ています。すぐれたワインを味わうために、あなたやわたしがそういうすべてを知っている必要はありませんが、ワインメーカーがその技術を完璧なものにするためには、すべてを知っている必要があるんです」

ファツィオーリはどんな音を目指しているのだろう？　ファツィオーリとほかのピアノとの基本的な違いはどこにあるのだろう？「それはほかの人たちに訊いてもらう必要があります。わたしたちの耳にどう聞こえるかということは非常に主観的なものですから、わたしはあえて比較するつもりはありません。ただ、ひとつだけ言うならば、わたしのピアノはスタインウェイやベーゼンドルファーやヤマハのような音を出そうとはしていないということです。彼らは彼らしい音を出しているし、わたしは自分がどんな音を出したいか知っているということです」

わたしは彼の机の上にブルネイの国王《スルタン》が所有するファツィオーリ308のカラー写真があることに気づいた。特別製のケース付きのこの〈世界一高価なピアノ〉はいろんな音楽雑誌にのっており、七十五万ドルもしたという噂だった。これはたしかにほかのピアノとは違う、とわたしが指摘すると、彼は平然たる面持ちで、楽器としての質を損なわずにケースをこんなに豪華に飾り立てるのはなかなかむずかしかったが、面白い仕事だったと答えた。

それから、ファツィオーリは棚のひとつに手を伸ばして、幅七、八センチ長さ三十センチくらいの、明るい色の木の板を取り上げた。これはファツィオーリのサウンドボードに使われているヴァル・ディ・フィエンメ産のレッド・スプルースの一部だと説明しながら、机越しにわたしに渡した。「ご来訪の記念にどうぞ」

わたしはそれを受け取って、手のなかで裏返してみた。工場の床に積み上げてあったのと同じ軽いしなやかな板だった。年輪は非常に細かく、きれいに間隔がそろっている。この密度と規則正しさがピアノの音を伝播する最適な媒体になる理由を、彼は原理的に説明してくれ、この板にはそういう計算が目に見えるかたちで現われていると言った。これこそ彼の驚くべきピアノの心臓部のために、この完全主義者が発見した世界最高の木材だった。

わたしはちょっと立ち止まって、コートを着ようとしていた彼にその木片を返した。「それにサインしていただけませんか？」

彼は初めちょっと困惑したようだったが、やがてうれしそうな顔になって、フェルトペンを取ると、飾りつきの書体でサインしてくれた。「これはあなたがファツィオーリを所有する第一歩だと考えてください」

帰りの列車のなかで、わたしは鞄からその明るい色の木片を取り出した。片面に〈パオロ・ファツィオーリ〉というサインがある。このなんでもないスプルース材の板切れの背後に横たわっているものについて、わたしは考えた。門外漢の目にはきれいに仕上げられたただの板切れにしか見えないだろうが、じつは、これはあるひとつのポイント——どんな木を使えば理想のサウンドボードが作れるか？——だけを念頭において、この地球上の森に生育するありとあらゆる木を検討し、その結果たどりついた最終的な結論なのだ。この問題やそのほかの数千の同様な問題に取り組んで、それを突きつめ、何度も考えなおして、その答えの集大成として一連の新しい部品が生みだされたのである。森は木材を与え、大地は金属を与えたが、いちばん希有な原料はいちばん測りがたいものでもあった――それは新しいピアノを考えだすという特異な才能だったのだから。

23

マティルド

クリスマスにイタリアへ旅行したあと、わたしはひどいインフルエンザにかかってしばらく人に会わなかった。そのせいもあって、何カ月かリュックの顔を見なかった。一度だけアトリエに行ってみたが、そのときは金属製ブラインドが下りて鍵がかかり、ドアに小さな手書きの看板が掛かっていた。〈二月二日まで臨時休業〉ということは、店を十日も閉めていることになる。これはめずらしいことだった。ともかく、リュックと顔を合わせられるのは、わたしたちが両方ともっと落ち着いてからになりそうだった。

二月の半ば、ある朝たまたまアトリエの近くを歩いていると、ブラインドが上がっていることに気づいた。ドアをあけようとすると、七、八センチあいただけで引っかかった。それでもなんとか通れるだけあけて、なかに入ってみると、ドアの下端と床の隙間に丸めた絨毯が差しこまれていた――フランス人は冬の隙間風をおおいに怖れており、よくこういう対策を講じるのである。わたしがドアを閉めると、静かな室内にドアの鐘が鳴りひびいた。店の明かりは消えていて、やけに寒く、外の真冬の寒さとほとんど変わらなかった。店の奥のガラスドアに人影がさして、リュックが姿を現わしたが、ドアを大きくひらこうとはせず、しかも出てくるとすぐに閉めた。わたしはこのアトリエに初めて来たときのデフォルジュ老人の態度を思い出し、リュックはいったい何を隠そうとしているのだろうと首をひねった。

じつは停電になっているのだが、「原因は不明」だとリュックが言った。カルチエ全体が停電なのかと訊くと、きのうからアトリエに泊まっていて、まだ外に出ていないからわからないという。これまではリュックがここに泊まったという話は聞いたことがなかったから、わたしはちょっと驚いた。それでは近所の店も停電しているかどうか見てきてやろう、とわたしが提案した。外に出て数メートル歩くと、どんよりした曇り空の下、配管工事店のウィンドには明々と照明がともっていた。

それを聞くと、リュックは「それじゃ、うちだけなんだな」と言った。彼はブレーカーを何度か切ったり入れたりしたが、効果はなかった。それでもとくに心配しているようには見えず、むしろ上機嫌な顔をしていた。彼は表の店の暖房に使っている大型の電気ヒーターのカバーの上に坐って、電気が切れてもまだ温かさが残っているから、こうすれば「尻から」温まるんだと説明した。

わたしたちは二、三カ月前最後に会ってからあとの近況を報告しあった。わたしはついにあの悪名高いペダル支え棒を取り付けなおしたが、すると、まるで魔法のように——とわたしには思えた——ピアノの奇妙な共鳴現象がぴたりとやんだとリュックに報告した。シュティングルの問題は解決され、なんとか薪にされるのは免れて、世はすべて事もなしだった。わたしがファツィオーリの工場を訪ねたことにふれると、彼も旅行に出かけていたのだと言ったが、はっきり行き先を言おうとはしなかった。わたしたちが話していると、奥のアトリエに人の気配がして、ドアのガラスの向こうを何度か人影が横切ったが、まもなく、だれかがピアノを弾く音がした。まるで初めての楽譜を読んでいるみたいに、単純なメロディを軽いタッチで弾いていた。そういえばリュックは——隠しているわけではないにしても——そのことにはふれようともしなかったので、わたしはひょっとすると邪魔をしているのかもしれないと思った。彼はアトリエに泊まったと言っており、いまやひとりでなかったのはあきらかなのだから。けれども、わたしが立ち去ろうとすると、彼がそれを引き止めた。「どうして急ぐんだい？　まだわたしたちの旅行の話も聞いていないのに」

〈わたしたち〉というのは彼とだれなのだろう、と思ったとき、奥のアトリエに通じるドアがあいた。ドアから出てきたのは、わたしも何度か会ったことのある長い黒髪の女性、マティルドだった。重たそうなウールのダッフルコートを着て、角製のボタンを全部きちんとかけ、スカーフをして、毛糸の手袋をはめ、ほつれた髪が顔にかからないように、頭には幅広いバンドを耳を覆うように巻いていた。彼女は手袋をしたままなのを詫びて、わたしに手を差し出した。「話し声だけでははっきりしなかったけど、笑い声を聞いてあなただとわかったわ。お元気？」

それから彼女が手袋をした両手でリュックの手をにぎり、どんなに寒くてたまらないか力説すると、リュックはにやりと笑って、電気ヒーターのカバーの彼の隣に坐ることを勧めた。彼女は躊躇しなかった。マティルドは手に楽譜を何枚か持っていたが、それを振りまわしながら言った。「この繰り返しにはうんざりだわ。この低いFシャープの音は間違っているんじゃないかしら。変な感じなのよ」彼女は問題の音符を指さして、そのメロディが最初に現われるとき、二オクターヴ高い音として出てくる箇所を示した。「ゴンドラの舟歌というよりはヴェネツィアの葬送曲みたいだわ！」と彼女は笑ったが、楽譜の上部に〈舟歌《バルカロール》〉と印刷されているのが見えた。

その音が間違っているかどうか知る最良の方法は、実際に演奏して、どんなふうに聞こえるか試してみることだ、とリュックが言った。わたしたちがいっしょに聞いて、意見を言ってやろうじゃないか。彼女はうなずいて、わたしに楽譜を渡すと、リュックの腕に自分の腕を絡ませた。そういえば、数カ月前、マティルドがイギリスでなくしたピアノのことを話してふさぎこんでいたとき、リュックはずいぶん彼女をいたわったり励ましたりしていたが、このふたりはいつから付き合っているのだろう、とわたしは思った。わたしが音符を見る前に、マティルドが話題を変えた。「わたしたちのイギリス旅行のこと、リュックから聞いた？」

思いがけない質問だった。わたしがふたりのことを考えていたのを見抜いて、それを声に出したかのようだった。夜行のフェリーでポーツマスへ渡ったのだが、すてきな旅だった、と彼女は言った。リュックが親しみをこめた口調でそれに反論した。「たしかに、向こうに渡ってからはすてきな旅だったけど、冬に英仏海峡を横断するのはあまり楽しいことじゃなかったね。夕食のあと嵐になって、乗客の大半が船酔いする始末だったんだから」彼は口をつぐんで、そのときのことを思い出しているようだった。

マティルドがそれに異議をとなえて、揺れがひどくなる前にいっしょにバーで踊ったことを指摘した。するとリュックはそのダンスを山登りに譬《たと》えて、体を左右に揺らして船の揺れを真似てみせた。マティルドとこんなふうにしているリュックを見るのは不思議でもあり、うれしくもあった。リュックはいつでもわたしを歓迎してくれたし、けっこう社交性があるようだと思ってはいたが、基本的にはいつもひとりでいる感じだった。それだけに、こんなふうに仲よくからかいあっているのを見ると、彼のまったく別の側面を発見したような気がした。あきらかに〈近所のアメリカ人〉もこのちょっと浮かれた雰囲気をいっしょに味わおうと誘われているようで、こういう親密な時間を分かち持てることがわたしにはうれしかった。

イギリスでなにか面白いピアノを見なかったか、とわたしはリュックに訊いた。かなりたくさん見たが、とりわけ彼らが泊まったB&B《ベッド&ブレクファスト》にあったピアノが面白かった。しかし、以前にも言ったように、いい楽器はけっしてフランスには来ないし、彼は休暇で行ったのだからということだった。「それはともかく、わたしは夢のピアノを見つけたんだよ。見たいかね？」

「見るだけじゃなくて、音も聞いてみなくちゃ。すばらしいのよ！」マティルドが熱をこめて言った。

ふたりは電気ヒーターのカバーから滑り降りて、先に立って奥のアトリエへ入っていった。リュックの夢のピアノというのはどんな楽器なのだろう、とわたしは思った。非常にめずらしい大型の楽器だろうか。低音域に九つ余分に鍵の付いているベーゼンドルファーの〈インペリアル・グランド〉か？　エラールかブリュトナーの希少モデルか？　あるいは、スタインウェイの年代物、彫刻や絵画で贅沢に飾った芸術的なケース付きのグランド・ピアノだろうか？

アトリエのドアを入ると、驚いたことに、床がきれいに掃除されており、それまで見たことのなかった開放感が、明るく輝く雰囲気がただよっていた。

ピアノは奥に数台置かれているだけで、床中に散らばっていたピアノ部品や乱雑な書類の山がほとんど残っていなかった。アトリエ全体が整理されているという感じで、書類の大部分は片隅の二台のアップライトの上に積み重ねられ、部品類は壁際に寄せられて大まかに分類されていた。部屋の周辺部には物が積み重ねられていたが、まんなかには大きなスペースがあり、なかなか感じのいい、ちょっと贅沢な雰囲気になっていた。大きく空いた空間が、ガラス天井から射しこむ光の美しさを際立たせていた。独身者の混沌としたねぐらに女性の感性がもたらした効果なのだろうか。
「ダンスホールへようこそ《ビャンヴニュ・ア・ラ・ギャンゲット》！」とマティルドが歌うように言った。「きのう、火明かりのもとで、リュックとわたしはタンゴを踊ったのよ！」重たいウールのコートのまま、彼女はストーヴの前でくるりと回転してみせた。

　醜い灰色のストーヴのなかで、火がはじけて火の粉が飛んだ。ふたりだけのダンスホールをつくって、そこで踊っている彼らを想像すると、わたしは思わず笑みを洩らした。こんなにがらんとしたアトリエは見たことがない、とわたしがつぶやくと、リュックが待ってましたとばかりに言った。「いやあ、ダンスホールをつくるために、いろんなものを捨て値で売り払わなきゃならなかったんだ」

　わたしはストーヴにまだ例の〈燃料〉を使っているのかと訊いた。「もうそういうことをしている時間はないんだ。店をふたりでやっていたときには、それも可能だった。ひとりが使える部品を取り外しているあいだに、もうひとりがケースを解体すればよかったんだ。しかし、いまじゃ……」彼は両の手のひらを上に向けて肩をすくめ、声が尻すぼみに小さくなった。エラールを解体するには二日もかかるが――「長持ちするように作られているんだ」――いまではそんな時間もないし、やる気もなくなってしまった。「そのうえ、木材はすべてあのテレビに入る大きさに切らなければならないし」――彼はストーヴの長方形の薪入れ口を指さした――「それがけっこう手間なんだよ。だから、いまはふつうの梱包用の箱や焚きつけでがまんしているんだ」

なかには簡単に解体できるピアノもあるのではないか、とわたしは訊かずにはいられなかった。彼は思い出してうなずいた。一台あった。フランス製のボールのアップライトだ。アクションと弦を取り外すと、文字どおり空っぽのケースのなかに立つことができ、両手を両側に突っ張って思いきり押すと、まるでダンボール箱みたいに垂直な面がガラガラ崩れ落ちた。わたしは空っぽのピアノの残骸から抜け出すリュックを想像した。奇妙なサムソンがさらに奇妙な寺院から脱出する図だった。

リュックがダンス・フロアを横切って、奥に置いてあるグランド・ピアノに近づいた。大屋根は取り外されてピアノ本体に立てかけてあり、黒いケースは塗装がすり減ったり欠けたりしていた。鍵盤があけてあって、椅子が引き寄せられ、譜面台に楽譜が置いてあった。先ほどマティルドが弾いていたピアノにちがいない。「わたしが見つけた捨て子を見にきたまえ」とリュックが自慢げに手を振った。フル・サイズのプレイエル・グランドで、二〇年代のかなりめずらしいモデルだった。アクションの状態は非常にいいし、音色は比べるものがない、と彼は言った。ほとんど考えられるかぎりのピアノを聞いているリュックがそんなふうに褒めるなんて、いったいどんな音色なのだろう、とわたしは思った。彼はわたしに自分で弾いて、彼がなぜそんなに夢中になっているかを確かめてみろと勧め、マティルドもいっしょにそう勧めた。「そうよ、弾いてごらんなさい。蜂蜜みたいな音なんだから」

わたしはいつものようにうまく弾けないからとかなんとか口ごもった。「ベートーヴェンやショパンのことは忘れて」とリュックが言った。「ちょっと音階を弾いてみればいい。要はアクションの感じを試して、音色を聞けばいいんだから」そこまで言ってもらえば十分だった。そもそも彼らは、わたしが何を弾こうと、それについてあれこれ言ったり撥《は》ねつけたりするはずもない友人だった。ふいに、プレイエルが穏やかな海に浮かぶ小島になった。

わたしはおずおずとホ短調の音階を弾いてみた。指先で黒鍵と白鍵のタッチを知りたかったのである。タッチはとてつもなく軽かった。鍵盤に息を吹きかけるだけで音が出るんじゃないかと思えるほどだった。しかも、その軽さが鍵盤の全域にわたって均一で、こんな感触を味わったのは初めてだった。しかし、それよりさらに驚くべきなのは、そうやって生まれる音色だった。低音部から高音部まで、力強さのある甘い音色で、古いピアノでは聞いたことのない音だった。

「わかったろう？」わたしが音階を下降して弾くのをやめると、リュックがそっと言った。

わたしはリュックに試させてもらったアトリエのいろんなピアノを思い出してみたが、これだけの力強さと透明さを併せ持つ不思議な音色に出会ったことはなかった。鍵盤のタッチは非常に心地よく、アーティストがちょっと音階を弾いているような気分になる、とわたしはリュックに言った。

「これがほんとうの掘り出し物だという要素がもうひとつあるんだ」と彼は言った。

それはピアノのサウンドにも関係なければ、完璧にバランスのとれた鍵盤とも関係がなかった。このプレイエルのケースがトネリコ製で、リュックはこの材料がとくに好きだったのである。フランスではトネリコやブナが国産のグランド・ピアノのケースによく使われるが、たいていは黒く塗装するかマホガニーやローズウッドを張って質素な素材の生地を隠している。リュックが欲しいと思っていたのは未塗装のトネリコでできているグランド・ピアノ——完璧なメカニズムと最高の音質がそういうユニークなケースと組み合わされたピアノだった。トネリコ製のピアノを見つけるのは簡単だが、塗装や表面の突板を剝がすのはそれとは別問題で、ふつうはきわめてむずかしい。だが、このプレイエルの黒檀の突板はかなり傷みがひどく――場所によっては剝がれかかってぶらぶらしているところもあった――これなら樹の皮を剝がすみたいに、突板を完全に剝がしてトネリコを露出させられるだろうというのである。「むくのトネリコはじつにすばらしい！」とリュックは夢中になっていた。このピアノの魅力はひとつにはめずらしい楽器だということもあるが、なんといっても木目の美しさと材としての強靭さに彼が惚れこんでいるトネリコでできているということなのだという。このピアノが製造された時期のプレイエルはその木工技術の質の高さでよく知られており、従って、突板を剝がせば、完璧に接いだ美しい材料が出てくるにちがいないと彼は確信していた。

彼が気にいっていたのは、グランド・ピアノの外観に関する約束事に挑むような――ある意味ではそれを転倒させるような――ピアノ・ケースのなかに、楽器としても第一級のメカニズムが収納されているという考えだった。「そうさ。ひとつには成金連中の常識を覆《くつがえ》すという意味もあるが、わたしにとってはそれよりはるかに大きな意味がある」彼はトネリコを〈高貴な木〉と呼び、その強靭さや独特な美しさがまったく過小評価されていると言った。トネリコはたとえば荷馬車の重さを支えるデリケートな部品としてよく使われている。構造的な健全性を損なわずに大きく曲げることができるからだが、グランド・ピアノではこれが重要なポイントになるのだという。

「本来は売るための楽器にそんなに惚れこんでしまうのは、ちょっと危険なんじゃないかね？」わたしが知り合ってから、彼が自分のために取っておくことにしたのは、あの「小さいながらも逞しい」楽器に次いで、プレイエルだけでもこれで二台目であることをわたしは指摘した。

「ああ、しかし、このピアノはわたしひとりで使うわけじゃないからね」と彼は答え、マティルドの顔を見て、たがいに目配せをした。それから、彼はブルッと震えて両手をこすりあわせ、ストーヴのそばにもどって体を温めた。マティルドとわたしはコートを着ていたが、リュックは薄いセーターを着ているだけだった。彼が火を掻き立てているとき、表のドアがあく音がして、閉めたときに鳴る繊細な鐘の音が聞こえた。リュックが挨拶に出ていったが、まもなく場違いに鮮やかな色のスキー用パーカを着た老人を連れてもどってきた。

「電気《ジュース》が切れているんだ」とリュックが言って、表のオフィスが暗く、アトリエが凍えるほど寒いのは停電のせいだと説明した。

老人は不思議そうにあたりを見まわし、それからびっくりするほど大きな声で言った。「ところで、なにか新しいことはないのかね？　わたしも燃料《ジュース》が切れているんだがね！」彼はストーヴのそばに近づいた。「寒さはピアノにはいいんだが」と彼は大声で言った。「残念ながら、わたしたちにはこいつらほど抵抗力がない。人間なんて哀れなものさ。頭から爪先まで布にくるまって、のそのそ生きていかねばならんのだから」

「熱帯地方ではそうじゃないわ」とマティルドが反論した。老人は驚いた顔をして彼女を見たが、やがてためらいながらうなずいた。

「ふむ、たしかにそのとおりだな、お嬢さん。しかし、パリのわれわれには、それはたいして役に立たないんじゃないかね？」それを強調するかのように、彼は冷えきった空気のなかに白い息をパッと吐いた。そして、プレイエルに歩み寄りながら、肩越しに低く言った。「それに、ピアノは熱帯を嫌うんだ」

彼はリュックにそのプレイエルのことを訊ね、リュックの計画に耳を傾けながら、殺人課の刑事みたいに執拗な目つきで、剝きだしの内部を眺めたり指先で撫でたりした。そして、ピアノのまわりをぐるりとまわり、正面にもどると、なにか期待しているような目でリュックを見た。その無言の質問にリュックがうなずいて答えると、老人は椅子に腰を下ろした。白髪交じりのほっそりした体が大胆な色のスキー・パーカのなかに埋まった。彼は両袖をまくりあげ、ほんの一瞬顎を胸にのせて考えてから、演奏をはじめた。

曲はわたしがたまたまレコードで知っていたドメニコ・スカルラッティのソナタだった。テクニックはわたしの意識にものぼらなかった。あまりにも確固たる自信に満ち、あまりにも完璧だったので、テクニックは消え、音楽だけが前面に出ていた。マティルドとリュックとわたしはピアノ・ケースに寄りかかっていた。大屋根が取り外されていたので、ハンマーが弦を打つ動きが逐一見え、木部を通して伝わってくる深いひびきがわたしたちの骨まで浸みこんだ。

演奏をはじめると、老人はまったく別人に変身した。背の丸まった、おぼつかない足取りの老人が、ふいに力強いスポーツ選手に変身して、かぎりない力に駆り立てられるように鍵盤に向かっていた。ピアノの前に坐っているのではなく、ピアノと一体化して、その手や足が力強いしなやかさで鍵盤をたたきペダルを踏んでいるようだった。ピアノもやはり変身していた。繊細なラインは消え、無言のオブジェの不思議な端正さはなくなっていた。これこそこのピアノ本来の姿なのだろう。

テンポは非常に速かったが――たぶんプレストだろう――彼のタッチは確かで、規則正しく、けっして狂おしくはないが、緊張感がゆるむこともなかった。とりわけ繰り返しの部分は、音色、音量、音質のコントラストが際立っていて、同じ楽節がまったく新しく聞こえた。回音《ターン》は予想外だったが唐突ではなく、大きな美しい木の葉がはるか上空からゆっくり舞い落ちてくるようだった。行き着く先は常に確かなのだが、ふいの変化が下降運動をダンスに変えてしまっていた。老人は音楽というかぎりなく繊細で、機知に富む、果てしない会話の一部になっていた。

はじまったときと同じくらい唐突に演奏が終わった。彼は最後の和音を押さえたまま長いあいだじっとしていたが、そのあいだ、わたしたちはアトリエの光に満ちた寒さのなかに和声が立ち昇っていくのを感じていた——むしろ眺めていたと言えるくらいだった。だれかがなにか言うより先に、老人がふいに立ち上がり、うれしそうな顔をしてピアノの側板をピシャリとたたくと、大声で言った。「そうさ、こいつだけは燃料《ジュース》を切らすことなどないんだよ！」

わたしたちのなかから自然に喜びが湧きあがり、マティルドは手袋をしたまま手をたたいた。ピアニストはピアノに注意をもどして、こんな掘り出し物を発見したリュックを祝福した。そんなふうに自分の演奏から注意をそらしたのは、老人の謙虚さの表われなのだろう。わたしはソナタについて話したかったし、彼にお礼を言いたかった。もっと演奏してほしかった。けれども、この老人に対して心から敬意を表わしたいのなら、なにごともなかったかのように楽器のことを話すのが礼儀なのかもしれないと思った。わたしたちの思いは彼に伝わっているだろうし、それ以外のことは余計な雑音にすぎないのだから。

リュックと老人はストーヴに歩み寄って、ちょっと手を温めてから、老人が必要としているなにかの弦のことを話しながら表の店のほうへ歩きだした。ドアのところで、老人はわたしたちを振り返り、謙虚に頭を下げると「さようなら《オ・ルヴワール》」と言った。

「さようなら《オ・ルヴワール》」とマティルドが答えた。「ほんとうにありがとう《メルシ・アンフィニマン》」

彼はうなずいて、あいている戸口から出ていった。リュックと老人はしばらく表の店で話をつづけた――ドア越しにふたりの低い話し声が聞こえた――マティルドとわたしはふたりきりでアトリエに残された。静けさのなかに掻き立てられたばかりの火がはじける音がひびいた。

あの老人がだれか知っているかとわたしが訊くと、彼女はまだ紹介されていないどころか姿を見かけたこともなかったと言った。「このアトリエではすばらしいピアニストの演奏を何度か聞いたことがあるけれど、わたしが学んだのはあまり質問しすぎないほうがいいということね。リュックが知らせたいと思えば、教えてくれるんだから」たしかにそのとおりだった。わたしは彼女がリュックの気質をみごとに見抜いていることに興味をそそられた。体を温めるために、わたしたちはストーヴのそばに移動した。わたしはマティルドと少し親しくなったような気がしていた。目に見えない障壁をいっしょに乗り越えて、すぐれた音楽が与えてくれる高揚感を分かち持ったと感じていたからである。

彼女もスカルラッティが好きだったことがわかったが、彼の作品を生で聞ける機会はめったになかった。スカルラッティの作品は並外れてむずかしいし、彼のソナタを弾きこなせるテクニックをもつ一流ピアニストのあいだではあまり人気がないからである。しかし、わたしたちはふたりとも彼の音楽の音色の豊かさに惹かれていた。和音の爆発につづいて、鍵盤上を複雑に上昇下降する音の動き。そのすべてに優雅さとエネルギーと豊かな機知が浸透しているのだ。どのソナタも、造園家の作り上げたミニチュア庭園のように、濃密な音色で独創的なイメージを喚起する。アトリエの空気のなかにまだ陶酔感の余韻がただよっていた。もはや二度と呼び戻せないことが明白なだけに、この瞬間をできるだけ引き留めておきたいというかのように。

このほとんど神聖な経験を、アトリエの埃のなかに黙然と坐っているプレイエルのみすぼらしい外観に結びつけるのはむずかしかった。わたしはマティルドにこのピアノを弾けるのが楽しみだろうねと言った。「じつは、リュックがこれを選んだのは、ひとつには、わたしがイギリスでなくしたピアノのことをとても残念がっていたからなの。初めてこのピアノを弾いたとき、わたしはとても力強いものを感じた。それで、これならわたしがなくしたピアノの精神的な後継者になるかもしれない、と彼が言ってくれたのよ」

わたしはどうして彼女がピアノをなくしたりしたのかと訊ねた。彼女はその話をしたそうだったし、わたしは彼女にそれほど大きな影響を与えた事の次第に興味があったからである。十二年前、彼女はイギリスのドーセットに住んでいたが、急病にかかって大急ぎでフランスに帰国しなければならなくなり、ピアノをあとに残してきた。それは子供のときから弾いていた古いプレイエルのアップライトで、もどってくるまでイギリス人の知り合いに預けたのだった。しかし、彼女は思っていたより長く留守にせざるをえなくなり、ピアノを託した人も二、三カ月後にその地方を離れなければならなくなった。その人は、フランス人の持ち主がもどってくるまで預かってもらう約束で、村のパブにピアノを預けた。

数カ月後にマティルドがもどったときには、パブの経営者が替わっており、ピアノはどこにもなかった。新しい経営者たちは店を買い取ったときからピアノはなかったと主張した。「自由に捜してもらってかまいませんよ」と彼らは言った。マティルドは強い訛りのある英語で、その口ぶりを真似た。彼女は周辺を捜しまわった――近くの村、骨董店や楽器屋、オークション会場から売りに出された農場まで――捜しまわったが、なんの手掛かりもなかった。だれもフランス製のアップライト・ピアノのことなど知らなかった。結局、彼女はそれが消えてしまったという残酷な事実を受け容れざるをえなかった。彼女の頭や心のなかではその問題がすっかり解決されたわけではなかったけれど、彼女のピアノは消えてしまった。音楽が好きな人に使われていると思いたいが、それを知る術すらないのが現実だった。

「家族のピアノだったのよ。わたしは少女時代にはほとんど毎日弾いていたし、父も弾いていた。わたしが家を出たとき、両親がそれをわたしに贈ってくれたの。だからどこへ行っても、家族の一部といっしょにいるような感じだった。父が亡くなったとき、わたしはあらためてそのピアノを失ったことを痛感したわ。というのも、そのピアノはいつもわたしを父に、わたしたちがいっしょに楽しんだ音楽に結びつけてくれるものだったから」

「それじゃ、ある意味では、イギリスにもどるのは辛かっただろうね。もう一度それを捜したいという誘惑に駆られなかった？」

彼女の声は弱くなり、ぼんやりした口調になった。「リュックに訊いてごらんなさい。ピアノのあるパブやホテルや――教会にさえ――入るたびに、わたしは見ずにはいられなかったわ。でも、もちろん、見つかりはしなかったけど」

今度のピアノはどこがそんなにほかのピアノと違うのかとわたしが訊くと、彼女は肩をすくめた。

「正直なところ、なんとも説明できないのよ。ただ、初めて弾いたとき、とてもすてきな感じがしたというだけで。もちろん、論理的なものじゃないわ。ある種の動物は地震が起きるのを予知するというけれど、そういう予感みたいなものね。あまりにもカトリック的に聞こえるからこういう言い方はしたくないんだけれど、いわば聖母マリアが現われたようなものなのよ」彼女はプレイエル・グランドに向かって十字を切った。手袋をしたままの、ほんのかたちだけの仕草だったが、手の動きが優雅で少しも滑稽には見えなかった。

ストーヴの火の勢いがなくなってきたので、わたしたちは木片をくべ石炭を搔きまわして、炎を立ち上がらせた。それからマティルドが席を外し、わたしはひとり静かなアトリエに取り残された。リュックが彼女のなかに何を見いだしたのか、わたしにも理解できるような気がした。彼女はのびのびとした感性の持ち主で、超現実的なものを好むユーモアのセンスがあり、しかも――これがいちばん重要なのだが――ピアノとピアノ音楽を心から深く愛していた。マティルドがその場にもどってくると、ストーヴのすぐそばに体を寄せて、「田舎はシベリアみたいだったわ！」とぶるっと震えながら言った。アトリエの裏手の暖房のないトイレをリュックは〈田舎《レ・プロヴァンス》〉と呼んでいたが、彼女もそれに倣ったのである。

かなり前にかすかな鐘の音がして、別れの挨拶をするリュックのくぐもり声が聞こえ、思いもよらずスカルラッティを演奏してくれた老人は立ち去ったようだった。それから、しばらくリュックの低い声がしていたが――電話をかけているようだった――その声もやんで静かになった。やがてガラス・パネルのドアがあいて、短いあごひげをぼんやり引っ張りながら、彼がもどってきて言った。「修道士が来ることになったよ」マティルドとわたしはすっかり戸惑って顔を見交わし、彼女が明るい口調でそっと言った。「あら《ア》、そう《ボン》?」フランス人は、困惑したとき、いかにも落ち着き払ってよくそう言うのである。

シタールやハープシコードにも使える弦を作っているシトー会修道院と電話で話していたのだ、とリュックは説明した。修道士のひとりが一種のハイブリッド楽器——シタールと鍵盤楽器を組み合わせたもの——を作っていて、来週このアトリエに来て、その設計の細部の改良と部品の調達について相談したいと言っているのだという。「四月の大ミサのために準備しているんだ」と彼は言った。

「それじゃ、アトリエは寺院の控えの間になるのね!」とマティルドが感激したように言った。「シタールとピアノに合わせて、五十組のカップルがタンゴを踊ることになるんだわ!」

彼女はアトリエのがらんとしたスペースに出ていって、タンゴを踊っている真似をした。ほっそりとした脚、タンゴのポーズを決めたシルエット、大きな声でラテンの曲をハミングしながら、彼女は大げさに回転してみせた。かさばるコートにスカーフと手袋をしていたにもかかわらず、彼女はすばらしく優雅だった。彼女の演じる妖婦は誘惑的であると同時にとてもコミカルだった。リュックとわたしは舞台の袖からいろんなアイディアを出して、彼女のワン・ウーマン・ショーに声援を送った。「ピアノの上に一組ずつカップルをのせて、踊らせよう!」「鍵盤にはひとりずつ修道士を坐らせるんだ!」「修道士と修道女全員に中二階でタンゴを踊らせよう!」

それを聞くと、彼女はふいに踊る真似を途中でやめて、裏切られたような顔をして抗議した。「ちょっと待って、それはだめよ! タンゴは神聖なんですからね!」それからにっこり笑ったので冗談だったとわかったが、彼女にとってタンゴが——たとえばかげた芝居の真似事をしているときでも——神聖なのはあきらかだった。それでも、修道士たちが知らないうちにタンゴとピアノのラテン的らんちき騒ぎに巻きこまれる光景を想像するのが面白くて、ジャズメンがひとつのテーマで延々とリフを演奏するように、わたしたちは冗談にどんどん尾鰭を付け足して楽しんだ。しばらくすると、そういう浮かれた気分も鎮まって、駆り立てられるような空気が収まった。アトリエはふたたび静けさを取り戻し、がらんとしたスペースの周辺を何台かのピアノが取り囲み、反対の端にプレイエルが一台置かれているだけになった。数分のあいだ、わたしたちの心や声がアトリエを満たしてあふれ出んばかりだったが、いまや妖精たちは引き揚げてしまったのだろう。

24

もう一台の夢のピアノ

三月はいつもより雨が多かった。冷たい雨がいつまでも降りつづいて、きびしかった冬をさらに長引かせた。一、二度は激しく雪が舞い、何度も強風が吹いて小枝やトタン屋根の破片を街路に吹きとばした。何週間ものあいだ、近所の歩道には奇妙なほど人影がなく、嵐にあった客船の甲板みたいだった。わたしがカルチエを散歩することも少なくなり、その時間も短くなっていた。ところが月の後半に入り、春分の前日になると、まるでだれかの合図を待っていたかのように、暗い雲が一挙に空から掻き消えた。

あるよく晴れた日の午後、わたしはたまたま家にひとりになり、その静けさを利用してシュティングルを弾いていた。ときどきそういうことがあるのだが、このときはすべてがうまくいった。両手は鍵盤の上をひとりでに動くような感じだったし、音色も予期していたより澄んでいた。その前の一カ月、わたしはなんとか定期的に練習できたし、週の前半のレッスンはむずかしいものだったが、満足できる成果があった。そのとき取り組んでいたモーツァルトのアダージョがあらたに深みのあるひびきになり、複雑な曲がふいに自分の手に負えそうに思えてきた。ほんの戯れにシュティングルの大屋根をあけてみると、大波のようなひびきがわたしに押し寄せた。まさに全身をつつみこむような振動で、まるで自分がピアノ・ケースによじ登って、すっぽりなかに入ってしまったかのようだった。

鍵盤を押して、音を聞く——自分の荒削りな演奏でさえ、それだけでじつに多彩な音色が、繊細なニュアンスが生み出せることにわたしはあらためて感動した。ただ音符を見つめるだけで、わたしたちが楽譜と呼ぶこの驚くべき記号体系が、わたしの両手にモーツァルトの思念をよみがえらせる手段を与えてくれる——そう考えると、わたしは感嘆せずにはいられなかった。わたしは正しい鍵を押しさえすればいいのだ——それがけっして容易なことではないのは確かだが、不可能なことでもなかった——そうすれば、この巧妙に作られた機械を通して、わたしは作曲家の考えを理解し、それを物理的な運動から音楽という無限の軌道に打ち上げることができるのだった。

最後の和音が宙にただよい、ゆっくり消えていくのを聞きながら、わたしは椅子から立ち上がって、このわたしのものである、しかしけっして完全にはマスターできないだろう、いつ見ても不思議な楽器の内部をのぞきこんだ。もちろん、どんな音楽かは重要だった——モーツァルトはあくまでもモーツァルトなのだから——けれども、たとえどんな曲を弾くときでも、わたしのピアノはじつに深い満足感を与えてくれた。感情的、肉体的、知的、精神的な満足感はほとんど無限で、わたしの生活にきわめて大きな影響を与えていた。わたしは部屋の反対の端から眺めて、その三角のコーナーが空っぽだったときのことを思い出そうとしたが、それはまるで別の人生でのことだったような気がした。

その日、市場から帰ってくる途中で、わたしはリュックとマティルドに出会った。わたしたちはカルチエのまったく別の方向で日々の用を足していたから、こんなふうに偶然でくわすのはめずらしかった。先に気づいたのはわたしのほうだった。腕を絡ませて歩きながら、ときどきキスを交わしている恋人たちがいたが、これはパリの歩道では非常によく見かける光景だった。ふたりが顔を上げると、わたしたちはおたがいにびっくりした。リュックはわたしが食料品の袋を「ロバみたいに」背負いこんでいるとからかった。わたしたちは一、二分言葉を交わし、彼はわたしのシュティングルのことを訊ねた。「で、ピアノは相変わらず歌っているかい?」

わたしはその日の午後の快楽を思い出して、うなずいた。「ああ、もちろん、彼はちゃんと歌っているよ」

マティルドが近いうちにまたアトリエに来るようにと言った。「リュックに新しい恋人ができたのよ。イギリス製のミニ・ピアノだけど、あなたもぜひ見にくるべきだわ」

リュックはうなずいて、マティルドをぎゅっと抱き締めた。それは三〇年代のイーベスタッフで、「完璧に英国的で、非常に癖のある」楽器だという。外見は大きな電気ヒーターみたいで、彼はそれをゼロから再生しているということだった。今度はわたしが彼をからかう番だった。「それにしても、いったい何台夢のピアノを手に入れれば気が済むんだい?」

ざっと思い返しても、彼が夢中になったピアノがすぐにいくつか頭に浮かんだ。まずあの華麗なローズウッドのスタインウェイ、彼の家に入らなかったグランドがあり、それから「小さいながらも逞しい」ハープシコードみたいなプレイエルがあった。レモンウッド製のケースのガヴォーにも惚れこんでいたようだったし、実物を見ずに取引したシャルル十世時代のエラールもあったし、ゴッティングの埃にまみれた老朽船〈ベートーヴェンのピアノ〉もあった。そして、今度はこの英国製のミニ・ピアノだという。

リュックはわたしの見せかけの非難も、その裏にある驚きも、すべてを受け容れているようだった。わたしたちは束の間黙って歩道に立ち尽くしていた。彼はマティルドの顔を見てから、わたしのほうを向いてぽつりと言った。「夢のピアノは何台あっても多すぎることはないんだよ」

謝辞

本書の執筆にはたくさんの人たちが協力してくれたが、なかでも次のふたりの協力は不可欠だった。アルベルト・マンゲルは最初にこの物語を書くように勧めてくれ、わたしが作業を進めているあいだ、さまざまなアイディアを惜しみなく提供してくれた。マリオン・アボットはわたしの原稿を倦むことなく校閲してくれ、持ち前のセンスのよさで想像力に富む提案をして、文章がぼやけたものになる危険から何度となく救ってくれた。このふたりに、わたしは心から感謝の意を表したい。

原稿の一部を読んで、いろんな提案や感想を聞かせてくれたシーモ・ネリ、グラツィア・ペドゥッツィ、ヨニ・ベームステルバー、ノーマン・パッカード、エディット・ソレル、ロニー・シャーフマン、クレイグ・スティーヴンソン、クレール・ミケル、ローナ・ライオンズ、ロナルド・チェイス、ジュディス・フーパー、アレフ・クルティエのみなさんにも感謝したい。

大勢のピアニスト、ピアノ教師、ピアノの歴史研究者、技術者が自分の選んだ楽器のむずかしさやすばらしさについて語ってくれた。アンドレアス・シュタイア、ロラン・ド・ヴィルデ、ペーター・フォイヒトヴァンガー、マサル・ツミタ、アルフレッド・ニューマーク、ヨヘヴド・カプリンスキー、ジャン・ホーリ、ローレンス・リビン、ジミー・マッキシン、クリスティーヌ・ラルー、ジャン=クロード・バトー、ダヴィッド・デュバル、故ダニエル・マーニュ、故ジェルジ・シェベックなどである。大部分の話は本書の物語に直接結びついたわけではないが、こういう人々の話を聞けたことは、ピアノを中心に生活が回転している人々の仕事を理解するうえでこのうえなく貴重だった。

わたしを絶えず励まし、支えてくれたロバート・ウォラス、ステファン・ジャルダン、リジアンヌ・ドロール、C・J・モーパン、わたしの両親メイとトム・カーハートにも感謝している。また、資料を捜すのを手伝ってくれたパリの音楽博物館資料センターとアメリカン・ライブラリーのスタッフにも謝意を表したい。

わたしのふたりの編集者、ロンドンのチャットー&ウィンダス社のレベッカ・カーターとニューヨークのランダム・ハウス社のコートニー・ホーデルは、いっしょにその卓越した才能を注ぎこんで本書を誕生させてくれた。わたしにこの本が見えてきたのは彼らといっしょに作業を進めていくなかでであり、このふたりの労をいとわない助力と要をえたアドバイスにわたしは多くを負っている。また、当初からこの本を認めてくれた著作権代理人、マッカーサー&カンパニー社のキム・マッカーサーとブルース・ウェストウッドにもお礼を言いたい。

この本を執筆しているあいだ、わたしは家族の日常的な生活のなかから何度となく姿を消した。わが家では幽霊が夫あるいは父親という役を演じているように見えたことだろう。それでも妻のシーモや子供のサラとニコラスは、わたしが幽冥界に沈んでしまったわけではないことを絶えず思い出させてくれた。彼らの忍耐と協力をわたしは永遠に忘れないだろう。

最後に、本書に登場した人々全員にお礼を言っておきたい。本書の登場人物はすべて実在の人物だが、そのうち何人かについては、名前や目立つ特徴を変えてある。どうかリュックやマティルドやほかの人たちを探そうとしないでいただきたい。彼らは発見されるのを待っているわけではないのだから。彼らに共通するのは〈慎み《ピュドゥール》〉を尊重するというきわめてフランス的な態度である。これを〈プライバシー〉と訳すのは適当ではないだろう。というのも、そこには謙虚さや最低限の礼儀という重要な要素が含まれているからである。あるとき、子供時代からの友人がこんなふうに言ったことがある。宇宙飛行士になりたいという彼の夢にわたしが侵入しようとすると、その友人はおもむろに、だがさらりと言ったものだった。「自分の宇宙飛行士を探しにいくがいい！」それと同じような意味で、わたしは読者に「自分のリュックを探しにいくがいい！」と言いたい。ドアをたたき、質問して、忍耐強く待てば、パリはその計り知れない楽しさのあらたな一面をのぞかせてくれるかもしれないのだから。

参考資料

本書はピアノの専門書ではないし、ピアノのすべてを語ろうとしているわけでもないが、話を進めていくうえで事実を確認するため、たくさんの人々の著作を参考にさせてもらった。ピアノについてもパリについても、世の中にはじつにたくさんの本があり、そういう文献の豊かな牧草地を散策するのもわたしの大きな楽しみのひとつだった。次に掲げる文献は参考資料としても使わせてもらったものだが、同時に、そのときどきの作業からの気分転換にも役立った。

クリストフォリの発明から現代に至るまで、あらゆる種類のピアノの豪華な写真を収録したデイヴィッド・クロンビーの *Piano: A Photographic History of the World's Most Celebrated Instrument* (David Crombie, San Francisco: Miller Freemen Books, 1995) は総合的なピアノの発達史についての豪華本である。*The Piano: The Complete Illustrated Guide to the World's Most Popular Musical Instrument* (Jeremy Siepmann, London: Carlton Books Limited, 1996) では、ジェレミー・シープマンがピアノという楽器、ピア

ノ音楽の作曲家、主要な演奏者について概説しているが、常に文章が明快で、教えられるところが多かった。デイヴィッド・デュバルの *The Art of the Piano : Its Performers, Literature, and Recordings*（David Dubal, New York : Harcourt Brace & Company, 2nd edition, 1995）はピアニストと作曲家について書かれた便利な概論で、入手可能なレコーディングのリストが付いている。ピアノのあらゆる部品とそれが組み合わされてどんな働きをするのかをもっとも簡潔明瞭に解説しているのが、ラリー・ファインの *The Piano Book : Buying & Owning a New or Used Piano*（Larry Fine, Jamaica Plain, Ma. : Brookside Press, 3rd edition, 1994）である。

パリではいろんな人から話を聞きインタヴューをしたが、フランスにおけるピアノの歴史のさまざまな面を理解するためには、*Le Pianoforte en France : Ses Descendants Jusqu'aux Années Trente*（Paris : Agence Culturelle de Paris, 1995）の一連の記事が参考になった。アーサー・レッサーの *Men, Women and Pianos*（Arthur Loesser, New York : Dover Publications, 1990）は総合的な社会史で、さまざまな事実にあふれ、信じられないような報告や逸話を通して演奏者が生き生きと描かれている。スタインウェイ家の歴史と彗星のように現われて業界のトップに昇りつめたその経緯については、リチャード・K・リーバーマンの *Steinway & Sons*（Richard K. Lieberman, New Haven : Yale University Press, 1995『スタインウェイ物語』法政大学出版局、一九九八年）ほど克明かつ巧みに語っている本はないだろう。

ピアノ・メーカー、音楽作品、作曲家に関する事実や年代については、*The New Grove Dictionary of Music and Musicians*（London : Macmillan, 1980, ed. Stanley Sadie）を利用した。この本は音楽用語の細かい用法を検討する際にも役に立った。ピアノをなぜ、どうやって調律するかについては、オットー・ファ

ンケの *Le Piano, son Entretien et son Accord* (Otto Funke, Frankfurt : Edition das Musikinstrument, 1961) が明快で読みやすい本だった。

最後に、ピアニストによって書かれたもので、ふつうの歴史とはまったく異なる本を二冊挙げておきたい。ラッセル・シャーマンの *Piano Pieces* (Russell Sherman, New York : Farrar, Straus and Giroux, 1996) はピアノへの挑戦とその報酬に関する詩的な思索であると同時に、ピアノ演奏についてどう考えるべきかについての深い洞察を含む作品で、最初から最後までわたしの心をとらえて放さなかった。ローラン・ド・ヴィルドの *Monk* (Laurent de Wilde, Paris : Gallimard, 1997 『セロニアス・モンク——沈黙のピアニズム』音楽之友社、一九九七年) はピアノの巨人のひとりについてジャズ・ピアニストが書いた評伝である。これは、ミュージシャンでなければできないようなかたちで、セロニアス・モンクの天才のひらめきとそこから燃え上がった炎をありありと描き出している。

訳者あとがき

パリは不思議な町である。二、三年も住んでいると、ずっとむかしから住んでいる自分の町のような気がしてくる。自分が遠くからやってきた外国人であることなどすっかり忘れて、いつの間にか町の風景のなかに溶け込んでしまっている。ぼくがそこに住んでいたのは一九七〇年代だから、考えてみればそれからもう三十年近い歳月が流れているというのに、ときおりふとあの町に帰りたいと思う。

本書の著者が住んでいるのはパリの左岸で、学生の街、カルチエ・ラタンからほど遠からぬひっそりとした裏通りである。三年ほど前からそこに住んでいる著者は、ある日、近所の通りにピアノの修理屋らしき店を発見する。ショー・ウィンドにピアノの部品や調律の道具がいくつか無造作に置いてあるだけの店。繁華街から離れた、近くに音楽学校があるわけでもないこんな裏通りで、ピアノ修理の専門店などという商売が成り立つのだろうか。一度気になりだすと、なんだかひどく謎めいた店に思えてくる。毎日その店の前を通りながら、何週間もためらっていたが、やがて彼は思いきってその店のドアをあけてみる。

　そんなふうにして著者が見つけたパリの裏町のピアノ工房の物語が本書である。表側の狭い店の奥にじつは広々としたアトリエがあり、ガラスの天井から降りそそぐ光のなかに十八世紀から現在にいたるありとあらゆるメーカーの、解体と再生のさまざまな過程にあるピアノが四、五十台もならんでいた。幼いころからピアノに魅せられていた著者にとって、それはまさに「閉ざされたかび臭い洞窟の奥に蠱惑的に光り輝く黄金郷」を発見したようなものだった。ピアノ職人のリュックは一台一台のピアノをまるで生き物のように扱っており、そこには現代の世界から失われてしまったかに見える職人の世界が息づいている。このアトリエにはピアノ好きなソルボンヌの教授や、近所の自動車修理工、謎めいた老ピアニストなどが顔を出して、週末にはカフェ・アトリエとでもいうべき仲間内の集いの場所になっている。会ったその日からファースト・ネームで呼び合うアメリカ人のフランクな付き合い方とは異質な、ある意味では閉じられた、地元の人間たちだけの世界。けれども、一度その世界に受け容れられれば、いつの間にか第二の故郷になってしまうようなパリの裏町の世界。「利潤」や「効率」ばかりが優先される現代の片隅に、それとはまったく別の時間が流れるこんな世界があることを知って、著者はそれを描かずにはいられなかったのだろう。

　と同時に、中古の小型グランド・ピアノをわが家に入れることで、彼は二十年ぶりにピアノを、ピアノを軸とする音楽の世界を再発見することになる。本書を読みすすむにつれて、ぼくたちは著者といっしょにピアノの起源から、平均律が導入されて近代のピアノが成立する歴史を知ることになり、リュックといっしょにピアノの内部をのぞきこんだり、有名なピアノ教師によるワークショップに参加したり、さらには手作りの世界最高級ピアノの工場を見学したりすることになる。ビヤ樽のような胸をしたピアノの運送屋やアル中の調律師の話も忘れられないが、子供のころのピアノのお稽古と発表会の恐怖、ほんとうにピアノを楽しむこととは無縁なそういうレッスンの話も身に覚えのある人が少なくないだろう。本書を読んでいると、パリの裏通りで暮らしてみたくなったり、家の片隅で眠っているピアノのふたをあけてみたくなったりするにちがいない。

著者のT・E・カーハートについてはあまり詳しいことはわからない。カーハートはアイルランド系のアメリカ人で、本書にも出てくるように、少年時代をフランスで過ごし、のちに家族とともにアメリカにもどって、イェール、スタンフォード両大学で学んだ。若いころにはワシントンや東京にも住んだことがあるらしいが、北カリフォルニアでメディア・コンサルタントとして働いたあと、十二年前からふたたびヨーロッパにもどって、現在はフリーランスのライター兼ジャーナリストとしてパリに住んでいるという。

二〇〇一年十月

村松　潔

THE PIANO SHOP ON THE LEFT BANK

T. E. Carhart

パリ左岸《さがん》のピアノ工房《こうぼう》

著 者
T. E. カーハート
訳 者
村松 潔
発 行
2001 年 11 月 30 日
22 刷
2025 年 4 月 10 日
発行者 佐藤隆信
発行所 株式会社新潮社
〒162-8711 東京都新宿区矢来町 71
電話 編集部 03-3266-5411
読者係 03-3266-5111
https://www.shinchosha.co.jp

印刷所
株式会社精興社
製本所
大口製本印刷株式会社

価格はカバーに表示してあります。乱丁・落丁本は、
ご面倒ですが小社読者係宛お送り下さい。
送料小社負担にてお取替えいたします。

ISBN978-4-10-590027-4 C0398

CREST BOOKS
Shinchosha

シェル・コレクター

The Shell Collector
Anthony Doerr

アンソニー・ドーア
岩本正恵訳

ケニア沖の孤島でひとり静かに貝を拾う老貝類学者。彼が巻き込まれる騒動を描いた標題作ほか孤独ではあっても夢や可能性を秘めた人々を暖かに、鮮やかに切り取る全八篇。O・ヘンリ賞受賞作「ハンターの妻」収録。

CREST BOOKS